全国高等院校统编教材·设计学类专业

16

家具设计

Furniture Design

舒　伟　左铁峰　孙福良　等／编著

海洋出版社

2014年·北京

内容简介

本书是根据国内外最新专业资讯和国内家具企业对家具专业人才的需求而编写的一本立足材料与工艺，专门训练现代家具设计的特色教材。

主要内容：本教材力求突出新内容、新设计、新工艺、新案例、新技术、新材料。围绕培养中高级家具设计人才这个目标，进行了相关学科的专业整合，以家具设计为中心，以家具制造工艺为基础，辅以设计实务、经营管理、市场营销等相关知识。

本书特点：本书在编写方面力求反映出信息时代的立体化教材特征，特别是各个章节都配备了作业与思考题、阅读书目推荐和相关网站链接，同时本书还配备了大量的国际最新家具设计图片资料的光盘，使本书成为一本立体化的现代教材，更便于教学和自学，通俗易懂，触类旁通、获取信息、启发灵感。本书注重理论联系实践，注重设计创新与实践训练，注重案例教学。

读者对象： 高等院校设计专业学生。

为方便任课老师制作多媒体教案，可免费寄赠本教材的所有插图。

请任课老师填写本教材最后的配套插图索取表，并发送到信箱 zhybook@sina.com

图书在版编目(CIP)数据

家具设计/舒伟，左铁峰，孙福良编著. —北京：海洋出版社, 2014.12

ISBN 978-7-5027-9021-9

Ⅰ. 家… Ⅱ. 舒… ②左… ③孙… Ⅲ. ①家具－设计 Ⅳ. ①TS664.01

中国版本图书馆 CIP 数据核字（2014）第 292816 号

总 策 划：邹华跃
责任编辑：张鹤凌
责任校对：肖新民
责任印制：赵麟苏
排　　版：申　彪
出版发行：海洋出版社
地　　址：北京市海淀区大慧寺路 8 号（707 房间）100081
经　　销：新华书店
技术支持：（010）62100057

发 行 部：（010）62174379（传真）（010）62132549
（010）68038093（邮购）（010）62100077
网　　址：www.oceanpress.com.cn
承　　印：北京华正印刷有限公司
版　　次：2014 年 12 月第 1 版
2014 年 12 月第 1 次印刷
开　　本：880mm×1230mm　1/16
印　　张：13.25（3 彩印）
字　　数：400 千字
印　　数：1～4000 册
定　　价：52.00 元

前 言

家具设计既是一门艺术，又是一门应用科学。它介于环境艺术设计和工业产品设计之间，是一门比较特殊的专业学科。家具设计既要考虑家具与环境空间的关系，又要探讨家具与人的关系，最重要的是研究家具作为产品而言如何适应市场并最终引领市场，提升人们的生活水准。

家具设计作为专业学科的历史并不久远，但是家具本身的存续却和人类发展历程一样源远流长。无论是中国古代与席地而坐行为相适应的低矮家具，还是欧洲中世纪前带有明显宗教色彩的哥特式家具，仰或是依靠高科技材料而诞生的现代家具，都无一例外地向我们展示了人类社会及生活方式发展演化的进程。可以说，家具的发展过程本身就是人类社会发展史的一个缩影。想要全面深刻地体会家具设计的魅力实属不易，所要涉及的学科领域也颇多。

自改革开放以来，中国家具业发展迅速，已初步形成了现代化家具工业生产体系，并成为家具生产和出口大国。欣喜之余也要清醒地认识到我们与先进国家之间的巨大差距。尤其是进入新世纪以来，面临国际国内更加激烈的市场竞争，我国的家具设计领域却相对滞后，家具设计人员尤其是专业家具设计师非常短缺，现有的人才数量和质量远远不能满足家具行业蓬勃发展的需要，这种状况已严重影响了我国家具工业的发展。为更好培养具有专业知识和创新精神的家具设计人才，我们结合多年的家具设计教学经验，针对当下工业设计与产品造型设计专业学生的知识体系与特点撰写了这本家具设计书籍。同时，作者在撰写时兼顾环境设计等相关专业的需求，希望这本书能大家在家具设计领域的学习深入尽到绵薄之力。

本书在继承传统家具设计类书籍的基础上，注入了当代家具设计领域内的动态与趋势，有意识的强化了设计创新与工程实践部分的知识内容，系统全面，深入浅出，依据目标读者的特点，尽可能的易读易懂。教材编写力求突出新内容、新设计、新工艺、新案例，集专业性、知识性、技术性、实用性、科学性和系统性于一体，注重理论与实践相结合，突出设计理论与设计方法，图文结合，深入浅出，切合实际，通俗易懂。譬如第三部分成型方法的介绍：内容简练，清晰明了，案例恰当，十分贴近目标专业当下的实践性人才培养需求。

本书共分六个部分，主要内容包括家具概述篇、家具沿革篇、家具理论篇、家具实践篇、家具案例篇、家具赏析篇。各部分内容彼此衔接，相互渗透，紧密联系，融会贯通。其中，黄山学院的左铁峰教授对本书撰写提供了指导性意见，并承担了第三部分、第五部分文字及图片整理工作，工作量约为2.8万字；黄山学院的孙福良老师承担了第一部分、第二部分、第三部分、第四部分、第五部分文字撰写及图片整理和全书的文案校对工作，累计工作量约为6.4万字；广东技术师范学院的徐晓莉老师承担了第四部分、第五部分、第六部分文字撰写、图片整理及模型制作工作，累计工作量约为2.2万字。此外，黄山学院的耿佃梅、鲁超、李明、石琳、余汇芸、程秀珺、孙伟、张晓利等老师参与了书稿的撰写，协助完成了本书的资料收集、文稿编辑等工作。

书稿的撰写得到了黄山学院、山东大学、鲁迅美术学院等院校专业教师和设计公司同行的大力支持与协助，诸多的优秀案例和中肯建议的给予，有效地丰富和拓展了书稿内容，使其更具代表性与典型性，在此表示衷心的感谢！山东大学刘和山教授多年来为笔者提供了诸多支持与帮助，并在百忙中对此书稿进行审核，在此深表感谢。另外还要感谢海洋出版社及亲朋好友的大力支持。

本书是黄山学院2013校本教材建设项目《家具设计》（2013XBJC08）的主要成果；是黄山学院2013应用型课程开发项目《家具设计》（2013YYKC02）的配套教材；是黄山学院2009年度教研项目《家具设计教学中的设计思维训练》（2009JXYJ07）的重要支持成果。此外，本书也是2009年安徽省教育厅省级人才培养模式创新实验区《应用型艺术设计人才培养模式创新实验区》（27）与2013年安徽省教育厅《设计学类专业综合改革试点》（2013zy171）的阶段性成果之一。

尽管我们对于本书的撰写付出了巨大的努力，但由于时间、能力及篇幅的限制，书中难免存在偏颇与错误，敬请有关专家、学者和广大读者们提出宝贵意见，以便日后修订完善。

作者

2014年8月

目　录

第1章　概述 .... (1)

1.1　家具的内涵 .... (1)

1.1.1　家具的界定 .... (2)

1.1.2　家具设计的内涵 .... (2)

1.2　家具的特质 .... (3)

1.2.1　实用性 .... (3)

1.2.2　审美性 .... (3)

1.2.3　文化性 .... (4)

1.2.4　经济性 .... (5)

1.2.5　系统性 .... (6)

1.3　家具的分类 .... (7)

1.3.1　按风格分类 .... (7)

1.3.2　按用材分类 .... (10)

1.3.3　按功能分类 .... (14)

1.3.4　按结构分类 .... (16)

1.3.5　按环境分类 .... (19)

本章习题 .... (26)

第2章　沿革 .... (27)

2.1　外国家具 .... (27)

2.1.1　外国古典家具 .... (28)

2.1.2　外国近现代家具 .... (32)

2.2　中国家具 .... (37)

2.2.1　中国古典家具 .... (37)

2.2.2 中国近现代家具 ……………………………… (43)
本章习题 ……………………………… (46)

第3章 理论 ……………………………… (47)
3.1 设计学理 ……………………………… (47)
3.1.1 绿色设计 ……………………………… (48)
3.1.2 通用设计 ……………………………… (50)
3.1.3 情感设计 ……………………………… (52)
3.1.4 模块设计 ……………………………… (54)
3.1.5 体验设计 ……………………………… (56)
3.1.6 仿生设计 ……………………………… (58)
3.1.7 群体文化学 ……………………………… (60)
3.2 工程学理（人机、构造、材料、生产工艺等） …… (61)
3.2.1 家具与人机工程学 ……………………………… (61)
3.2.2 各类家具的功能设计 ……………………………… (63)
3.2.3 家具的材料选择 ……………………………… (78)
3.2.4 家具的结构设计 ……………………………… (99)
3.2.5 家具的成型方法 ……………………………… (110)
本章习题 ……………………………… (126)

第4章 实践 ……………………………… (127)
4.1 市场调研 ……………………………… (128)
4.1.1 市场调研的内容与步骤 ……………………………… (129)
4.1.2 市场调研的方法 ……………………………… (129)
4.1.3 市场调研报告 ……………………………… (131)
4.1.4 设计趋势 ……………………………… (133)
4.2 理念架构 ……………………………… (136)
4.2.1 创造环境 ……………………………… (136)
4.2.2 培养动机 ……………………………… (137)
4.2.3 讲求方法 ……………………………… (137)
4.3 设计表述 ……………………………… (139)
4.3.1 手绘表现图 ……………………………… (140)
4.3.2 计算机辅助家具设计 ……………………………… (143)
4.3.3 家具模型制作 ……………………………… (145)
4.4 生产实践 ……………………………… (146)
4.5 市场营销 ……………………………… (148)
4.5.1 家具产品策略 ……………………………… (148)
4.5.2 家具产品生命周期设计 ……………………………… (150)
4.5.3 家具产品定价策略 ……………………………… (151)

4.5.4 家具产品渠道策略 .... (152)
4.5.5 家具产品促销策略 .... (155)
4.6 设计评价与设计反馈 .... (155)
4.6.1 设计评价 .... (155)
4.6.2 设计反馈 .... (157)
4.7 案例欣赏 .... (158)
本章习题 .... (164)

第5章 案例 .... (165)
5.1 传统家具的再设计——以明式家具为例 .... (165)
5.1.1 设计背景与命题 .... (165)
5.1.2 前期分析 .... (167)
5.1.3 设计概念 .... (168)
5.1.4 设计实施 .... (170)
5.1.5 设计拓展——风格群组 .... (174)
5.2 公共家具创新——以徽州古村落户外座椅设计为例 .... (175)
本章习题 .... (178)

第6章 赏析 .... (179)
6.1 国外家具设计作品 .... (179)
6.1.1 “小鹿斑比”椅子 .... (179)
6.1.2 3合1儿童青蛙椅 .... (180)
6.1.3 可以DIY的儿童椅 .... (181)
6.1.4 RE-TROUV户外椅 .... (181)
6.1.5 “裙衬”椅（Crinoline） .... (182)
6.1.6 Membrane扶手椅 .... (183)
6.1.7 “仙台书架（Sendai Bookshelf）” .... (183)
6.1.8 Ripples长凳 .... (184)
6.1.9 广岛系列家具 Hiroshima .... (184)
6.1.10 Grande Papilio座椅 .... (185)
6.1.11 Arco灯 .... (185)
6.1.12 超自然休闲椅（Supernatural fluor） .... (186)
6.1.13 GO休闲椅CG-Go-chair .... (186)
6.1.14 Cabbage椅 .... (186)
6.1.15 VENUS椅 .... (187)
6.1.16 缝起来的家具Wood Layer .... (187)
6.1.17 Volna桌子 .... (188)
6.1.18 速写家具设计 Sketch Furniture .... (188)

6.1.19 扶手椅 Knot-chair (189)
6.1.20 Rising Chair (189)
6.1.21 Pelt椅子 (190)
6.1.22 E-turn、@椅子、Remix躺椅、Reverb椅子 (190)
6.1.23 Truss Me系列竹艺设计 (191)
6.1.24 WAVE (192)
6.1.25 Master椅 (192)
6.2 中国家具设计作品 (193)
6.2.1 “清风”禅榻 (193)
6.2.2 Liz单椅——牡丹亭 (193)
6.2.3 Liz单椅——虚心 (193)
6.2.4 玫瑰椅 (193)
6.2.5 翼—Wing椅 (194)
6.2.6 飘椅 (194)
6.2.7 云龙椅 (195)
6.2.8 达摩安坐 (195)
6.2.9 明式绕脚椅 (195)
6.2.10 概念椅 (196)
6.2.11 椅刚柔 (196)
6.2.12 蝴蝶椅 (196)
6.2.13 宽椅 (196)
6.2.14 U+衣帽架 (197)
6.2.15 神马木马 (197)
6.2.16 悟（机）凳 (198)
6.2.17 翼椅 (198)
6.2.18 玫瑰椅 (198)
6.2.19 C07-y-town之纠结的沙发 (199)
6.2.20 天作椅 (199)
6.2.21 小小搬运工椅 (199)
6.2.22 筒圈椅 (199)
6.2.23 无中生有椅 (200)
6.2.24 咏竹长榻 交机 (200)
6.2.25 躺椅 (201)
6.2.26 豌豆公主 乐山居 (201)
6.2.27 杭州凳 (201)
本章习题 (201)

参考文献 (202)

第1章 概述

教学目标

掌握家具及家具设计的内涵与界定，了解家具的特性，明晰家具的分类。

教学重点

家具与家具设计的概念；家具的特性。

教学难点

家具的分类。

教学手段

以讲授为主，多媒体辅助。

考核办法

课堂提问与讨论。

1.1 家具的内涵

家具是人类生活必不可少的用具。根据社会学专家的统计，大多数社会成员与家具接触的时间占人生的三分之二以上。家具的设计对人类社会影响巨大，它改善了人们的生活状态，改变了人们的生活环境，提高了人们的生活质量。家具的设计与制造，尤其是现代家具的设计和制造，更是体现当代生活水平和品质的主要标志。作为人类经常接触的生活必需品，家具的设计具有非常重要的意义。

图1–1 2012米兰家具展上展出的西班牙设计师作品

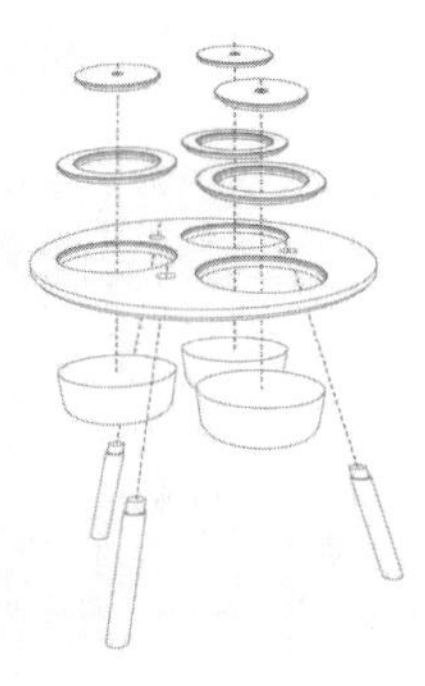

图1–2 意大利设计师阿尔伯托·法比安（Alberto Fabbian）作品“ability”桌

图1–3 2013米兰家具展上展出的福特椅子

1.1.1 家具的界定

“家具”，英文为Furniture、Furnishing，源自法文Founiture和拉丁文Mobilis。在古汉语中“家具”词义多样，北魏贾思勰在其著作《齐民要术》中写道：“凡为家具者，前件木，皆所宜种。”其中“家具”便是指家用器具。《现代汉语词典》中解释为：家庭器具，指木器，也包括炊事用具等。从专业的角度看“家具”有狭义与广义之分。狭义的“家具”通常是指：在生活、工作或社会实践中供人们坐、卧或支撑与储存物品的一类器具。广义的“家具”是指：人类维持正常生活、从事生产实践和开展社会活动必不可少的一类器具，也就是狭义家具、设备、可移动的装置、陈设品、服饰品等概念的合集（图1–1）。

1.1.2 家具设计的内涵

家具设计是为了使家具满足人们使用的、心理的、视觉的需要，在其投产前所进行的创造性的构思与规划，并通过文字、图样、模型或样品表达出来的劳动过程。它既是一门艺术，又是一门应用科学。其主要是从社会的、经济的、技术的、艺术的角度出发，通过对家具的使用功能、材料构造、造型艺术、色彩肌理、表面装饰、智能化、环保化等诸多要素进行综合处理，使家具既满足人们使用功能的需求，又满足人们对环境功能与审美功能的需求。

通常意义上家具设计主要包含两方面的内涵：一是外观造型设计；二是生产工艺设计（图1–2）。其中，家具造型设计是家具产品研究与开发、设计与制造的重要环节，其主要是对家具的外观形态，材质肌理，色彩装饰、空间形体等造型要素进行综合、分析与研究，并创造性地构成新、美、奇、特而又具有合理结构与功能的家具形象。家具造型设计更多地属于艺术设计的范畴，它需要在运用艺术设计的一些基本原理和形式美规律的基础上，大胆想象、探索和创新，以求创造出新的家具样式，并用新的家具样式不断迎合并推进家具消费时尚，开拓家具市场；更重要的是为人们提供更新、更美、更高品质的生活方式（图1–3）。

现代家具既是物质产品，又是艺术作品，是科学性与艺术性的完美统一，物质与精神的辩证统一。随着科技的进步和社会的发展，现代家具的设计几乎涵盖了所有的环境产品、城市设施、家庭空间、公共空间和工业产品。由于文明与科技的进步，人们对现代家具设计的内涵的追求是永无止境的。

1.2 家具的特质

家具的出现和发展，是因为它能够满足人们生活中的实际使用需求。当这种功能达到最大值时，它的外在元素就显得尤为重要。家具设计涉及市场、心理学、人体工学、材料、结构、工艺、美学、民俗、文化等诸多领域，通常来说具有以下特质。

1.2.1 实用性

实用是家具的首要目的。实用不是简单的使用，它必须要具备舒适（正确的尺寸、合理的结构、恰当的材料）、便利（合理新颖的结构）、弹性（一体多能）、节省空间（切合使用环境的尺度）、耐用（材料与结构的品质）、 易于维护（清洁、维修、翻新）等诸多特点。

家具的实用是与技术和材料紧密联系的，现代主义设计大师密斯（Ludwing Mies Van der Rohe）说过："所有的材料，不管是人工的或是自然的都有其本身的性格。我们在处理这些材料之前，必须知道其性格。材料及构造方法不必一定是最上等的。材料的价值只在于用这些材料能否制造出好的东西来。"

科学技术的不断进步推动着家具的更新换代，新技术、新材料、新工艺和新发明带来了现代家具的新设计、新造型、新色彩、新结构和新功能。新技术的出现对传统家具是一种挑战，然而一些具有超前创新意识的设计师却能看到新技术带给现代家具设计的巨大潜力。工业革命后，现代冶金工业生产的优质钢材和轻质金属被广泛地应用于家具制造，使家具从传统的木材时代发展到金属时代。第二次世界大战后，新的人造胶合板材料、新的弯曲技术和胶合技术，特别是塑料这种现代材料的发明为家具设计师提供了更大的创造空间（图1–4）。

图1–4 Naoshima系列胶合板家具

1.2.2 审美性

家具的审美特性即其艺术特性。家具是科学技术与文化艺术结合的一种具有极强实用性的艺术品。由于家具具有造型艺术的主体特征，它一直是构成世界艺术之林的主要形式之一。历代家具的风格演变总是与同时期的其他艺术同步发展，从西方到东方不论是古典艺术博物馆还是现代艺术博物馆，家具都是其中的重要收藏品和研究对象。

从现代家具发展的过程来看，其从19世纪至今的发展，一直是许多艺术大师与设计大师将当代艺术如抽象艺术、现代绘画、现代雕塑的发展中融会贯通、相互影响，从而创造出许多具有划时代意义家具杰作的过程（图1–5）。

图1–5 爱尔兰设计师约瑟夫 · 沃尔什（Joseph Walsh）的作品enignum系列

1.2.3 文化性

家具蕴涵着丰富的信息，也是各种文化形态的载体。不同地区的家具发展必然形成种类繁多、风格各异的状态，而且随着社会的发展，这种风格变化和更新浪潮，还将更加迅速和频繁，因而家具文化在发展过程中必然或多或少地反映出地域性特征（不同地域地貌，不同的自然资源，不同的气候条件，必然产生人的性格差异，并形成不同的家具特性）和时代特征（家具的发展也有其阶段性，即不同历史时期的家具风格显现出家具文化不同的时代特征）。

图1–6　中国传统家具中的马蹄足

就我国南北方的家具造型差异而言，过去有“南方的腿，北方的帽”之说法，也就是说北方的柜讲究大帽盖，以显厚重，而南方的家具则追求脚型的变化，多显秀雅。在家具色彩方面，北方喜欢深沉凝重，南方则更喜欢淡雅清新（图1–6）。

不同的历史阶段，家具造型差异的表现则更为直观。在农业社会，家具表现为手工制作，因而家具的风格主要是古典式，或精雕细琢，或简洁质朴，手工制造痕迹明显。在工业社会，家具的生产方式为批量生产，产品的风格则表现为现代式，造型简洁平直，几乎没有特别的装饰，主要追求机械美、技术美（图1–7）。

图1–7　赫尔曼·米勒（Herman Miller）公司生产的办公座椅

此外，人们对家具认识的变化，也会影响家具的分类。在当代信息社会，在经济发达国家，家具否定了现代功能主义的设计原则，转而注重文脉和文化语义的表现，因而家具风格呈现多元化：既要现代化——反映当代人的生活方式，反映当代的技术、材料和经济特点，又要在艺术语言上与地域、民族、传统、历史等方面进行同构与兼容。从共性走向个性，从单一走向多样，家具与室内陈设均表现出强烈的个人色彩，正是当前家具的时代特征（图1–8）。

图1–8　Calvin Klein家居内湖馆

作为一名现代家具设计师，应该时刻关注当代科技的新发展。随着科学技术的不断进步，新技术、新材料和新工具应运而生，不断创造出新的产品，同时也不断地改变着人们的生活方式。科技发展无止境，现代设计也无极限，信息化时代的现代家具设计师应该是一位数字化的现代家具设计师，其知识结构、综合素质、设计工具和表现手段都应是全新的。而对于中国的当代家具设计师而言，只有给中国家具插上科学技术和现代设计的翅膀，才能真正实现中国家具在21世纪的腾飞。

1.2.4 经济性

当前社会以商品经济为主流，家具作为一种商品，其设计的成败，最终是要由市场和消费者来决定。因此，家具产品的设计不仅是功能设计、造型设计、结构设计问题，更是一个经济设计问题。

家具经济性的核心是指家具产品应该有着合理的价格。这就要求在家具设计与生产过程中提高材料的利用率，减少加工过程中不必要的消耗，降低运输成本等，从而降低家具制造的成本。提高材料利用率，要求在设计时考虑零部件的模数化关系，并在产品的不同部位运用符合质量要求的不同等级的材料；减少加工中不必要的消耗，就要考虑合理设计孔位，从而减少排钻的加工次数；降低运输成本，就要在家具各部件设计时考虑到包装的方便性与经济性。在实际生产中，可以通过以下措施具体考虑设计的经济性。

首先，在满足家具使用要求的前提下，合理地进行功能设计，给消费者带来较高的使用价值，提升其性价比。在满足使用目的设计时，应从实用性、耐久性和舒适性等方面入手，解决家具尺寸以及结构；避免将个体特殊功能要求考虑为普遍性功能，更不能把家具尺寸过分地放大。

其次，作为技术设计的重要内容，家具结构设计应解决产品零件与零件之间、零件与部件之间以及部件与部件之间的连接问题。由于结构不同，生产难易程度不同，转移到产品中的成本也不同，所以结构的工艺性对整个产品的生产成本影响重大。如板式拆装结构与框式结构的家具相比，板式拆装家具产品的部件是平面式的部件，接口都采用圆孔，可以大大提高劳动生产效率，减少产品的库存面积，降低包装与运输成本，最终其成本就相对较低。因此，采用直接而又简单的结构，能把生产成本降低到比较合理的水平（图1–9）。

图1–9 现代板式家具

再次，家具造型设计的结果是通过人们的视觉感受表现出来的。若缺乏美感，很难激起顾客的购买欲。因此，在充分体现家具造型艺术性的条件下尽可能采用简洁大方的造型，降低生产成本，使产品“物美价廉”，获得市场高效率的回报。

最后，家具所用材料种类很多。不同的材料，需要采用不同的加工工艺；不同的家具结构和加工设备，造就了不同的成本构成。材料的选择直接影响产品的质量、成本、价格。必须在不降低产品使用功能和外观质量的前提下，尽量避免使用珍稀贵重材料。一般按照总体最优原则，做到大材不小用，优材不劣用，小材、小料、劣材综合利用，以降低材料的加工余量和工业废品率。

家具的经济性设计需要综合考虑造型、材料、加工等多方面问题，切不可管中窥豹。

1.2.5 系统性

家具的生产、销售与使用过程涉及人类活动的方方面面，各种因素相互交织在一起，使得我们必须将家具与家具设计作为一个有机的系统来看待。具体来说其系统性主要体现在以下三个方面。

其一，配套性。家具设计时应考虑家具与使用环境、环境内其他家具、设施以及陈设品配套使用时的协调性与互补性。通过设计将家具与整个环境的整体效果和使用功能紧密结合在一起。

其二，综合性。一般意义上，家具设计归属于工业设计范畴。家具设计需要对产品的功能、造型、结构、材料、工艺、包装以及经济成本等进行全面系统的考虑。家具设计不只是构思或者绘制出产品效果图、产品结构图；而是包括产品全生命周期中各过程或各阶段的具体领域与操作的设计。

其三，标准化。这主要是针对家具生产和销售而言的。家具产品系统化与标准化设计是以一定数量的标准化零部件与家具单体构成某一类家具标准系统。目前，小批量、多品种的社会个性化需求与现代工业化生产的高质高效性形成矛盾，并能把设计师从机械的重复劳动中解放出来。世界著名品牌宜家为实现其产品的低成本，广泛采用标准化“模块”式家具设计方法。有些模块在家具间可通用，简化了设计过程，大幅降低设计成本，解放了设计师（图1—10）。

图1—10 宜家家居卖场内的现代家具

另外，可持续性也是家具系统性的重要表现。由于木材具有最佳的宜人性，同时天然木质的美妙视觉效果和易于成型的加工特性，使得当前市场上木材和木质材料仍是主要的家具材料。木材是一种自然资源，优质木材的生长速度慢、周期长，它们随着存世资源的日益减少而日显珍贵。为此，在设计家具时必须考虑资源可持续利用，具体说就是要尽量利用以可回收、可再生、污染少的材料为原料，减少材料消耗。

1.3　家具的分类

随着人类社会的进步，家具在不断发展和变化。最早的家具是人类为能够坐卧休息而产生的。随着历史的发展和人类文明的进步，各种不同类型和式样的家具应运而生，并随着社会生产和生活方式的发展而演变。尤其是发展到现代社会，出现了许多前所未有的、新的家具品种和式样，极大限度地满足了现代人的生活和工作需要，创造了更舒适、更温馨、更合理、更具文化品位的生活方式。

由于现代家具的材料、结构、使用场合、使用功能的日益多样化，导致了其类型的多样化和造型风格的多元化，因而很难用一种方法将其分类。实际生产中，可以多种角度对现代家具进行分类，以方便人们对现代家具系统形成一个完整的认识，这是学习现代家具设计与制造的基础知识之一。

1.3.1　按风格分类

通常来说，家具风格就是家具成品在整体上呈现出的具有代表性的独特面貌。家具风格不同于一般的家具特色或创作个性，它是通过家具表现出来的相对稳定、更为内在和深刻，从而更为本质地反映出时代、民族或艺术家个人的思想观念、审美理想、精神气质等内在特性的外部印记。家具风格的形成是时代、民族或设计者在创作上超越了幼稚阶段，摆脱了各种模式化的束缚，从而趋向或达到了成熟的标志。

家具风格按地区与时间来区分，通常包括中式古典家具、欧式古典家具、美式家具、新古典家具、现代家具、后现代家具等几大类家具风格。而各个大类又能细分为不同的小类，像欧式古典家具就有米兰剪影、英伦印象、北欧阳光、德国森林等风格。

1）中式古典家具

中式古典家具以现代化的设计中运用中式元素。时尚与传统相互渗透，更符合现代人的审美情趣。代表性的红色，渲染出喜庆、祥和的气氛。运用不同层次的红，丰富空间，和谐统一。古典的实木家具、中式花格、宫廷式样的落地灯、块面感的墙体处理，简洁、大气又不失优雅的气质。整体呈现出一幅较为完美的中式生活画卷（图1–11）。

图1–11　中式古典家具

2）欧式古典家具

这是一种追求华丽、高雅的古典风格家具。为体现华丽的风格，家具产品外观华贵、用料考究，工艺细致，更重要的是为能够体现其所包含的厚重的历史感，家具框的线条部位饰以金线、金边。欧式古典家具还可细分为古埃及家具、古希腊家具、古罗马家具、拜占庭家具、哥特式家具、文艺复兴家具、巴洛克家具、洛可可家具、新古典家具（图1—12）。

图1—12 欧洲古典家具

3）美式家具

美式家具是指欧洲家具风格结合美国的风俗、生活习惯、艺术文化而演变出的新家具流派。美式家具特别强调舒适、气派、实用和多功能。与欧式家具大多会加上金色或其他色彩的装饰条所不同的是，美式家具的油漆以单色为主。而较强的实用性则是美式家具的另一个重要特点，因为风格相对简洁，细节处理便显得尤为重要。美式家具大量采用胡桃木和枫木，为了突出木质本身的特点，它的贴面采用复杂的薄片处理，使纹理本身成为装饰手段，可以在不同角度的光线下产生不同的观感。美式古典家具高大、厚重的外形，细腻精致的细节，原始、自然、纯朴的色彩，给人一种贵而不露的感觉。此外，作旧也是美式古典风格的一个特点。美式家具可分为三大类：仿古、新古典和乡村式风格。怀旧、浪漫和尊重时间是对美式家具最好的诠释。美式的沙发、座椅会根据使用者的平均身材特征做得更大、更宽阔，也更舒服安逸，具有极强的个性（图1—13）。

图1—13 美式家具

4）新古典家具

所谓新古典家具就是在古典家具的款式中融合了现代的元素，符合现代人的审美视觉享受。这种家具款式大多中西合璧，不易过时。装修搭配简单，不需太繁琐。新古典主义家具主要分为两类：一类是中式新古典家具；另一类是欧式新古典家具。新古典主义家具主要分为两类，一类是中式新古典家具，此类一般颜色较深，书卷味显得较浓。中式新古典家具风格对于传统中式家具舒适度欠缺的问题也有较大改进：有些生硬的中式家具实木材质中也可以融合柔软的现代布艺，家具线条越来越人性化，越来越符合人体工程学在家具上的要求。在色彩上更具有亲和力。中式新古典家具对于传统中式家具舒适度欠缺的问题也有较大改进：实木家具的“硬”也可以与现代布艺相得益彰，家具设计越来越人性化，更符合人体工程学在家具上的要求。而欧式新古典家具，在色彩上或是富丽堂皇，或是清新明快，或是古色古香，款式和设计风格较多。摒弃了始于洛可可风格时期的繁复装饰，追求简洁自然之美的同时保留欧式家具的线条轮廓特征。最近又出现了一种中西合璧的新古典主义家具，它将中式家具的儒雅和欧式家具的高贵结合起来，将古朴与时尚融为一体（图1—14）。

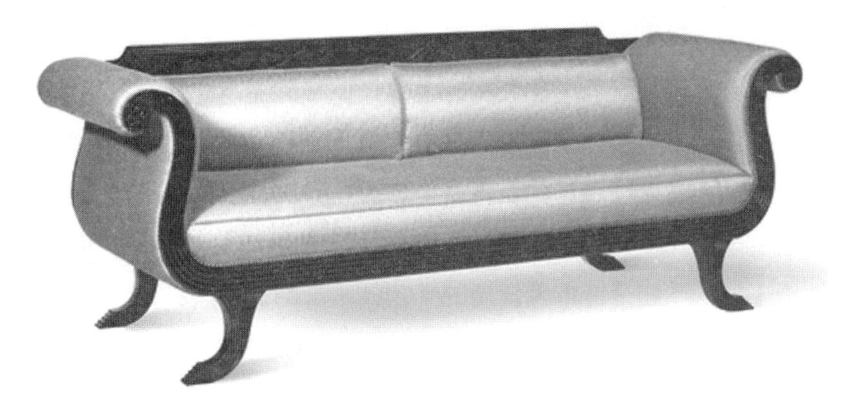

图1-14 新古典家具

5）现代家具

现代家具的款式比较时尚、简约，更适合现代人特别是年轻人的口味。而且现代家具的快速变化主要体现在颜色和款式上。简洁和实用是现代家具的基本特点。现代家具的流行是因为人们装修时总希望在经济、实用、舒适的同时，体现一定的文化品位。现代家具的简约风格不仅注重居室的实用性，而且还体现出了工业化社会生活的精致与个性，符合现代人的生活品位（图1-15）。

图1-15 现代家具

6）后现代家具

由于使用功能的降低，审美功能的上升，使得后现代家具的外观形式及结构完全没有固定程序可依，设计师有了更大的创造空间，其表现形式从天真、滑稽直至怪诞离奇，形式奇怪、色彩狂躁、技术暴露，简直到了一切幻想的形式均可实现的境界（图1-16）。

图1-16 后现代家具

1.3.2 按用材分类

把家具按用材与工艺分类，主要是便于掌握不同的材料特点与工艺构造。一方面，现代家具日益趋向于多种材质的组合，传统意义中的单一材质家具已经日益减少；另一方面，家具在工艺结构上也正在走向标准化，部件化的生产方式，早已突破传统的榫卯框架结构工艺，不断开辟家具全新的工艺技术与构造领域。为便于学习和理解，本节中仅仅是按照一件家具的主要材料与工艺进行分类，见表1–1。

表1-1 家具按用材分类

名称		定义
木质家具	实木家具	主要部件由木材或木质人造板材料制成的家具
	曲木家具	主要部件采用木材弯曲成型工艺制造的家具
	模压胶合板家具	主要部件由木质人造材料（胶合板）模压成型制造的家具
	竹藤家具	主要部件由竹材、藤制成的家具
金属家具		主要部件由金属材料制成的家具
塑料家具		主要部件由塑料制成的家具
软体家具		主要部件一般采用弹性材料和软质材料制成的家具
石材家具		主要部件采用石材制造的家具
玻璃家具		主要部件由玻璃制成的家具

1）木质家具

无论在视觉或触觉上，木材带来的感觉都是多数材料无法超越的。木材独特的纹理，特有的温暖与魅力。木材的易于加工、造型使其一直为家具设计与制造的首选材料。即便是日益趋向使用复合材料的今天，木材仍然在家具制造中扮演着重要的角色。

（1）实木家具在木材家具类型中是第一代产品，在家具发展史上从原始的早期家具一直到18世纪欧洲工业革命前，实木家具一直是家具的主流。

图1–17 实木家具

实木家具是把木材经过锯、刨等切削加工而成，高档实木家具还要经过浮雕、透雕的装饰加工。实木家具最能表现传统家具制造过程中的独具匠心，精湛工艺以及优美的材质肌理。在中国有明式家具，在欧洲有巴洛克、洛可可风格家具——这些都是实木家具中的精品典范（图1–17）。

（2）曲木家具是利用木材的可弯曲的特性，把实木加热加压，使其弯曲成型后制成的家具。曲木工艺是19世纪奥地利工匠索内

（Michael Thonet）最早发明的，并用于大批量生产曲木椅，从此开创了现代家具的先河。曲木家具以椅子为最典型，同时在床屏、桌子的腿部屏风、藤竹、柳编家具制作上也多采用曲木工艺（图1—18）。

图1—18 曲木家具

（3）模压胶合板也称为弯曲胶合板，这是现代家具发展史中工艺制造技术上的重大创新与突破。模压胶合板家具最重要的代表人物是芬兰现代建筑大师和家具设计大师阿尔瓦·阿尔托（Hugo Alvar Herik Aalto）。他对模压弯曲胶合板技术进行了深入持久的探索。采用蒸汽弯曲胶合板技术，阿尔托设计了一批至今都在生产的模压胶板家具，是现代家具史上少有的成功典范，至今仍对北欧现代家具有重大影响。

模压胶合板技术从蒸汽热压成型发展到冷压成型，再发展到标准模压部件加工，并与金属、塑料、五金配件相结合，成为现代家具工艺中的一项主要技术与加工工艺（图1—19）。

图1—19 模压胶合板

（4）竹、藤、草、柳等天然纤维的编织是有着悠久历史的传统手工艺，也是人类早期文化艺术史中最古老的艺术之一，至今已有7000多年的历史。人类的早期智慧、手工技艺的进化和美的物化能力都在编织工艺中得到充分的体现。在高科技普通应用的今天，人类并没有摒弃这一古老的技艺，反而将其与现代家具的工艺技术和现代材料结合在一起，发展得日趋完美。天然纤维编织家具具有造型轻巧而又独具材料肌理、编织纹理的天然美感，迎合了现代社会“返璞归真、回归自然”的潮流，成为绿色家具的典范（图1—20）。

图1—20 藤椅

除了传统的竹、藤、草、柳等原材料之外，人们还开发了现代化学工业生产的仿真纤维材料编织家具。在品种上多以椅子、沙发、茶几、书报架、席子和屏风为多。近年来纤维编织开始与金属加工、现代布艺相结合，使竹藤家具更为轻巧、牢固，同时也更具现代美感。

2）金属家具

现代家具的发展趋势正在从传统的“木器时代”跨入“金属时代”与“塑料时代”。尤其是金属家具以其适应大工业标准批量生产、可塑性强和坚固耐用、光洁度高的特有魅力，迎合了现代生活方式求“新”、求“变”和生产厂家求“简”、求“实”的潮流，成为推广最快的现代家具之一。特别是随着专业化生产、零部件加工，标准化组合的现代家具生产模式的推广，越来越多的现代家具采用金属构造的部件和零件，再结合木材、塑料、玻璃等组合成灵巧优美、坚固耐用、便于拆装、安全防火的现代家具。

应用于金属家具制造的金属材料主要有铸铁、钢材和铝合金等。铸铁多用于户外家具，如庭院中的桌椅，城市环境中的花栏、护栏、格栅、窗花等。

钢材主要有两种：一种是碳钢；另一种是普通合金钢。碳钢中含碳量越高，强度也越高，但可塑性（弹性与变形性）降低。适合冷加工和焊接工艺。常用的碳钢有型钢、钢管、钢板三大类。

图1-21 金属家具——波兰建筑师奥斯卡·泽特（Oskar Zieta）设计的Plopp椅凳

普通低合金钢是一种含有少量合金元素的合金钢。它的强度高，具有耐腐蚀、耐磨、耐低温以及较好的加工和焊接性能，在现代家具中逐步被应用在构件和组合部件中。

铝合金是以铝为基础，加入一种或几种其他金属元素（如铜、锰、镁、硅等）构成的合金。铝合金的重量轻，又有足够的强度，可塑性及耐腐蚀较好。便于拉制成各种管材、型材和各种嵌条配件，广泛用于现代家具的各种构造部件和装饰配件（图1-21）。

将金属材料广泛应用于家具设计是从20世纪20年代的德国包豪斯学院（Bauhaus）开始的，第一把钢管椅子是包豪斯的建筑师与家具设计师布劳耶（Marcel Breuer）于1925年设计的；随后，包豪斯的建筑大师密斯又设计出了著名的MR椅，充分利用了钢管的弹性与强度的结合，并与皮革、藤条、帆布材料相结合，开创了现代家具设计的新方向。

3）塑料家具

一种新材料的出现能够对家具的设计与制造产生重大和深远的影响，例如轧钢、铝合金、镀铬、塑料、胶合板、层积木等。毫无疑问，塑料是对20世纪的家具设计和造型影响最大的材料。而且，塑料也是目前唯一的生态材料，可回收利用和再生。20世纪初，美国人发明了酚醛塑料，拉开了塑料工业发展的序幕。这种复合型的人工材料易于成型和脱模，且成本低廉，因此很快在工业产品和家具设计中迅速应用，成为面向人民大众的“民主的材料”。第二次世界大战末期，聚乙烯、聚氯乙烯、聚氯丙烯、聚脱脂、有机玻璃等塑料都被开发出来。它们大受家具设计师的青睐，被广泛用于各种家具设计，并使家具造型的形式从装配组合转向整体浇注成型具有类似于雕塑效果的有机家具形式。20世纪60年代亦被称之为“塑料的时代”。著名的建筑与家具大师艾罗·沙里宁（Eero Saarinen）的郁金香椅，北欧丹麦家具大师雅各布森（Arne Jacobsen）的天鹅椅、蛋壳椅，费纳·潘顿（Verner Panton）的“S”形堆叠式椅都是塑料家具的杰出代表作品（图1-22）。

图1-22 塑料家具

塑料制成的家具具有天然材料家具无法代替的优点，尤其是整体成型自成一体、色彩丰富、防水防锈，成为公共建筑、室外家具的首选材料。塑料家具除了整体成型外，还可以制成家具部件与金属、玻璃配合成组装家具。

4）软体家具

软体家具传统工艺上是指以弹簧、填充料为主，在现代工艺上还有泡沫塑料成型以及充气成型的具有柔软舒适性能的家具。主要应用在与人体直接接触并使之合乎人体尺度并增加舒适度的沙发、座椅、坐垫、床垫及床榻中，是一种应用很广的普及型家具。随着科技的发展，新材料的出现，软体家具从结构、框架、成型工艺等方面都有了很大的发展。软体家具从传统的固定木框架正逐步转向可调节活动的金属结构框架，填充料从原来的天然纤维如棕、棉花、麻布转变为一次成型的发泡橡胶或乳胶海绵。外套面料也从原来的固定真皮转变为经过防水、防污处理，可拆换的时尚布艺（图1–23）。

图1–23 软体家具

5）石材家具

天然石材是具有不同天然色彩、纹理、质地坚硬的天然材料，给人的感觉高档、厚实、粗犷、自然、耐久。其种类很多，在家具中主要使用花岗石和大理石两大类。由于产地不同，石材质地各异，同时在质量价格上也相去甚远。石材纹理丰富，品种众多。花岗岩中有印度红、中国红、四川红、虎皮黄、菊花青、森林绿、芝麻黑等；大理石中有大花白、大花绿、贵妃红、汉白玉等。

在家具的设计与制造中天然大理石材多用于桌、台案、几类的面板，充分体现其坚硬，耐磨的特性。同时，也有不少的室外庭院家具，室内的茶几、花台是全部用石材制作的（图1–24）。

图1–24 大理石家具

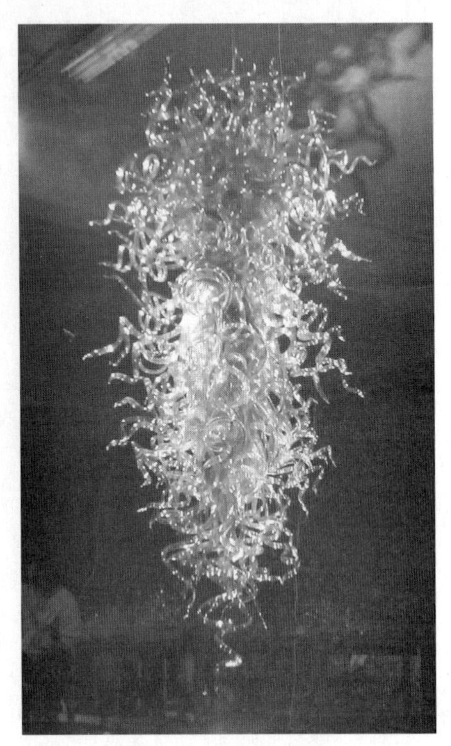

图1–25 玻璃灯具

人造大理石、人造花岗岩是近年来开始广泛应用于厨房、卫生间台板的一种人造石材。以石粉、石碴为主要骨料，以树脂为胶结剂，一次浇注成型，易于切割加工、抛光，其花色接近天然石材，而抗污力、耐久性、加工性及成型性又大大优于天然石材，同时便于标准化、部件化、批量生产，特别是在整体厨房家具、整体卫浴家具和室外家具中广泛使用。

6）玻璃家具

玻璃是一种晶莹剔透的人造材料，具有平滑光洁透明的独特材质美感。现代家具的一种流行趋势就是把木材、铝合金，不锈钢与玻璃相结合，极大地增强了家具的装饰观赏价值。现代家具正在走向多种材质的组合，在这方面，玻璃在家具中的使用起了主导性作用。

由于玻璃现代加工技术的提高，雕刻玻璃、磨砂玻璃、彩绘玻璃、镶嵌玻璃、夹丝玻璃、冰花玻璃、热弯玻璃、镀膜玻璃等各具不同装饰效果的玻璃大量应用于现代家具，尤其是在陈列性展示性家具以及承重不大的餐桌、茶几等家具上，玻璃更是成为主要的家具用材。

由于现代家具日益重视与环境、建筑、家居、灯光的整体装饰效果，特别是家具与灯具的设计日益走向组合，玻璃由于透明的特性，更是在家具与灯光照明的效果的烘托下起了虚实相生、交映生辉的装饰作用（图1–25）。通过最近几年的意大利米兰、德国科隆、美国高点国际家具博览会的最新家具设计也可以看到使用玻璃部件的普遍程度，尤其是当代意大利的具有抽象雕塑美感的玻璃茶几设计，更是光彩夺目的现代家具亮点，成为迅速流行到全世界的新潮前卫家具。

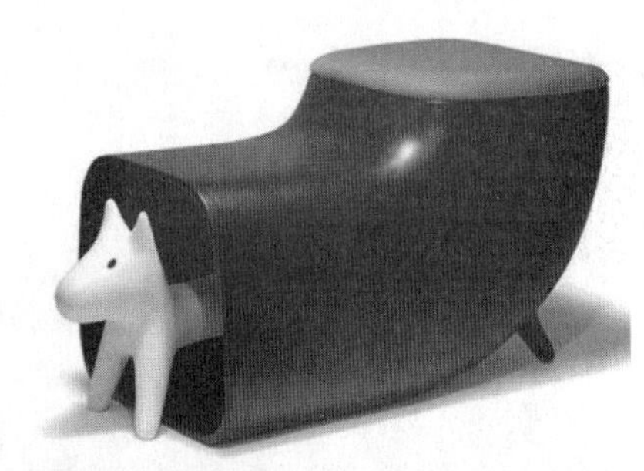

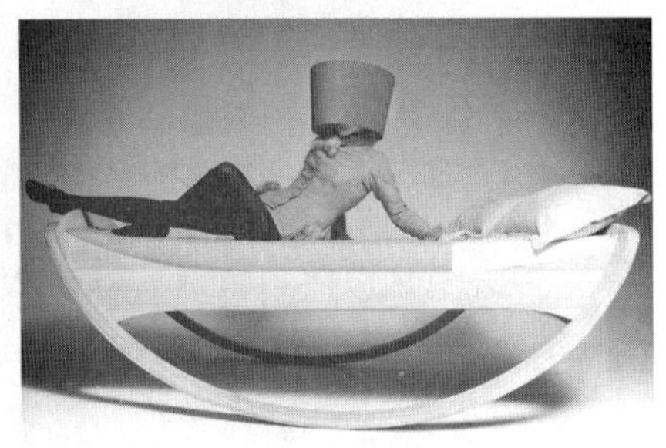

图1–26 坐卧类家具

1.3.3 按功能分类

这种分类方法是根据人与物、物与物的关系，按照人体工程学的原理进行分类，是一种科学的分类方法。

1）坐卧类家具

坐卧类家具是家具中最古老、最基本的家具类型。家具在历史上经历了由早期席地跪坐的矮型家具到中期的垂足而坐的高型家具的演变过程，这是人类告别动物的基本习惯和生存姿势的一种文明创造的行为，这也是家具最基本的哲学内涵。

坐卧类家具是与人体接触面最多、使用时间最长、使用功能最多最广的基本家具类型，造型式样也最多、最丰富，坐卧类家具按照使用功能的不同可分为椅凳类、沙发类、床榻类三大类（图1–26）。

2）桌台类家具

桌台类家具是与人类工作方式、学习方式、生活方式直接发生关系的家具（图1–27）。其造型的高低宽窄必须与坐卧类家具配套设计，具有一定的尺寸要求。在使用上可分为桌与几两类——桌类较高，几类较矮。桌类有写字台、抽屉桌、会议桌、课桌、餐台、试验台、电脑桌、游戏桌等；几类有茶几、条几、花几、炕几等。

图1–27 桌台类家具

3）橱柜类家具

橱柜类家具也被称为储藏家具，家具发展早期的箱类家具也属此类（图1–28）。由于建筑空间和人类生活方式的变化，箱类家具正逐步从现代家具中消失，其储藏功能被橱柜类家具所取代。橱柜类家具虽然不与人体发生直接关系，但在设计上必须在适应人体活动的一定范围内来制定尺寸和造型。在使用上分为橱柜和屏架两大类，在造型上分为封闭式、开放式、综合式三种，在类型上分为固定式和移动式两种基本类型。

图1–28 家畜储物柜

橱柜家具有衣柜、书柜、五屉柜、餐具柜、床头柜、电视柜、高柜、吊柜等。屏架类有衣帽架、书架、花架、博古陈列架、隔断架、屏风等。在现代建筑室内空间设计中，逐渐地把橱柜类家具与分隔墙壁结合成一个整体。法国建筑大师与家具设计大师勒·柯布西埃（Le Corbusier）早在20世纪30年代就将橱柜家具放在墙内；美国建筑大师赖特（Frank Lloyd Wright）也以整体设计的概念，将储藏家具设计成建筑的结合部分，可以视为现代储藏家具设计的典范（图1–28）。

现代住宅的音响电视柜正成为家庭住宅客厅、起居室正立面的主要视觉焦点和装饰立面。由于数字化技术的日益普及和流行，CD碟片架也成为现代陈列性家具设计新品种。同时，电视音响、工艺精品、花瓶名酒、书籍杂志等不同功能的收纳陈列正在日益走向组合化，构成现代住宅的多功能组合柜。

现代橱柜更是逐步向标准化、智能化的整体厨房方向发展。从过去封闭式、杂乱无章的旧式厨房走向开放式的集厨房、餐厅等功能于一体的现代整体厨房。现代整体厨房家具将成为我国现代家具业中一个新的增长点，具有很大的市场潜力（图1–29）。

图1–29 捷西橱柜

图1–30 石大宇作品“屏七贤”、“桌八方”

屏风与隔断柜是特别富于装饰性的间隔家具，尤其是中国的传统明清家具中，屏风、博古架更是独树一帜，中式间隔家具以其精巧的工艺和雅致的造型，使建筑室内空间更加丰富通透，空间的分隔和组织更加多样化。屏风与隔断对于现代建筑强调开敞性或多元空间的室内设计来说，兼具有分隔空间和丰富变化空间的作用。随着现代新材料、新工艺的不断出现，屏风与隔断已经从传统的手工艺发展为标准化部件组装。金属、玻璃、塑料、人造板材制造的现代屏风，体现出独特的视觉效果（图1–30）。

1.3.4 按结构分类

1）固定装配式

零部件之间采用榫或其他固定形式接合，一次性装配而成。结构牢固、稳定，不可再次拆装（图1–31）。

图1–31 固定装配式家具

2）拆装式

零部件之间采用连接件接合并可多次拆卸与安装。可以缩小家具的运输体积，便于搬运（图1–32）。

3）单体组合式

将制品分成若干个小单件，其中任何一个单体既可以单独使用，又能将几个单体相互接合而形成新的整体，便于运输，且用户可以自己选择（图1–33）。

4）支架式

将部件固定在金属或木制的支架上而构成的一类家具。充分利用室内空间，制作简单，造型多样，便于清扫（图1–34）。

5）折叠式

能折动使用并能叠放的家具。适用于住房面积小，或经常更换场地的场所（图1–35）。

图1–32 拆装式家具

图1–33 单体组合式

图1–34 支架式

图1–35 折叠式家具

6）多用式

对家具上某些部件的位置稍加调整就能变幻出多种用途（图1—36）。

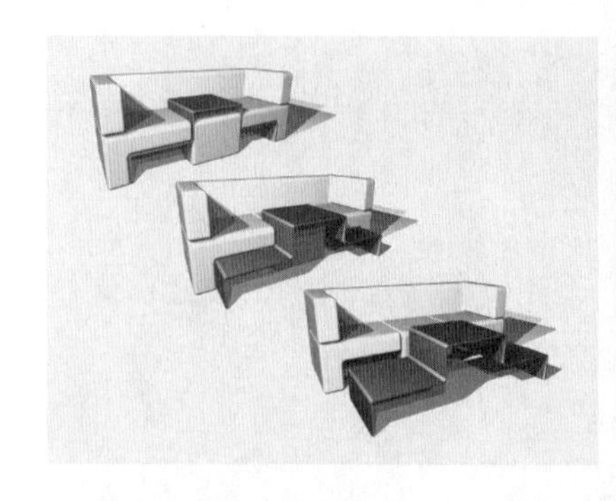

图1—36　马修·波克（Matthew Pauk）设计的沙发

图1—37　乔尔·赛格尔（Joel Seigle）设计的椅子

7）曲木家具

用实木弯曲或多层单板胶合弯曲而制成的家具。造型别致、轻巧美观（图1—37）。

8）壳体式家具

其整体或零件是利用塑料、玻璃钢一次模压成型或用单板胶合成型的家具（图1—38）。

9）充气式家具

用塑料薄膜或其他材料制成袋状，充气成型的家具（图1—39）。

10）嵌套式家具

为节省占地面积而使用的家具（图1—40）。

图1—38　丹麦Cinal公司设计的胶合板弯曲薄壳家具The Hive

图1—39　伊戈尔·罗巴诺夫（Igor Lobanov）设计的充气家具

图1—40　嵌套式家具

1.3.5 按环境分类

建筑环境分类是按不同的建筑环境和使用地点进行分类。根据人类活动的不同建筑空间类型可分为住宅建筑家具和公共建筑家具、室外环境家具三大类。

1）住宅建筑家具

住宅建筑家具也就是指民用家具，是人类日常生活离不开的家具，也是类型最多、品种复杂、式样丰富的基本家具类型。按照现代住宅建筑的不同空间划分，可以分为门厅与玄关、客厅与起居室、书房与工作室、儿童房与卧室、厨房与餐厅、卫生间与浴室家具等。

（1）门厅与玄关家具。入口门厅玄关家具是现代住宅非常重要的第一视觉印象和重要组成部分。门厅玄关家具主要有：迎宾花台桌几、屏风隔断，鞋柜、迎宾椅凳、衣帽架、伞架，化妆台与化妆镜等，可以根据门厅玄关的大小进行配套设计和组合（图1–41）。

图1–41 玄关家具设计

（2）客厅与起居室家具。客厅与起居室在整个住宅空间布局中处于中心的重要位置，是家人团聚、会客、社交、娱乐、休闲、阅读的开放式动态流动的公用空间，是构成住宅整体装饰风格的主旋律，同时也展示着主人的文化品位和生活水平（图1–42）。

图1–42 小型沙发（客厅与起居室家具）

客厅与起居室家具主要有沙发、茶几、躺椅、电视音响组合柜、精品陈列柜、花台花架、咖啡桌、棋牌桌、书架、CD碟片架、屏风隔断架等。

（3）书房与工作室家具。书房与工作室是一个家庭住宅的“静态”空间，也是知识经济社会与信息时代的家庭住宅新空间，更是现代社会人们生活方式与工作方式的重要变化的主要象征。随着网络世界的迅速扩张，计算机、传真机、电话通信设备的进入家庭和普及，以及终身教育学习化社会的需要，在家庭住宅空间设立书房与工作室，从原来的知识阶层正在全面普及到千家万户。数字化社会、智能化建筑直接影响到人们的数字化生活方式，同时传统的书房正在向SOHO、工作室功能转变。越来越多的白领阶层、上班族和自由职业者，小型公司正在变成SOHO一族。书房家具，尤其SOHO工作室家具正在成为现代家具设计的新方向（图1–43）。

图1–43 现代SOHO桌设计

书房与工作室家具主要有写字台、多功能电脑工作台、打印机台、工作椅、躺椅、书架、书柜等。

（4）儿童房与卧室家具。儿童房是目前中国家庭住宅空间最值得重视和设计的住宅空间。儿童房的家具设计与整体空间的组合设计将对儿童的身体成长、学业成才起着直接和潜移默化的熏陶作用。儿童房家具的设计要注意到青少年的几个主要的成长阶段，如幼儿园、小学、中学；在功能上从早期的娱乐功能、启蒙教育功能、独立的学习生活功能逐级转化，家具也应该随着功能的多样性和小孩的成长而同步成长，应该一开始就在设计上预留成长发展空间，特别是在儿童房功能的多样性与成长性的特点上精心设计和布置（图1−44）。

图1−44 日本建筑设计事务所球门建筑（Daisuke Motogi）设计的 Flip 系列儿童家具

儿童房家具主要有床、衣柜、书柜、玩具柜、书桌和椅子、多功能电脑工作台等。

卧室是住宅空间中的私密空间。家庭中夫妇俩的卧室称主卧室。人的一生有三分之一的时间是在卧室中度过，卧室家具是营造甜蜜温馨、宁静舒适气氛的重要家具和物质基础。

卧室家具主要有双人床、床头柜、梳妆凳、安乐椅、躺椅、沙发、大衣柜、储藏柜、电视柜等（图1−45）。

图1−45 卧室家具

（5）厨房与餐厅家具。厨房是家庭烹饪膳食的工作场所，是人类赖以生存的重要生活空间。由于建筑空间的变化，现代科技的发展，特别是厨房设备、家用电器的现代化，操作越来越方便，厨房烹饪环境越来越整洁，因而产生了现代化的整体厨房家具，并从封闭式逐渐走向开放式，与餐厅空间的界线日益模糊。

厨房家具主要有橱柜作业台（地柜兼储藏柜）吊柜，厨房家具主要有：橱柜作业台（地柜兼储藏柜）、吊柜、便餐台、餐具架、调味品架、工具架、食品架等。

餐厅是家庭成员进餐的空间。中国的饮食文化有着悠久的历史和举足轻重的地位，餐厅是象征一家人“团聚”、举行“仪典”和“祝福”的场所。在现代住宅空间，餐厅与厨房的界线正日益模糊。同时，家庭酒吧也与餐厅融为一体。

餐厅家具主要有餐桌、餐椅、酒柜及餐具柜等（图1–46）。

图1–46 餐桌

（6）卫生间与浴室家具。卫浴空间应该是家庭住宅中最私密及使用频率最高的空间。在现代住宅建筑中，卫浴空间最能反映一个家庭的生活质量。对卫浴空间和家具设施的设计已经越来越讲究艺术风格和个性化。随着大工业标准化生产的普及，部件化组装的年代。卫浴不再是一个简陋的闭门清洗的地方，而是能够反映出个人生活方式和艺术品位。现代卫浴正逐步走向浴、厕分离，一户双卫、一户多卫、多功能浴室，卫浴间与衣帽间、更衣室相连的新趋势。现代家具产业中卫浴家具与整体厨房家具一样，成为家具设计的新空间和家具产业新的增长点（图1–47）。

图1–47 德国DORNBRACHT公司的产品Super Nova系列

卫浴家具主要有洗面台及地柜，衣帽毛巾架、储物吊柜、化妆品陈列柜、墙镜、镜前灯架、搁物架、净身器、坐厕器（抽水马桶）、浴缸、冲浪浴缸、整体浴室及桑拿浴室等。

2）公共建筑家具

家具是人与建筑、人与环境的一个中介物：人—家具—建筑—环境。家具语言风格应与建筑语言风格相协调，建筑史的投影是家具史，家具与建筑，与环境都是密不可分的。相对于住宅建筑的公共建筑是一个系统的建筑空间与环境空间，公共建筑的家具设计根据建筑的功能和社会活动内容而定，具有专业性强、类型较少、数量较大的特点。公共建筑家具在类型上主要有办公家具、酒店家具、商业展示家、学校家具等。

（1）办公家具。如果说工厂是19世纪的工业革命时代标志性建筑，那么，现代办公建筑是20世纪末信息时代标志性建筑。在过去的100年里，现代办公建筑位居城市的中心，以富有特色的建筑语言改变了城市的外貌，成为风靡全球的新型建筑革命主力军。现代办公室也改变了我们的工作方式和生活方式。信息技术的每一项革新和发明，电话、计算器、传真机、电脑乃至互联网……都与办公建筑与办公家具紧密相连。现代办公家具不仅提高了办公效率，而且也成为现代家具的主要造型形式和美学典范，在现代家具中独树一帜，自成体系，是现代家具中的主导性产品（图1–48）。

图1–48　德国 Kinzo 公司生产的 Kinzo Air 办公桌

现代办公家具主要有大班台、办公桌、会议台、隔断、接待台屏风、电脑台、办公椅、文件柜、资料架、底柜、高柜、吊柜等单体家具和标准部件组合，可以按照单体设计，单元设计、组合设计、整体建筑配套设计等方式构成开放、互动、高效、多功能、自动化、智能化的现代办公空间。

（2）酒店家具：旅游观光产业在国民经济中起着举足轻重的作用，是不少国家的支柱产业。我国自20世纪80年代改革开放以来，旅游业迅猛发展，直接推动了酒店建设，酒店家具的设计与制造也随之兴起。现代酒店家具配套设计是酒店设计的重要内容，酒店家具也是公共建筑空间家具中种类最多的（图1–49）。

图1–49 酒店家具

按酒店的不同功能分区，酒店家具主要有如下几类：公共空间有大堂家具，其中有沙发、坐椅、茶几、接待台餐饮部分的家具有餐台餐椅、（中餐、西餐）吧台、咖啡桌椅等；客房部分的家具有床、床屏靠板、床头柜、沙发、茶几、行李架、书桌、座椅、化妆台、壁柜、衣柜等。随着酒店星级的不同，对家具档次，造型的要求也不同。在不同国家、地区、民族的传统文化与民俗风情也会在酒店家具设计中体现出来。我国酒店家具市场的潜力很大，根据国家旅游局提供的信息，目前我国有酒店、宾馆10万多家，涉外宾馆、酒店3000多家，客房40万多套。酒店家具平均每5年就要更新，这个市场的市值超过10亿元人民币。面对如此可观的市场前景，就看家具行业如何开拓了。

（3）商业展示家具。当商业文化进入20世纪以后，随着工业化进程的加快，公共商业环境渐渐形成了新型商业网。特别是20世纪80年代信息技术的迅速推进，加快了现代购物中心，超级市场，名牌专卖店、大型博览会，展览中心等公共商业建筑的发展，同时也促进了商业展示家具的设计与制造，商业展示家具是商业展示建筑设计的重要组成部分之一，同时也是现代家具业中的一个专业化的家具类型（图1–50）。

图1–50 商业展示家具

商业展示家具主要有商品陈列低柜、商品陈列高柜、陈列架、展示台、展示橱窗、展示挂架、收款台、接待台、屏风、展台、展柜板、组合式展示家具等。由于商业展示内容的丰富多彩，商业展示家具的设计与制作也与特定的展示商品和内容相一致；同时，由于商业展示家具多为工业化的标准部件，现场组合是商业展示家具的主要制造工艺，人体工学是商业展示家具在造型尺度、视觉、触觉设计的主要依据。

（4）学校家具。随着现代教育的普及，在公共建筑中，学校建筑占有很大的比重。在我国，由于历史和经济发展等方面的原因，学校家具设计一直是在低层次水平上徘徊，这是一个非常值得关注和重新思考的家具设计领域。真正做到以人为本，以社会为本，以教育为本，以科技为本，以可持续发展为本，去设计和制造学校家具（图1–51）。

图1–51　课桌设计

学校家具主要有教学家具和生活家具两大类。教学家具主要有课桌、椅凳、黑板、讲台、电脑台；以及各种专业教学用的专业家具，如阶梯教室家具，图书馆、阅览室家具、音乐教学、美术教学专用家具，各种实验室，生产实习，计算机教学，语言教学专用家具等。生活家具主要是学生宿舍、公寓家具和食堂餐厅家具。在信息化、现代化的今天，由于互联网和教学化技术的普及，特别是在大中专学生公寓中，正在试图实现把睡眠、学习、阅读、上网、储藏等多功能用途综合在一起的工作站式的整体单元家具设计，这也是现代家具设计的一个新领域，有巨大的市场需求和潜力。

3）室外环境家具

人与环境——这是20世纪最具挑战性的设计主题之一。

随着当代人们环境意识的觉醒和强化，环境艺术、城市景观设计被人们日益重视，建筑设计师、室内设计师、家具设计师、产品设计师和美术家正在把精力从室内转向室外，转向城市公共环境空间，扩大他们的工作视域，从而创造出一个更适宜人类生活的公共环境空间。随着工业化和高科技的迅速发展，生活在城市建筑室内空间的人们越来越渴望“回归大自然”，在室外的自然环境中呼吸新鲜的空气，享受大自然的阳光。于是在城市广场、公园、人行道、林荫路上设计和配备越来越多。供人们休闲的室外家具，护栏、花架、垃圾箱、候车厅、指示牌、电话亭等室外建筑与家具设施也越来越受到城市管理部门和设计界的重视，成为城市环境景观艺术的重要组成部分。

室外家具的主要类型有：躺椅、靠椅、长椅、桌、几台、架等。在材料上多用耐腐蚀、防水、防锈、防晒、质地牢固的不锈钢、铝材、铸铁、硬木、竹藤、石材、陶瓷、FRP成型塑料等。在造型注重艺术设计与环境的协调，在色彩上多用鲜明的颜色，尤其是许多设计优秀的室外家具几乎就是一座座抽象的户外雕塑，兼具观赏和实用两大功能（图1–52）。

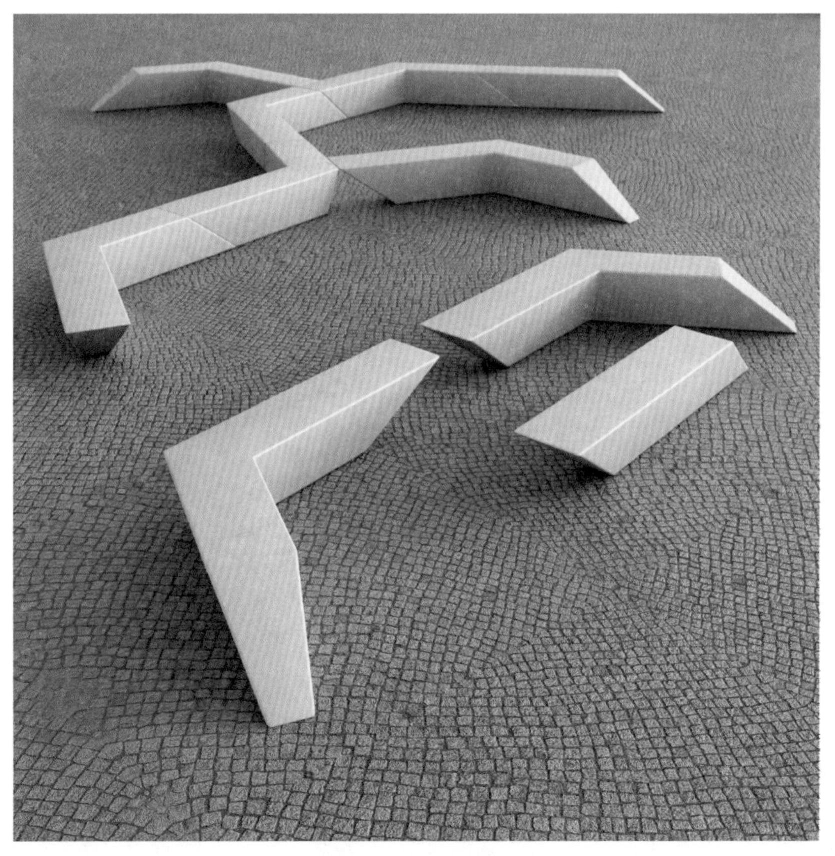

图1–52 公共座椅

在建筑环境家具分类中还有影剧院体育馆家具设计，以及飞机、车、船交通家具设计。一个航空座椅的设计已经成为一个多学科，复杂的系统工程项目，一个人已经是不可能完成了，这是家具设计中科技含量最高的家具类型。

家具的分类仅仅是相对的，现代家具正日益呈现多元化和扩大化的发展趋势。随着时代的发展、科技的进步，我们的身边会出现更多种类的家具设计新领域。

本章习题

(1) 根据所所学知识，界定生活中的物品，哪些属于家具。

(2) 从家具的性质出发，思考当下家具发展的趋势与方向。

(3) 根据家具的分类查阅资料，寻找对应类型的家具。

第2章 沿革

教学目标

了解世界家具发展的历史与文化背景，掌握其发展脉络，能够分辨不同历史时期家具的造型特征。

教学重点

不同历史时期家具的造型特征与代表家具。

教学难点

中国古典家具。

教学手段

以讲授为主；多媒体辅助。

考核办法

课堂提问与讨论。

2.1 外国家具

家具的历史可以说同人类的历史一样悠久，它随着社会的进步而不断发展，反映了不同时代人类的生活和生产力水平。家具除了是具有实用功能的物品外，更是具有丰富文化形态的艺术品。几千年来，家具的设计和建筑、雕塑、绘画等造型艺术的形式与风格的发展同步，成为人类文化艺术的一个重要组成部分。

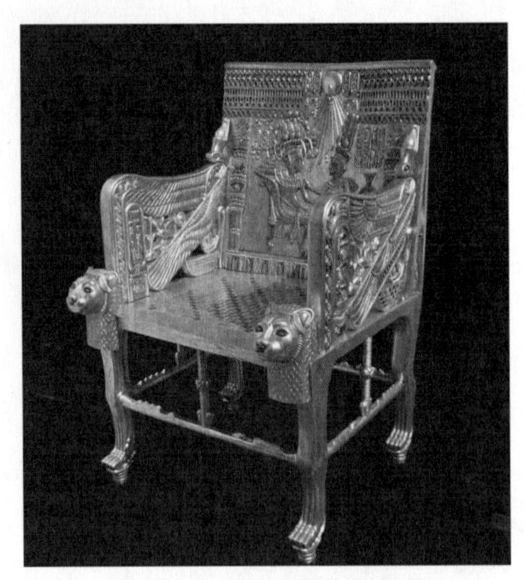

图2–1 埃及古代家具复原图

图2–2 古埃及方凳

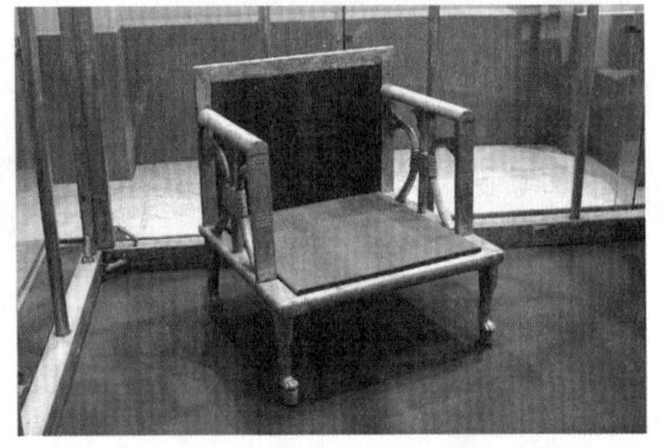

图2–3 新王国时期王后海特菲利斯(Hetepheres)的座椅

图2–4 Klismos椅（现代仿制）

世界各国的家具在其发展过程中，因受时代和地域、艺术流派和建筑风格的影响，在造型、色彩、材料和制作技术上都有着显著的差别，从而形成了各自独特的风格。

2.1.1 外国古典家具

1）古代埃及家具（公元前27世纪～公元前4世纪）

古埃及家具的艺术造型与工艺技术在几千年前就达到了很高的水平。古埃及家具造型以对称为基础，比例合理、外观富丽堂皇而威严，装饰手法丰富，雕刻技艺高超。桌、椅、床的腿经常被雕成兽腿、牛蹄、狮爪或鸭嘴等形象。装饰纹样多取材于尼罗河两岸常见的莲花、芦苇、鹰、羊、蛇、甲虫等形象。古埃及家具已出现较完善的裁口榫接合结构，镶嵌技术也相当熟练。家具装饰色彩与古埃及的壁画一样，除金、银、象牙、宝石的本色外，表面多以红、黄、绿、棕、黑、白等色为主（图2–1）。

在新王国时期，古埃及家具制作的水平达到了高峰，设在意大利都灵的埃及博物馆里收藏了整套来自埃及的陪葬品以及相关的生活用品。如图2–2所示的古埃及方凳就是其中的典型代表：圆柱形的椅腿刻有精细的花纹，中间相连的木杆两端饰有荷花；凳面为麻布，上面涂有厚漆，四周是双曲线木框，上面刻有几何图形和花卉的图案。这种方凳在埃及随处可见：它们一般比较低矮，凳面有木质的，也有用皮革制成的，还有的是草编的。像图2–2中所示的这件文物——装饰图案丰富的方凳属于比较名贵的家具；另外，在陪葬品中还能见到带有鸭头图案的象牙折叠凳。

古埃及家具为后世的家具发展奠定了良好的基础，并直接影响了后来的古希腊与古罗马家具；到了19世纪，它又再次影响了欧洲的家具。可以说，古埃及家具是欧洲家具发展的先行者和楷模（图2–3）。

2）古代希腊家具（公元前11世纪～公元前1世纪）

古希腊文明是欧洲文化的摇篮，其艺术和建筑更成为欧洲艺术和建筑的基础和典范。古希腊家具也是欧洲古典家具的源头之一，它体现了功能与形式的统一——线条流畅，造型轻巧，为后世所推崇。古希腊家具具有简洁、实用、典雅的众多优点，座椅的造型呈现优美曲线，自由活泼，家具的腿部常采用类似建筑中柱式的造型。但是，繁荣的古希腊文明却没有留下一件家具实物，人们只能根据文字、绘画想象。如图2–4所示即是仿古希腊风格制作的克里斯莫斯椅（Klismos）。

3）古罗马家具（公元前5世纪～公元5世纪）

古希腊晚期的家具成就由古罗马直接继承，并达到了奴隶制时代家具艺术的巅峰。古罗马家具受到了罗马建筑造型的直接影响——坚厚凝重，采用战马、雄狮和胜利花环等作为装饰与雕塑题材，构成了古罗马家具的男性艺术风格。当时的家具除使用青铜和石材，木材也被大量使用。在工艺上，旋木细工、格角榫木框镶板结构也开始使用。桌、椅、灯台及灯具的艺术造型与雕刻、镶嵌装饰已经达到很高的技艺水平（图2–5）。

图2–5　古罗马家具复原图

4）中世纪家具

（1）拜占庭家具（公元328～1005年）除继承罗马家具的形式，还借鉴了西亚和埃及的艺术风格：融合波斯的细部装饰，模仿罗马建筑的拱券形式，以雕刻和镶嵌最为多见，显得节奏感很强。在家具造型上由曲线形式转变为直线形式，具有挺直庄严的外形特征，尤其是以王座的造型最为突出——木板雕刻，上部装有顶盖或高耸的尖顶，以显示主教/君主的威严（图2–6）。这种座椅对后来的家具设计影响很大。

图2–6　5世纪拜占庭主教椅

（2）仿罗马式家具（公元10～13世纪）。罗马帝国衰亡以后，意大利半岛、地中海北岸的封建制国家将罗马文化与民间艺术相结合，形成了一种艺术形式，称为仿罗马式。

仿罗马式家具的主要特征是在造型和装饰上模仿古罗马建筑的拱券和檐帽等式样，最突出的是旋木技术的应用，出现了全部用旋木制作的扶手椅。用铜锻制、表面镀金的金属装饰件对家具既起到加固作用，同时又是很好的装饰。

（3）哥特式家具（公元12～16世纪）。12世纪后半叶，哥特式建筑(Gothic Architecture)在西欧以法国为中心兴起，而扩展到欧洲各基督教国家。受到哥特式建筑的影响，哥特式家具同样采用尖顶、尖拱、细柱、垂饰罩、浅雕或透雕的镶板装饰，以刚直，挺拔的外形与建筑形象相呼应，尤其是哥特式椅子（主教坐椅）更是与整个教堂建筑的室内装饰风格融为一体（图2–7）。

图2–7　哥特时期宝座

5）近世纪家具

（1）文艺复兴家具（公元14～16世纪）。文艺复兴时期的建筑、家具、绘画、雕刻等文化艺术领域都进入了一个崭新的阶段，众星灿烂，大师辈出。

自15世纪后期起，意大利的家具艺术开始吸收古代建筑造型的精华，以新的表现手法将古希腊、古罗马建筑上的檐板、半柱、女神柱、拱券以及其他细部形式移植到家具上。以储藏家具的箱柜为例，它是由装饰檐板、半柱和台座等建筑构件的形式密切结合成的家具结构体。这种由建筑和雕刻转化到家具的造型装饰与结构，

(a) 但丁椅

(b) 萨伏那罗拉椅

图2-8　文艺复兴时期家具

图2-9　布尔制作的巴洛克家具

是将家具制作工艺的要素与建筑装饰艺术的完美的结合，表现了建筑与家具在风格上的统一与和谐。文艺复兴后期的家具装饰最大特点是灰泥石膏浮雕装饰，做工精细、常在浮雕上加以贴金和彩绘处理。文艺复兴时期家具的主要成就是在结构与造型的改进与建筑、雕刻装饰艺术的结合。可以说，文艺复兴时期家具主要是一场装饰形式上的革命，而不是整体设计思想和工艺技术上的革命。

文艺复兴时期家具中最具代表性的是但丁椅和萨伏那罗拉椅（图2-8）。

（2）巴洛克风格家具（公元17～18世纪初）。17世纪的意大利建筑处于矛盾和复杂之中，一批中、小型教堂、城市广场和花园别墅和设计追求新奇复杂的造型，以曲线、弧面为特点。这些建筑的造型风格打破了古典建筑与文艺复兴建筑的“常规”，被称为“巴洛克”式的建筑装饰风格。“巴洛克”追求动感，尺度夸张，形成了一种极富强烈、奇特的男性化装饰风格。巴洛克的这一风格与随后的“洛可可”的女性化的细腻娇艳风格相对应。

巴洛克风格的住宅和家具设计具有真实的生活且富有情感，更加适合生活的功能需要和精神需求。巴洛克家具的最大特色是将富于表现力的装饰细部相对集中，简化不必要的部分而强调整体结构，在家具的总体造型与装饰风格上与巴洛克建筑、室内的陈设、墙壁、门窗严格统一，创造了一种建筑与家具和谐一致的总体效果。

1661年，国王路易十四亲政后，法国国力强盛，经济发达，文学艺术繁荣，成立了专为皇室设计、制造家具、壁毯，室内陈设装饰的戈布兰皇家家具制作所，其中不少工匠来自意大利。意大利的思想和技术与地道的法国皇宫的家具相结合，使这些家具明显地融入了一些崭新的内容，即形成了特有的路易十四式的法国巴洛克家具，并出现了一批杰出的家具设计师与制作师，如约翰·伯莱（1638—1711）。约翰·伯莱是一名皇家装饰美术师，1700年他出版了世界上第一本专业图书《家具设计图集》，为路易十四式家具后期的发展奠定了良好的基础。布尔（Andre-Charles Boulle，1642—1732）是法国巴洛克家具杰出的家具设计和制作大师，发明了黑檀木上镶嵌龟甲的“布氏镶嵌法”，他主张把家具从建筑的附属品中解放出来，为创建独立的家具体系做出了巨大的贡献（图2-9）。

（3）洛可可风格家具（18世纪初～18世纪中期）。洛可可装饰风格形成于在法国波旁王朝国王路易十五统治的时代，故又称为“路易十五风格”。洛可可艺术是18世纪初在法国宫廷形成的一种室内装饰及家具设计手法，并流传到欧洲其他国家成为18世纪流行于欧洲的一种新兴装饰及造型艺术风格。

1745年，蓬帕杜夫人成为凡尔赛宫沙龙的主人，她在王宫的沙龙里集中了一批著名的艺术家、文学家、政治家，成为引导法国文化艺术新潮流的重要力量。蓬帕杜夫人参与了当时的几座皇宫建筑装饰设计，并为一批艺术家、家具师、雕刻家提供了施展才华的机会。这些宫廷建筑与室内装饰、家具现在都成了法国的艺术瑰宝，是华丽、优雅的洛可可艺术的典范。路易十五式的靠椅和安乐椅、镜台、梳妆桌在造型上线条柔婉而雕饰精巧，在视觉上奢华高贵，而且在实用与装饰的配合上也达到完美的程度。

洛可可风格发展到后期，逐渐因其形式特征走向极端，曲线的过度扭曲及比例失调的纹样装饰而趋向没落。

18世纪初的英国乔治王统治时期是家具设计的黄金时期（1714—1837）。当时的英国家具受到了洛可可风格的影响并吸收了当地民间家具和东方艺术的营养，形成了具有英国特色的洛可可家具。在这一时期出现了一位影响整个家具世界的大师——齐宾代尔（Thomas Chippendale，1718—1779）。他设计、制作出了一系列“齐宾代尔”座椅。座椅用细腻、易于雕刻的桃花心木做基材，背板采用薄板透雕技术，造型上用对比强烈的曲线并采用牢固的木结构，融洛可可、哥特式和中国式于一体，齐宾代尔也因此成为世界上第一位以设计师的名字命名家具式样的家具大师。同时，他还先后出版了三本家具图册，更奠定了他在家具史上的权威地位。齐宾代尔式家具风格在1760～1780年间风行美国，在美国费城甚至还开设了齐宾代尔家具学校，费城也因此成为美国齐宾代尔式的家具制作中心（图2–10）。

图2–10 齐宾代尔式的家具

（4）新古典风格家具。18世纪，法国的启蒙主义思想出现，之后爆发了法国资产阶级大革命，欧洲大陆烽烟四起，最终以资产阶级的胜利给欧洲封建制度画上了句号。人类从迷信无知的封建黑暗时代进入科学、民主、理性的光明时代。在艺术上也需要简洁明快的风格，新古典风格的建筑、室内装饰、家具成为一代新潮（图2–11）。

图2–11 新古典风格的家具

2.1.2 外国近现代家具

1）前期现代家具风格（1850～1914年）

（1）托耐特曲木家具（图2–12）。1842年6月，托耐特（Michael Thonet，1796～1871）的“用化学、机械法弯曲脆质材料的技术”在奥地利维也纳获得了专利。1852年，托耐特经过研究发明了加金属带使中性层外移的曲木方法，很好地解决了木材在弯曲过程中外层开裂的问题。这一方法至今仍应用在很多曲木机上，并将其称为“托耐特”。1853年11月，托耐特兄弟公司成立。从1859年开始生产托耐特家具历史上最有代表性的作品——14号椅子（也称维也纳椅，Vienna Chair），到1930年已累计生产了5000万件，此后仍在继续生产。1860年开始生产的7027号曲木摇椅，盛期年产量达10万件以上。这种椅子打破了千百年来椅子设计的原则，将“动”的观念融到作品中。人们从椅子的造型就会联想到坐在其上那种悠闲自得、其乐融融的心情。可以说这件作品是灵活应用曲线造型的典范。

(a) 曲木家具

(b) 14号椅子系列

图2–12 托耐特家具

（2）“工艺美术运动”。1888年由莫里斯（William Morris）倡导的“工艺美术运动”，基本思想是要改革过去的装饰艺术，以大规模的、工业化生产的廉价产品来满足人民的需要。“工艺美术运动”标志着家具从古典装饰走向工业设计的第一步。随着莫里斯装饰公司的开创性工作及其影响的不断扩大，这一新思想逐渐传播到了整个欧洲大陆，并导致“新艺术运动”的发生（图2—13）。

图2—13 莫里斯设计的椅子

（3）“新艺术运动”。“新艺术运动”是以装饰为重点的个人浪漫主义艺术运动。它以表现自然形态的美作为自己的装饰风格，从而使家具可以像生物一样富于活力。主要代表人物有法国的海格尤马特和比利时的亨利·凡·得·维尔德等。他们的作品虽然有些过于浪漫，而且因不适于工业化生产的要求最终被淘汰，但他们的创作理念使人们意识到应当从对古典作品的模仿中解放出来。这一阶段也是欧洲古典主义艺术传统向现代主义运动的过程阶段（图2—14）。

图2—14 法国新艺术运动时期的扶手椅

（4）麦金托什的家具。格拉斯哥学派的核心人物麦金托什（Charles Rennie Mackintosh，1868—1928），在建筑与家具设计方面，领导着欧洲当时的最新设计潮流。麦金托什生于苏格兰的格拉斯哥，其主要设计作品也在这个城市。

在家具设计中，麦金托什创造了一种非常有个性，同时充满象征意味的简洁优雅的形式语言。这种创造，源自他对英国本地传统、中国家具传统及日本设计影响的天才般的结合。其家具设计中规整的几何形体的运用，反映出他对日本装饰艺术及建筑形式的了解。作品中现代感与文化传统巧妙结合，与其创作的建筑、室内空间浑然一体。同时家具也是界定和划分空间的实体，椅子的高靠背实际上起着室内屏风的作用（图2—15）。

（5）维也纳装饰艺术学校。1899年，以瓦格纳为代表的一些受“新艺术运动”影响的奥地利建筑师建立了维也纳装饰艺术学校。在该校任教的有欧布利希、霍夫曼和卢斯等。这些建筑师认为“现代形式必须与时代生活的新要求相协调”，因此他们的作品都带有简洁明快的现代感。他们的理论和实践不仅始创了奥地利20世纪的新建筑，而且对现代家具的形成具有深刻的影响（图2—16）。

图2—15 麦金托什的高背椅

图2—16 霍夫曼设计的椅子

图2–17 贝伦斯设计的台灯

图2–18 里特维尔德设计的红蓝椅

（6）德意志制造联盟。1907年10月在慕尼黑由德国建筑师穆特修斯倡议成立。成员有艺术家、设计师、评论家和制造厂商等。他们主张“协会的目标在于创造性地把艺术、工艺和工业化事例融合在一起，并以此来扩大其在工业化生产中的作用”（图2–17）。“德意志制造联盟”的实践活动在欧洲引起了相当大的反响，并导致了1910年奥地利工作联盟，1913年瑞士制造联盟和1915年英国工业设计协会的先后成立。

2）两次世界大战期间的现代家具风格（1914～1945年）

（1）风格派。1917年在荷兰的莱顿成立了一个由艺术家、建筑师和设计师为主要成员的集团，将画家蒙德里安和万杜埃士堡在绘画中创造的具有清新、自由的风格、空间几何构图应用于建筑、室内和家具设计中。“风格派”接受了立体主义的新观点，主张采用纯净的立方体、几何形及垂直成水平的面来塑造形象，色彩则选用红、黄、蓝等几种原色。1918年里特维尔德加入这一运动，并设计出了其代表作“红蓝椅”（图2–18）。

（2）包豪斯学校。“包豪斯学校”是德国魏玛艺术学院的魏玛工艺学校，由格罗比乌斯于1919年改组后成立。该校创造了一整套新的“以新技术来经济地解决新功能”的教学和创作方法。“包豪斯”的设计特点是注重功能和转向工业化生产，并致力于形式、材料和工艺技术的统一（图2–19）。包豪斯也因此成为现代设计教育的摇篮。

（3）国际新建筑会议（the International Congress of Modern Architecture，I.C.M.A）。1928年在瑞士的洛桑市附近

图2–19 布鲁尔设计的瓦西里椅

召开第一次会议，会议的目标是为反抗学院派势力而斗争，讨论科技对建筑的影响，城市规模以及培训青年一代等问题，为现代建筑确定方向，并发表了宣言。1928～1956年间，国际新建筑会议共召开10次，参加会议的建筑师中有勒·柯布西埃、阿尔托、格罗比乌斯、布鲁尔和里特维尔德（Gerrit Rietveld）等（图2–20）。

（4）北欧现代家具。北欧地区的森林覆盖率高达60%～70%。世代相传的手工艺技术，较高的审美水准，设计师、工匠以及家具公司的紧密合作，整体效果与局部细节同样被重视。

北欧五国（挪威、芬兰、瑞典、冰岛及丹麦）在19世纪初享受了长时期的和平生活，有着相同价值观认识，一方面有农业文化的传统，另一方面又有中产阶级文化作为基础。家具敦实而舒适。由于北欧地处亚寒带地区，对住宅以及室内用品极为重视（图2–21）。

图2–20 柯布西埃设计的沙发

图2–21 尤尔设计的沙发（1941）

3）“二战”后的现代家具风格（20世纪40年代中期～20世纪后期）

1945年，第二次世界大战结束后，现代家具发展迅速；到了20世纪50年代，已初步形成完整的现代家具体系。一方面是北欧家具的异军突起，从默默无闻变得誉满全球，形成现代家具的北欧学派；另一方面，美国有机家具的超前设计，意大利现代家具的异彩纷呈，德国、日本家具设计的迅速崛起，使现代家具设计进入成熟阶段。随着科学技术的进步，尤其是塑料和有机化学工业的迅速发展，在新材料的发掘和新工艺的应用，现代家具出现了革命性的突破，一并形成了60年代的塑料年代，70年代的技术设计风格，80年代的后现代主义。进入90年代，随着信息技术的迅速普及，高新技术全面导入家具行业更为家具业带来了蓬勃发展前所未有的大好机遇（图2–22）。

图2–22 伊姆斯设计的躺椅

4）面向未来的多元家具时代

20世纪70年代后，西方发达国家开始进入后工业社会，现代设计的特征开始走向多元化，自60年代中期，国际上兴起了一系列的新艺术潮流，如“波普艺术”、“欧普艺术”、高技派与高情感派、后现代主义等，形形色色的设计风格和流派此起彼伏，令人目不暇接，这些因素都促进了设计的多元化，形成家具设计界了空前繁荣的景象（图2–23～图2–25）。

(a) Gyro 椅

(b) 大草坪（Pratone）

图2–23 多元化家具代表

(a) 艾洛·阿尼奥（Eero Aarnio）设计的小马椅（1973）

(b) 泡泡吊椅

(c) 球椅（1962）

图2–24

图2–25 孟菲斯（Memphis）家具作品

2.2 中国家具

中国是一个由多民族组成的国家，幅员辽阔、资源丰富、历史悠久。因此，无论是文化积淀还是物质文明都有着博大精深和丰富多彩的内涵。其中的家具成就尤为显赫，蜚声中外的“明式家具”就是我们的祖先给人类艺术宝库的一笔丰厚的遗产。我国几千年历史中流传下来的起居方式，可分为“席地坐”和“垂足坐”两个时期。随着社会经济、文化的发展，家具同样在漫长的历史变迁中发展变化着。

2.2.1 中国古典家具

从公元前17世纪商代青铜器中的“俎”和“禁”（图2–26）可以看出，当时家具已在人们生活中占有一定地位，甚至中国的明式家具，其箱式结构也由青铜家具发展而来。西周以后是奴隶社会走向封建社会的变革时期，农业和手工业发展迅速，工艺技术水平得到了很大的提高。家具的使用以床为主，出现了漆绘的几、案、凭靠类家具（图2–27、图2–28）。当时家具制作及髹漆技术的水平已相当高超。西汉时期开辟了通往西域的贸易通道，家具制造也发生了很大的变化，如几案合二为一，面板逐渐加宽；出现了有围屏的榻和带矮足的箱子。装饰纹样增加了绳纹、齿纹、三角形、菱形、波形等到几何纹样以及植物纹样。东汉以后，“胡床”、椅子、筌蹄（一种用藤竹或草编的细腰坐具）、凳等传入中原，家具开始由矮向高发展，品种不断增加，造型和结构也更趋丰富完善。随着佛教的传入，装饰纹样中逐渐出现了火焰、莲花纹、卷草纹、璎珞、飞天、狮子、金翅鸟等（图2–29）。

(a) 俎

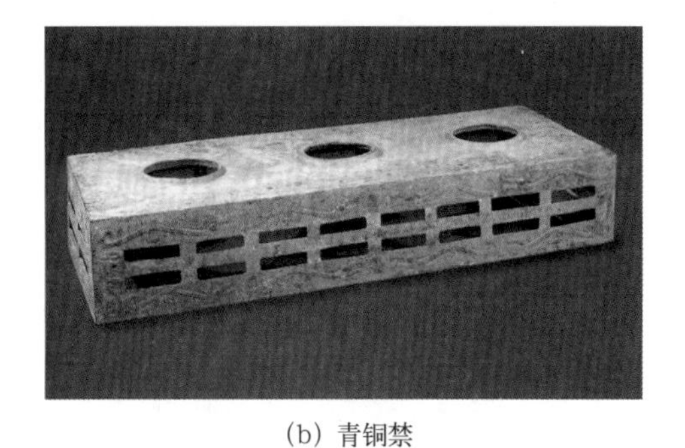

(b) 青铜禁

图2–26 中国商代青铜器

图2–27 战国——彩绘木雕小座屏

图2–28 三国——凭几（吴）

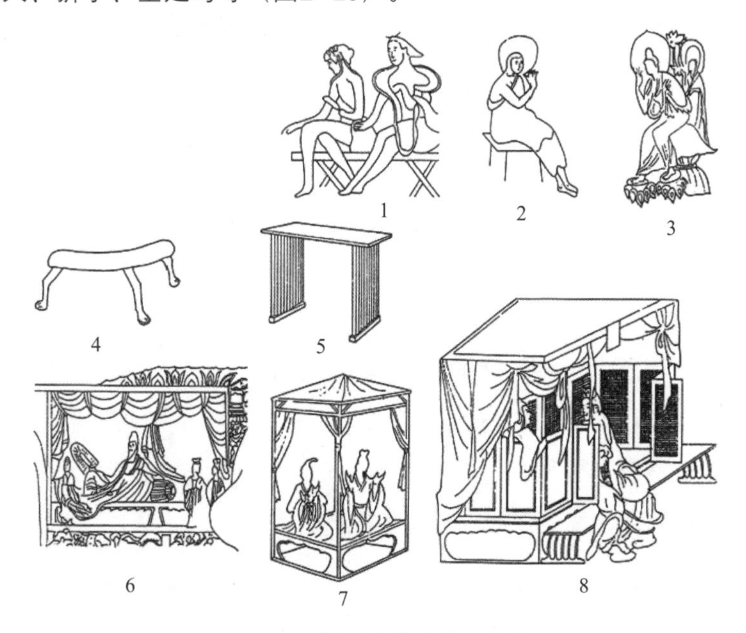

图2–29 壁画中的南北朝家具

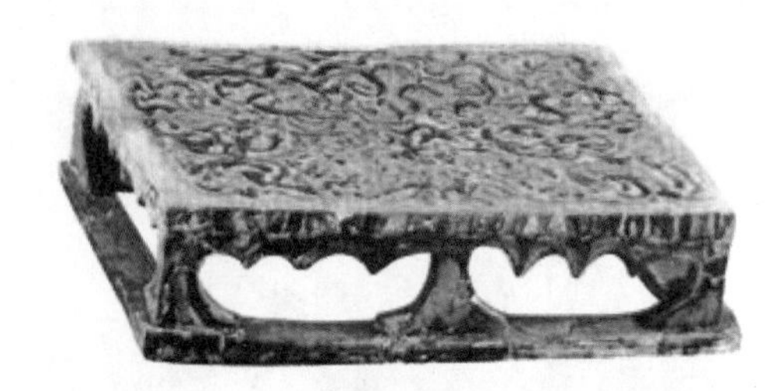
图2-30　唐李凤墓出土三彩榻

图2-31　唐代绘画中的家具

唐代处于两种起居方式交替阶段。这一时期家具的品种和样式大为增加，坐具出现凳、坐墩、扶手椅和圈椅；此外还有柜、箱、座屏、可折叠的围屏等。由于当时国际贸易发达，唐代的家具所用的材料已非常广泛，有紫檀、黄杨木、沉香木、花梨木、樟木、桑木、桐木等，此外还应用了竹藤等材料。唐代家具造型简明、朴素、大方，工艺技术有了极大的发展和提高，为后代各种家具类型的形成奠定了基础。唐代家具的装饰方法也是多种多样，有螺钿、金银绘、木画等工艺（木画是唐代创造的一种精巧华美的工艺，它是用染色的象牙、鹿角、黄杨木等制成装饰花纹，镶嵌在木器上）（图2-30、图2-31）。

唐末到宋初这段历史时期，中原地区虽连年战争，但在经济文化方面，仍居先进地位。宋代由于木结构建筑技术的成熟，手工业分工更加细密，手工艺技术和生产工具更加进步。宋代的起居方式已完全进入垂足坐的时代。这时的家具出现了不少新品种，如圆形、方的高几、琴桌、床上小炕桌等。在家具结构上突出的变化是梁柱式的框架结构代替了唐代沿用的箱形壶门结构。大量应用装饰性线脚，极大地丰富了家具的造型，桌面下采用束腰结构也是这时兴起的，桌椅四足的断面除了方形和圆形以外，有的还做成马足形。这些结构、造型上的变化，都为以后的明、清家具的风格形成奠定了基础（图2-32、图2-33）。

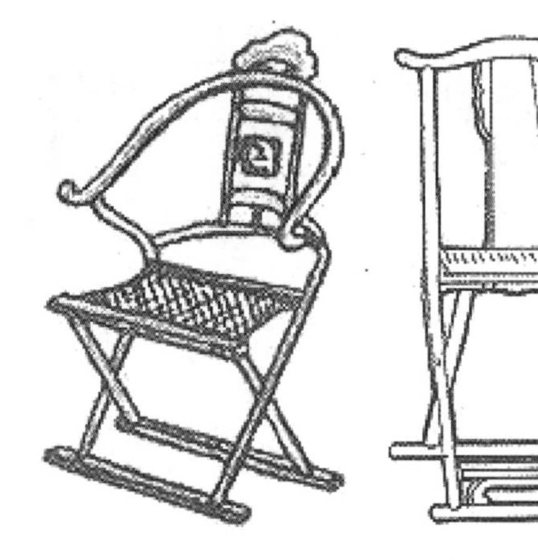
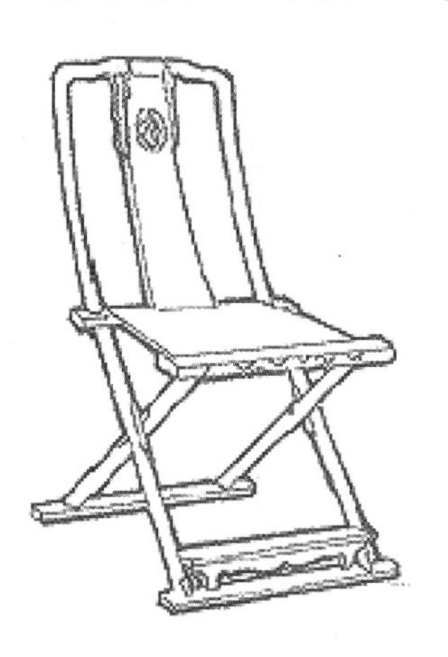
图2-32　宋代交椅

图2-33　宋代圈背交椅

明朝中叶，经济繁荣，手工业水平有了极大发展，明代家具也随着园林建筑的大量兴建而得到空前的发展。当时的家具配置与建筑有了紧密的联系，在厅堂、书斋、卧室等有了成套家具的概念。一般在建造房屋时要把握建筑物的进深、开间和使用要求，要考虑家具的种类和式样、尺度等成套的配制。

1）明式家具的品类

明式家具品类繁多，可粗略划分成以下六大类。

（1）椅凳类。有官帽椅、灯挂椅、靠背椅、圈椅、交椅、杌凳、圆凳、春凳、鼓墩等（图2-34）。

（2）几案类（承具类）。有炕桌、茶几、香几、书案、平头案、翘头案、条案、琴桌、供桌、八仙桌、月牙桌等（图2-35）。

（a）图2-34 明黄花梨玫瑰椅

（b）图2-34 明式靠背椅

图2-34 明式家具——椅凳类

（3）柜橱类。有闷户橱、书橱、书柜、衣柜、顶柜、亮格柜、百宝箱等（图2-36）。

（a）榉木高束腰霸王枨画桌

（b）明式方桌

图2-35 明式家具——几案类

图2-36 明黄花梨圆角柜

（4）床榻类。这类家具主要有架子床、罗汉床、平榻等（图2-37）。

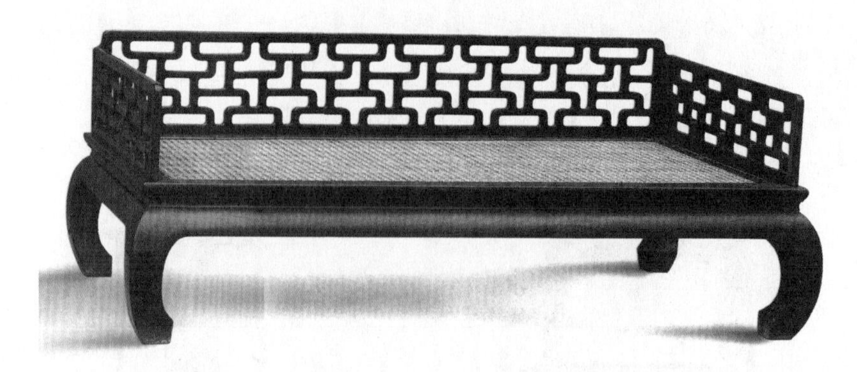

图2-37 明铁力床身紫檀围子三屏风罗汉床

图2-38 明黄花梨凤纹衣架

（5）台架类。这类家具主要有灯台、花台、镜台、面盆架、衣架、承足（脚踏）等（图2-38）。

（6）屏座类。这类家具主要有插屏、围屏、座屏、炉座、瓶座等（图2-39）。

2）明式家具的材料和制作工艺

明式家具使用的木材也极为考究。明朝，郑和七下南洋，使我国和东南亚各国交往密切，贸易往来频繁。这些地区出产的优质木材，如黄花梨、红木、紫檀、杞梓（也称鸡翅木）、楠木等供应充足（图2-40）。由于明代多采用这些硬质树种做家具，所以明式家具又称硬木家具。在制作家具时充分显示木材纹理和天然色泽，不加油漆涂饰，表面处理用打蜡或涂透明大漆，这是明代家具的一大特色。

图2-39 明黄花梨插屏式座屏风

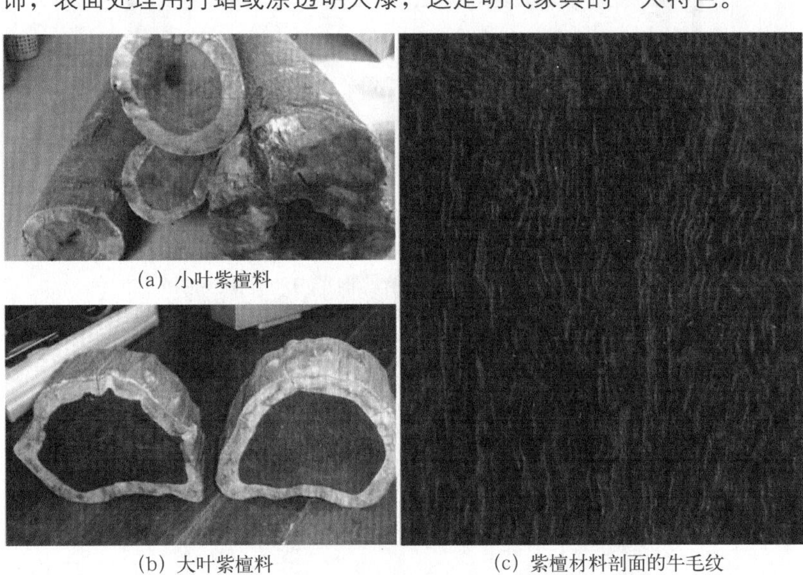

(a) 小叶紫檀料

(b) 大叶紫檀料

(c) 紫檀材料剖面的牛毛纹

图2-40 紫檀木料

明式家具之所以能够达到这种水平，与明代发达的工艺技术分不开。“工欲善其事，必先利其器”。明代冶炼技术已相当高超，能够生产出具有足够强度的金属。当时的工具种类也很多，如刨就有推刨、细线刨、蜈蚣刨等；锯也有多种类型，能够做到“长者剖木，短者截木，齿最细者截竹”等（图2-41）。

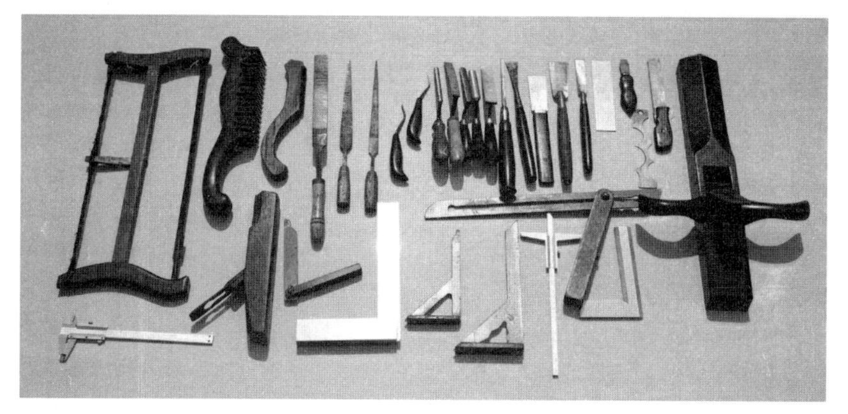

图2-41 今制传统木工家具

明代的能工巧匠有利刃在手，为适应越来越多的功能要求创造了不少新造型、新品种、新结构的家具。明式家具采用框架式结构，与我国独具风格的木结构建筑一脉相承，依据造型的需求创造了明榫、闷榫、格角榫、半榫、长短榫、燕尾榫、夹头榫以及“攒边”技法、霸王枨、罗锅枨等多种结构（图2-42、图2-43）。既丰富了家具的造型，又使家具坚固耐用。这些部件历经几百年仍具有相当的机械强度。总之，明式家具制造业的成就是举世无双，令许多西方设计家为之倾倒。

图2-42 电脑模拟传统家具榫卯结构（霸王枨桌角）分解

明式家具的独到之处是多方面的，工艺美术家田自秉教授用四个字来概括它的艺术特色，即“简、厚、精、雅”。简，是指它的造型简练，不繁琐、不堆砌，比例尺度相宜、简洁利落、落落大方。厚，是指它形象浑厚，具有端庄、肃穆、质朴的效果。精，是指它做工精巧，一线一面，曲直转折，严谨准确，一丝不苟。雅，是指它风格典雅，不落俗套，具有很高的艺术格调。

图2-43 电脑模拟传统家具榫卯结构（霸王枨桌角）组合

家具制造在明末清初仍大放异彩，达到我国古典家具发展的高峰。我国研究古典家具的专家王世襄先生认为，明代和清前期（乾隆以前）是传统家具的黄金时代。这一时期苏州、扬州、广州、宁波等地成为制作家具的中心。各地的制作形成不同的地方特色，依其生产地分为苏作、广作、京作。苏作大体继承明式特点，不求过多装饰，重凿和磨工，制作者多为扬州艺人；广作讲究雕刻装饰，重雕工，制作者多为惠州海丰艺人；京作的结构用鳔，镂空用弓，重蜡工，制作者多冀州艺人。

清代乾隆以后的家具，风格大变，在统治阶级如宫廷、府第，家具已成为室内设计的重要组成部分。统治阶级追求繁琐的装饰，利用陶瓷、珐琅、玉石、象牙、贝壳等作为镶嵌装饰。特别是宫廷家具，吸收工艺美术的雕漆、雕填、描金等手法制成漆家具。房间追求装饰却忽视和破坏了家具的整体形象失去了比例和色彩的和谐统一。此种趋势到清晚期更为显著。1840年后我国沦为半封建半殖民地社会，各方面每况愈下，衰退不振，家具行业也不例外。民间家具制造业仍以追求实用、经济为主，继续向前发展着（图2-44）。

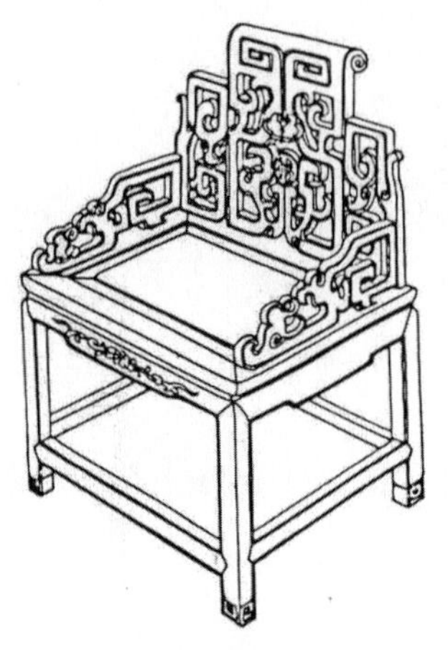

（a）透雕福寿屏太师椅

（b）百宝嵌云石如意太师椅

（c）三件柜

（d）嵌云石炕罩式架子床

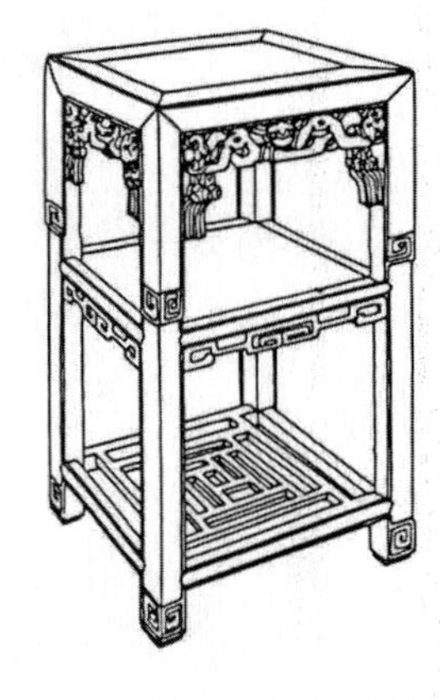

（e）透雕如意回纹双层几

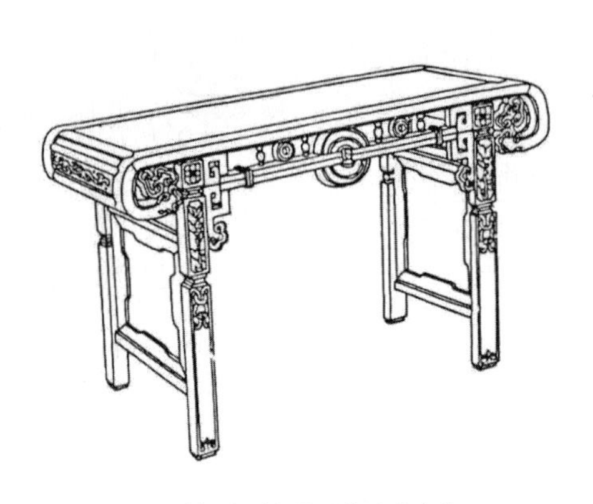

（f）古币绳纹灵芝头卷书案

（g）古币绳纹夔龙牙小方桌

（h）百宝嵌螺钿梳妆台

（i）古币托板圆凳

（j）三足盆架

图2-44　清代家具

2.2.2 中国近现代家具

鸦片战争失败以后，中国传统手工业和商业日趋凋敝。然而此时的中国，已被纳入世界市场，帝国主义列强在向中国扩大商品与资本输出，攫取开矿、修路权的同时，也把各国不同风格类型的建筑和家具输入中国。在这百余年的历史中，中国家具经历坎坷，曾经辉煌一时的传统家具艺术在这一时期得不到广泛的交流和传播，家具行业的发展出现了停滞，逐渐丧失了民族基础和传统基础，其艺术价值和欣赏价值普遍不高。以苏式、广式和京式家具等为代表的明清家具迅速走向衰落。但随着国外列强的入侵和清政府被迫的对外开放，又使中国家具进入了中西交融的新时期。中国传统家具也发生了演变。起初它们仍然保持传统的形式，仅在局部辅以中西混合的雕饰。而后，沿海的通商口岸出现了外商投资的，专门仿制欧洲古典或美国殖民式家具的家具厂。在这些外来因素的影响下，一方面，中国的近代家具的品种、形式、结构和工艺都发生了很大的变化；另一方面，中国传统家具的制作方式依然在继续延用。总体来说，近代家具行业处于现代工艺与传统方式并立的状态（图2–45）。

图2–45 红木嵌大理石写字台（民国）

1949年中华人民共和国成立，中国开始进入社会主义阶段，社会在时间顺序上进入现代，但在家具造型工艺上仍带有浓厚的古代家具的色彩。新中国成立初期，首要任务是保证生活日用必需品的供给，一般家具的品种比较单一，外观朴实坚固，形体略显粗笨，但也有少量做工精致而具有传统特点的高档家具供宾馆之用。20世纪50年代后期到70年代，在计划经济的体制下，家具行业生产的发展受到制约，同时还经历了“大跃进”和“文革”两次挫折。家具生产力下降，市场家具供应长期处于严重短缺状态。虽然，从1972年起将家具生产计划和原材料供应纳入轻工业部管理计划，同时还多次采取紧急专项安排，组织人员归队和进行技术改革等措施，但仍然满足不了市场的需求，仅能保障人民生活的最低需要（图2-46）。

图2-46 “文革”时期的中国家具

真正意义上的中国的现代家具始于20世纪80年代，随着改革开放方针政策的贯彻实施和国家经济体制由计划经济向市场经济的转变，家具行业的企业构成、家具用材、产品结构及产品风格和生产工艺都发生了深刻而巨大的变化。20世纪80年代后期，家具业进入具有一定规模的手工制造时代，当时国内正处于由计划经济向市场经济转型的过渡时期，全国物资紧缺，出现抢购风。许多小规模的家具公司就是抓住这个机会，扩大了自己的资本和规模，朝大型化、规模化企业方向发展（图2-47）。

图2-47 20世纪80年代的中国家具

20世纪90年代，我国家具行业获得了迅猛发展，进入了家具机械制造时代。家具行业更是加快了向市场经济转变的步伐，家具市场空前繁荣，最大限度地满足了人民群众生活水平日益提高的需求，并逐渐发展成为世界家具的制造大国。90年代末，家具业进入了市场分离期，家具生产进入专业化时代，办公家具、厨房家具自成体系。然而，以经济为本的家具设计市场，对当代中国家具的发展同时产生了正负两方面的影响，曾在一段时期内没能正确引导中国家具行业的发展（图2-48）。

图2-48 20世纪90年代的中国家具

中国当代家具设计面临巨大的挑战，同时也迎来了前所未有的发展机遇。中国社会的发展、进步，为当代家具设计的发展提供了可靠的保障。在艰难的探索中，家具业从业者以确立弘扬传统和顺应世界潮流的设计理念为突破口，以激励和培养中国本土家具设计师为切入点，发展高等设计教育与职业培训。

20世纪，国际上涌现的家具设计超过了人类发展历史上的总和，出现了一大批职业家具设计师，建立了许多著名的设计工作室、事务所、研究中心等设计机构，创造了一大批现代家具设计经典作品。设计大师和经典作品的出现极大地推动了现代家具的发展，构成现代家具产业金字塔的顶端，使设计成为现代家具发展的第一推动力。

中国家具业要赶上世界家具先进水平，一定要有中国的职业家具设计师；需要确立原创设计在中国家具中的引领地位，创建一批现代家具专业设计机构，发现并推出设计新秀，建立家具设计师评审机制，建立中国的家具博物馆，使家具设计精品得到保存。

目前，中国一些著名的家具厂商与设计师已经开始走自主设计的创新路线，如广东、北京、浙江等地的家具生产机构。同时，中国的职业家具设计机构也开始出现在深圳、东莞、顺德、温州、上海等地。

虽然目前我国尚无国际知名家具设计大师，但已出现一批职业家具设计师、设计公司和研发中心，海外的设计公司也开始进入中国家具设计市场。这一切，都预示着一种新的中国家具设计机制即将形成。国家劳动和社会保障部在2005年正式认定了包括“家具设计师”“商务策划师”“会展策划师”在内的一批国家新职业资格，这标志着中国职业家具设计师的评聘和认定开始走向制度化。

本章习题

（1）绘制各时期代表家具的简图，以加深对不同时期家具造型符号的认知。

（2）分别讨论中国传统家具发展过程中哪些元素是变化的，哪些元素是相对不变的。

（3）查阅资料深入了解中国传统家具的榫卯结构。

第3章 理论

教学目标

了解当前主流的设计学理，开拓专业视野，提升理论修养；理解人体工程学与家具设计的内在关系，学会人机交互关系的分析方法，掌握常用家具的设计尺寸；熟悉家具的材料、结构及制造成型方法，为家具设计提供必要的工程学理支持。

教学重点

设计学理部分重点介绍绿色设计、通用设计、仿生设计；工程学理部分重点介绍人机工程学；其余内容根据课时调整。

教学难点

本章难点集中在设计学理的思维运用和工程学理的实践运用。

教学手段

以讲授为主，多媒体辅助，结合必要的调研与实践。

考核办法

课堂提问、讨论与案例分析。

3.1 设计学理

理念是设计的核心和灵魂，是设计“存在”的基础。从设计师的角度来看，设计理念是指针对某一特定的设计目标（产品、现实或概念性的生活方式），基于特定的目标人群、地域、市场，以特定的科技、人文、社会为背景所进行的全方位、多层次、多因素、全局性、前瞻性的构思与展望。一般来说，设计的成功与否在一定程度上取决于其设计理念的“效应”，即设计理念能否给予使用者某种“启示”，一种积极的、健康的、向上的生存和生活方式导向。

3.1.1 绿色设计

绿色设计也称生态设计、面向环境的设计、生命周期设计、环境意识设计等，是一种通过使用绿色材料、采用绿色工艺或技术，以自然主义观念为追求目标的产品设计思想和理念。这种设计理念在诸多设计理论家的论著中都有充分的表达。维克多·帕帕奈克（Victor Papanels）在《为真实的世界设计》和《绿色当头：为了真实世界的自然设计》中强调产品设计的伦理道德价值，重视自然资源的合理利用。自20世纪上半叶以来，人类社会步入高速发展的工业社会，人类在享受科技文明带来的成果的同时，也逐渐遭受由此带来的一系列不良后果，如环境恶化、资源枯竭、气候变暖等。在此背景下，绿色设计所倡导的可持续发展，保护生态环境，以及人、自然、社会的和谐共处等理念，成为改善人类生存环境的应对之策。

在进行设计时，设计师不能忽视人是自然中的人，人与自然的关系是统一的；人受到自然的限制，同时自然也不可避免地受到人类活动的影响。此外，人类的设计活动还必须以一定的社会资源为基础并需要借助社会来实现其价值。家具设计作为设计的门类之一，同样应与人、自然、社会和谐统一。

图3-1 郁金香椅

人是家具的创造者和使用者，人与家具相互作用、影响，两者之间的关系不可分割。从绿色设计的基本层面而言，要求家具在满足其使用功能的前提下，必须具有良好的安全性。从绿色设计的本体层面而言，要求家具设计在满足人基本的物性需求外，还应满足人们心理、情感及精神层面的需求。这就要求家具设计在注重功能的同时，还需重视如何通过优美的造型、协调的色彩、合适的肌理等外在形式，带给人们视觉上的愉悦感、心理上的满足感。如埃罗·沙里宁（Eero Saarinen）设计的郁金香椅（图3-1），创造性地采用柱形腿的设计，摆脱了传统椅子四脚支撑的结构，让人们坐在上面，腿部有更多的活动空间。同时，其流畅的造型，如一朵盛开的郁金香，给人们带来视觉享受。

人为自然之物，自然为人生存之根本，要保持家具设计与自然的和谐。自20世纪80年代以来，家具设计开始关注对人类生态环境的保护，充分考虑家具、人、自然三者之间的相互影响与和谐统一，强调“天人合一”的设计之道。以此为目标，现代家具设计必须考虑家具选材、制作等生命周期对自然产生的影响，做到高效、最优地利用地球资源。绿色设计的“4R原则”便是这种思想的集中体现，人们希望借此以使家具与自然之间处于良好的协调关系中。菲律宾设计师肯尼斯·科波普（Kenneth Cobonpue）所设计的Amaya餐桌（图3-2），所用材料均为可回收再利用的材料，分别为天然麻料、金属、玻璃等，在制作工艺方面则采用了传统的编织技术，颇具生态美学意味。

图3-2　Amaya系列家具

此外，人类社会的发展应遵循可持续发展理念，将经济效益、社会效益和生态效益统一。基于此，现代家具设计应将自身纳入人、自然、社会和谐统一的发展体系中，以整合设计的观念谋求发展，以实现现代家具可持续发展的绿色之路。在此过程中，应坚持经济效益最优原则和系统化设计原则。经济效益最优原则，指的是家具设计中不以过度消耗自然资源和社会资源来创造价值，也不以增加相关企业、个人负担来盲目提高个别企业效益，而是追求整个社会经济价值的最大效能。它要求设计过程中不损害与之密切联系的任何一方，特别是自然和社会资源，尽可能通过有限资源的优化配置和利用，实现社会综合效用达到最合理化程度，社会发展达到最佳状态。系统化设计原则，指的是将家具设计所涉及的各个环节作为一个整体系统考虑，分析其系统结构和功能及要素间和要素间与社会、群体、个体、环境的相互关系和变动的规律性。现代家具绿色设计已不再是过去单纯地选用绿色、环保材料那么简单，它还要求家具生产企业、设计人员确立系统化、整体化的设计理念，将可持续发展观与设计要素有机结合，融入到整个家具产品设计过程中，以达到整体的“绿色化”。最终以最少的自然、人力资源和最低的社会资源实现社会效益最大化，从而实现人类社会的可持续发展。

图3-3 花园长椅

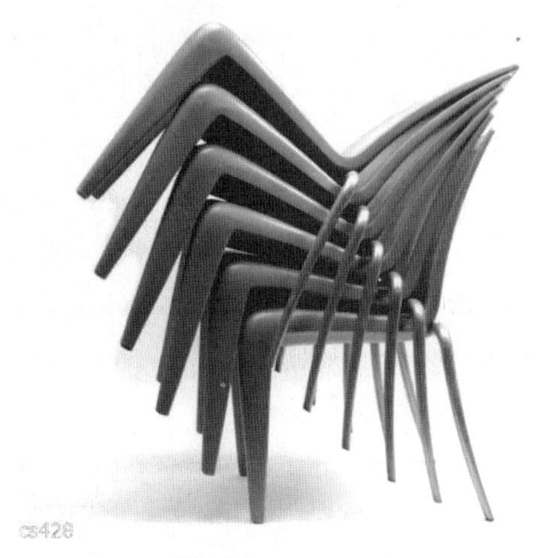

图3-4 Louis 20椅

图3-5 Transneomatic座椅

如何看待、处理好设计与人、自然、社会的关系及相互发展将成为现代设计的重要命题。绿色设计发展至今已有数十年的历史，在新的时代背景与社会经济发展形势下，绿色设计的内涵、外延均被扩充和延伸。随着人们对绿色设计的认识逐渐深入，理解逐步深化，包括家具设计在内的现代设计必将始终坚持资源节约型、环境友好型的可持续的绿色发展之路，追求设计与人、自然、社会和谐统一的发展目标。

图3-3是由尤尔根斯·拜于1999年为Droog设计公司设计花园长椅。设计师将公园里的废弃物，如稻草、落叶和树枝等挤压成公园长椅。椅子可制成任意长度，在使用一两个季节之后，就会通过降解回归自然。

图3-4是1992年由菲利普·斯塔克设计的Louis 20椅，椅子的主体部分用回收塑料做成。

图3-5是2007年由费尔南多·坎帕纳和阿贝托·坎帕纳（Fernando & Humberto Campana）联合设计的Transneomatic座椅，产品利用回收的轮胎和由越南工匠编织的柳藤，巧妙地保留了精巧的传统工艺。

3.1.2 通用设计

通用设计的英文为Universal Design，也被译成“全方位设计”“无障碍设计”“福祉设计”“全人关怀设计”等。“通用设计”一词最早于1974年由美国教授朗·麦斯（Ron Mace）在国际残障者生活环境专家会议中所提出。除了建筑师、工业设计师外，麦斯还是个小儿麻痹症患者。“通用设计”原始的定义为“与性别、年龄、能力等差异无关，适合所有生活者的设计”。1998年通用设计的核心含义（The Center for Universal Design）再修正为“在最大限度的可能范围内，不分性别、年龄与能力，适合所有人使用方便的环境或产品之设计”。

与Universal Design一词接近的是Barrier Free Design。但从设计行为或思考的视点来看，我们在探讨通用设计时，不单是生理层面的，也应包含心理层面的全人文关怀设计。

设计的目的是为了改善人们的生活品质及提高效率。因而必须要重视使用者（User）因有性别、年龄、能力、身体等差异，形成的多样需求。探讨使用者与使用者的关系、使用者与产品的关系、使用者与空间环境的关系……即“人”—“产品”—“环境”三者间所产生的关系；这也是Universal Design“在最大限度可能的范围内，不分性别、年龄与能力，适合所有的人使用方便的环境或产品之设计”的出发点。

当前，实现通用设计理念的方法主要有两类：可调节设计和感官功能互补设计。这两类方法都是严格遵从通用设计原则，通过大量的试验和基础研究才产生的。

一方面，通用设计应该考虑到广大使用者各自不同的习惯与能力，在设计时，家具某些功能应具有可调节性。可调节设计方法在通用卫浴设施中应用颇为广泛。图3–6是通用浴缸设计，通过调整浴缸附属部件的位置、状态以变换高度，来适应不同身型、不同高度(包括站姿、坐姿以及儿童)、不同能力的使用者。

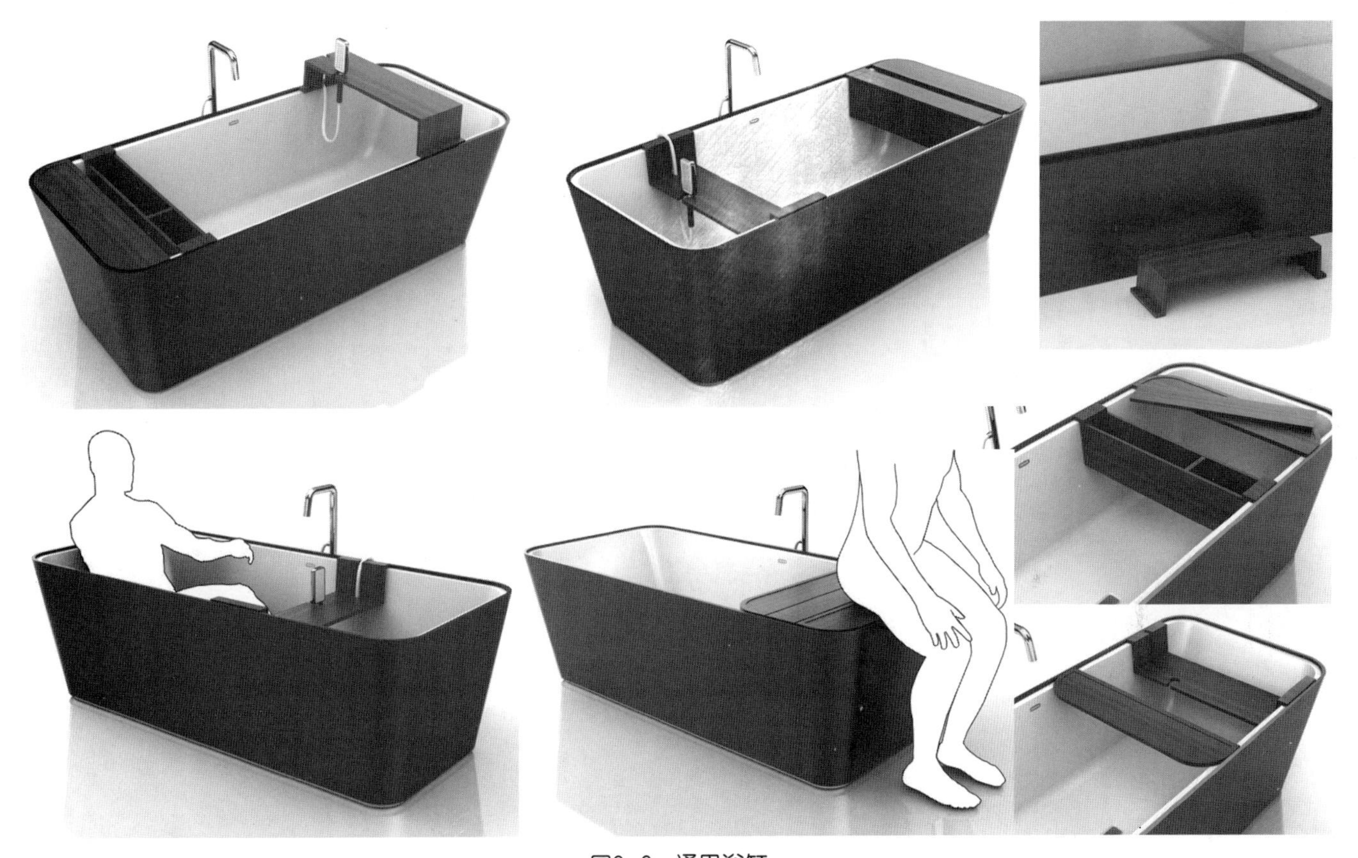

图3–6　通用浴缸

另一方面，家具和环境之所以对特殊人群形成障碍，是因为特殊人群的某一（或某些）器官功能的衰退或丧失，消除这种障碍的方法之一就是利用其他健全器官的功能来弥补。因此有些通用设计对健全人来说，就提供了利用两种或更多种器官使用或感知的方式，这样既为特殊人群克服了障碍，也为健全人提供了方便。

图3–7是Stokke公司于1972年设计的Tripp Trapp椅子，它是以“家具与孩子一起成长，创造永恒产品”的理念为出发点，设计的一款适合整个发育期儿童使用的椅子。同时，这把椅子还有不同的使用方式，使用者范围也大大扩展。

图3-7 Tripp Trapp椅子

要实现家具的通用设计，须从家具的元素、方式、观念等多方面考虑，借助人与家具相互的交流沟通，从物质构成、行为构成、思想构成上确保人与家具系统的顺畅、有序，从这个角度来说，家具的通用设计是新一代社会人文精神的物质保障。

3.1.3 情感设计

随着社会的不断发展及人们生活质量的提高，家具被赋予的功能不断增多，人们对家具精神层次的需求也不断增长。人与人之间的交流是通过语言进行的，而物与人之间的沟通则是通过物的功能及形态来进行的。人们在使用物的过程中，会得到种种信息，引发不同的情感。当设计使产品在外观、肌理、触觉等方面对人的感觉是一种“美”的体验或使产品具有了“人情味”时，情感设计也就应运而生了。

情感是天赋的特性，是由需要和期望决定的，是人对外界事物作用于自身时的一种生理的反应。这种反应可分为“感觉”与“感情”两大类。二者都是外界事物作用于自身时的一种生理的反应，统称为“情感反应”。需要和期望得到满足时会产生愉快、欣喜的情感；得不到满足时，会产生苦恼、沮丧的情感。

家具引起的情感反应不仅影响着我们的购买决策，而且也影响着购买后拥有该家具和使用它时的愉悦感觉。家具的设计和使用在不同方面对人们心情、感觉、情绪产生影响。看似简单的家具能引起人复杂的情感反应。

这种情感反应通常具有以下特点。

（1）个体差异性。人的文化背景、知识层次、审美标准、生活的习惯的不同，对于家具的期望目标、衡量标准、态度也不同，因此不同用户对于同一件家具会有完全不同的情感反应。

（2）时效性。随着个人年龄的增长及其周围环境的变化，其期望目标、衡量标准、态度也会发生变化，对同一家具的反应也随之发生变化。

（3）复合性。由于家具评估有着多元的影响因素，对于一件家具通常人们会有几种不同的感觉产生。

当前对于人与家具间产生的情感反应，还没有一个既定的、统一的描述方式和评估标准。人们只能通过不同的感观形容词来描述人们对于家具的感性信息（包括家具的外观、色彩、视觉的协调性、使用方式……）直接或者间接的感受，而这些感受可以从人们的反应，包括行为、表现、心理、主观情感等方面进行考虑，然后根据人们的喜好度来对家具设计进行评估，最后通过分析喜好度和形容词之间的关系决定设计的方向。

作为设计师，如何将想要向用户表达的情感因素组织到设计中去，从而设计开发出能够满足目标用户的生理及心理需求的家具呢？

1）以用户为中心的设计思想作为主导

设计师在开始进行创意设计前应该充分了解用户，包括用户的年龄层次、文化背景、审美情趣、时代观念、心理需求等，并且应充分了解用户的使用环境，以便设计出的家具能够真正融入到用户的生活和使用环境中。并且在设计过程中也应该让使用者参与进来，在不同的设计阶段对产品设计进行评估，这样可以使得设计的中心一直围绕目标用户，设计出来的家具也能更加贴近用户的需求。

2）思考对造型、色彩、材质等产品构成要素对目标用户的心理的影响

平时要善于总结和归纳设计元素对用户心理影响的基本规律，设计时就可以做到得心应手。以下9点是一些综合产品造型、色彩、材质等要素使用户产生情感的大致归类。

（1）精致、高档的感觉：自然的零件之间的过渡、精细的表面处理和肌理、和谐的色彩搭配。

（2）安全的感觉：浑然饱满的造型、精细的工艺、沉稳的色泽及合理的尺寸。

（3）女性的感觉：柔和的曲线造型、细腻的表面处理、艳丽柔和的色彩。

（4）男性的感觉：直线感造型、简洁的表面处理、冷色系色彩。

（5）可爱柔和的感觉：柔和的曲线造型、晶莹/毛茸茸的质感、跳跃丰富的色彩。

（6）轻盈的感觉：简洁的造型、细腻而光滑的质感、柔和的色彩。

（7）厚重、坚实感的感觉：直线感造型、较粗糙质地、冷色系色彩。

（8）素朴的感觉：形体不作过多的变化，冷色系色彩。

（9）华丽的感觉：丰富的形体变化、高级的材质、较高纯度暖色系为主调，强烈的明度对比。

这9点只是指出了形态、色彩、肌理等要素与家具情感的大致关系，设计师通过家具的造型、色彩、肌理等构成要素的合理组合，传达和激发使用者与自身以往的生活经验或行为，使家具与人的

图3–8 木匠·宗的西部牛仔系列家具

图3–9 军礼服扶手椅

生理、心理等方面因素相适应，以求得人—环境—产品的协调和匹配，使生活的内在感情趋于愉悦和提升，获得亲切、舒适、轻松、愉悦、尊严、平静、安全、自由、有活力等心理感受。如图3–8所示为木匠·宗2003年创作的西部牛仔系列家具，将我们对西部牛仔的印象非常到位地体现在家具设计当中，透出浓浓的美国西部风情。

图3–9是服装设计师出身的萨缪尔·马扎（Samuele Mazza）为意大利知名高档古典家具品牌ColomboStile设计的扶手椅。该作品外观极像西班牙的军礼服，简单的黑白两色，恰到好处的金色链形装饰，典雅中透出英气。

家具的情感设计是个复杂的系统。可以这样说，家具的情感寓意越多，家具的附加值就越大，也对设计师的素质提出了更高的要求，这种要求不仅是技术上的，也是思维上的。

3.1.4 模块设计

模块设计并不是一个新的概念，日常生活中的“积木”玩具、组合式家具等都是模块设计的运用。早在20世纪初期，建筑行业将建筑按照功能分成可以自由组合的建筑单元的概念就已经存在，这时的建筑模块强调在几何尺寸上可以实现连接和互换。从家具设计的角度来看，所谓模块是构成家具的一部分，具有独立功能，具有一致的几何连接接口和一致的输入、输出接口的单元。相同种类的模块在产品族中可以重用和互换，相关模块的排列组合就可以形成最终的家具。

模块化的家具设计可以达到以下几个目的：模块的组合配置，可以组装成满足客户不同需求的家具；相似性的重复，既可以重复使用已有零部件和已有设计经验，也可以重复利用整个家具生命周期中的采购、物流、制造和服务资源；降低家具设计的复杂程度，因为模块是家具部分功能的封装，设计人员使用具体模块时就不再需要关注内部设计的实现，从而可以更加关注顶层逻辑，提高产品工程管理质量和产品的可靠性。

模块化的家具设计和生产可以在保持家具较高通用性的同时提供家具的多样化配置，是解决批量化生产和个性化需求这对矛盾的一条出路。家具模块化是解决目前制造企业产品的标准化、通用化与定制化、柔性化之间矛盾的可行方案。而家具模块化目前正在从企业竞争的优势技术，向企业竞争的必备技术转变。这是家具制造发展的趋势，也势必会对在未来市场中的产业细分带来深远的影响。

模块化设计需要具备以下基本特征。

（1）模块是系统的组成部分。系统包括多种要素，如功能、结构及造型等，并以各要素及相互间的关系为基础表现出独立功能的系统。模块的重要特征是可以作为一个单元从系统中拆卸、取出和更换。

（2）模块的划分并不是对家具系统的任意分割，组成系统的模块应具有明确的功能。

（3）模块应具有能构成系统的、传递功能的接口结构，无接口的单元不能构成系统，因而不属于模块。

（4）模块作为一种标准单元，具有典型性、通用性或兼容性等标准化的属性，并能构成系列。

模块化设计思想从一个新的角度看家具功能设计，在强调功能性的同时，考虑不同用户的功能需求差异，对不同功能部件进行选择。例如对于柜类家具，不同规格的单体门、抽屉、门内抽屉、搁板等部件以及金属拉篮、裤架、领带架等配件，可根据不同用户的需要配置。用户对于家具不再是被动地接受，而是可以主动地选择。用户购买的不再是固定的成品，购买过程也不是一次性。因为在使用的过程中，还可以增加或改变功能部件，如购买后才发现需要门内抽屉，就可以买个抽屉回去。模块化设计使设计师的设计工作的重点放在功能部件的设计开发上，不再把家具作为一个成品，不再重复设计通用的结构性部件（图3—10）。

图3—10 蜂巢式多功能模块化家具

模块化设计是建立在标准化基础上的设计思想，它扩展了标准化的意义。而模块化设计在家具设计中的实现，是建立在应用32mm系统标准化的基础上。应用32mm系统，对功能进行标准化设计，规范系列板块尺寸，才能够实现互换；柜体的旁板上打好系统预钻孔，才能保证选择的门、抽屉等配件顺利安装，“即插即用”（图3–11）。

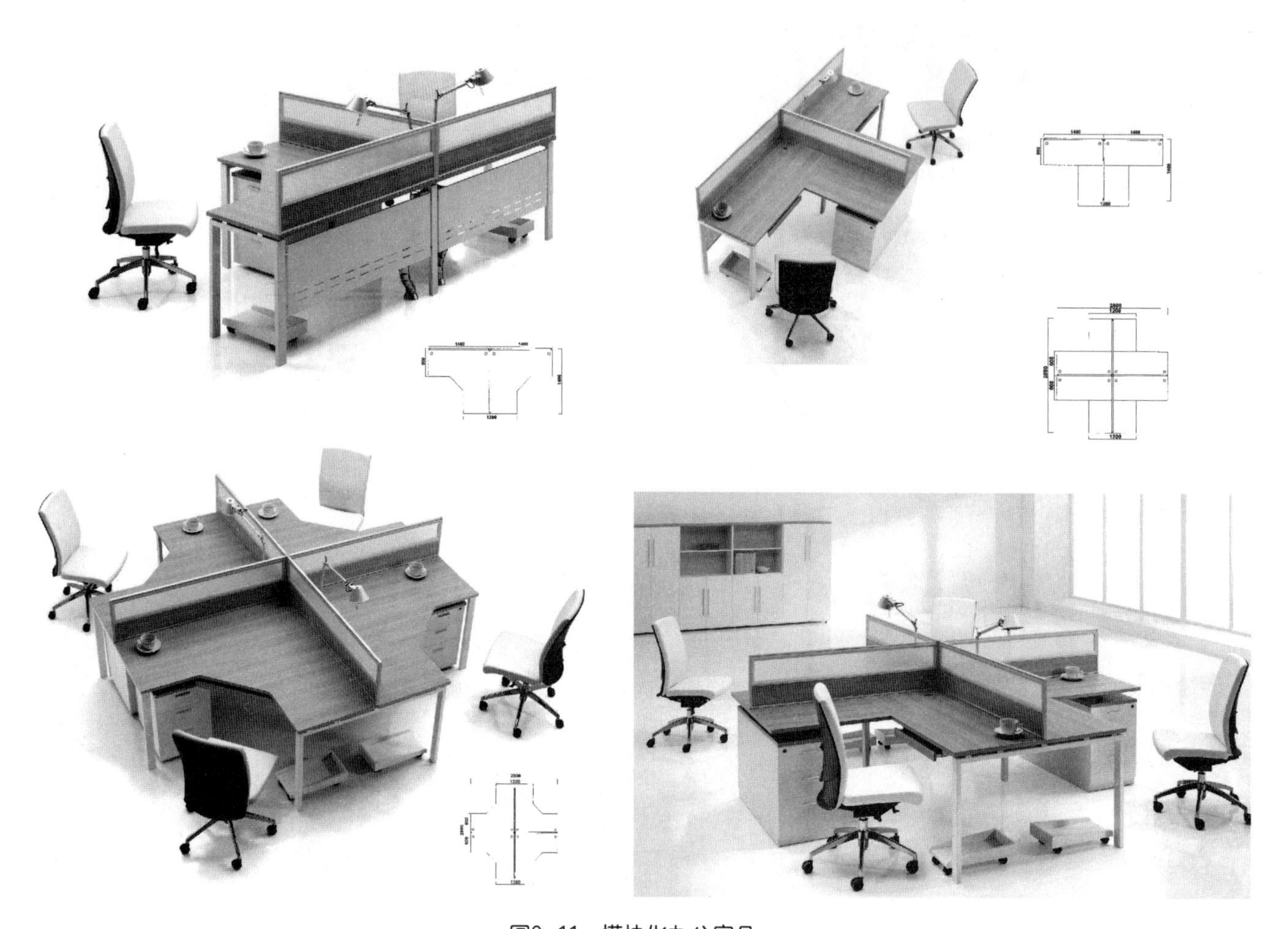

图3–11 模块化办公家具

模块化设计作为家具设计的发展道路之一，在家具设计中的应用有着广阔的前景。这种设计思路的实现将把家具的设计及生产带入有序竞争，让用户了解家具的性能，了解家具这样设计给生活带来的方便。

3.1.5 体验设计

1998年，《哈佛商业评论》杂志7～8月号上刊登了一篇题为《迎接体验经济》的文章，该文作者约瑟夫·派恩二世（B.Joseph Pine Ⅱ）与詹姆斯.H.吉尔摩（James H.Gilmoe）认为，体验是一种创造难忘经历的活动，是企业以服务为舞台、商品为道具，围绕消费者创造出值得回忆的活动；同时，体验也是一种商品，可以买卖。按照作者的理论，从经济角度而言，人类历史经历了四个阶段：物品经济时代、商品经济时代、服务经济时代和体验经济时代。

随着体验经济时代的到来，体验设计也应运而生。体验设计通过特定的设计对象（产品、服务、人或任何媒体）进行设计，所预期要达到的目标是一段可记忆的、能反复地体验。设计师既可以运用传统的设计手段（例如造型、色彩设计），也可以通过新的设计思路（例如塑造主题和混合使用多种记忆手段）来再现某段有特定市场价值的体验，并强化消费者的记忆。

家具体验设计作为体验设计这一整体的设计系统中的设计内容，同传统的家具设计在内涵、表征上必然有所不同，也必然有其新的理念与特点。

（1）体验经济条件下的生产与消费方式和相应的经济管理模式的变化，是家具体验设计形成、发展的基础。

从20世纪70年代起，随着信息技术在各个领域的广泛应用和知识经济的逐步形成，家具工业所依赖的经济与管理模式已经发生了变化，家具体验设计要求设计从开始阶段就将个体消费的需求与消费经验融入家具产品的生命周期，解决家具的个性化、多元化，从而出现了批量化定制的生产与管理概念。而这种变化成为体验经济和家具体验设计形成、发展的基础。

（2）家具体验设计的目的是唤起使用者的美好回忆与生活体验，家具是作为“道具”出现的。能否让使用者在使用过程中拥有美好的回忆，产生值得记忆的体验成为衡量家具体验设计“优劣”的标准。而且家具体验设计必须服务于产生体验的整个“剧情”的需要，使用者产生美好的回忆与体验是其最终的目标。

设计者应充分认识到家具体验设计是一场“体验的设计”，个体的体验是最重要的，而体验的价值将远远大于家具本身。家具的形式是整体的、全方位的，包括视觉、听觉、嗅觉、触觉等。例如，美国设计师设计的可播放音乐的座椅，是具有新体验性的家具形式。体验性的家具设计还应是“戏剧化”的，在某一时间、某一地点，发生了某一“故事”，作为特定的“剧情”，产生特定的“体验”感受。

（3）家具体验设计使产品的概念具有更为广阔的外延空间，产品体验设计提供的是一种生活体验方式。

家具体验设计是为使用者产生体验与美好的回忆提供“道具”、“生情点”，它必须为产生体验的整个“剧情”、“主题”服务，设计必须满足“演出”的需要。而“剧情”所以能够与“观

图3-12 砸出来（Do Hit）的沙发

众”共鸣，是因为它再现或印证、憧憬了使用者的某种过去或将来的生活体验，从这层意义上讲，家具体验设计提供的是一种使用者向往或能激发其积极参与的生活体验方式。

德克霍夫（Derrick de Kerckhove）在《文化肌肤：真实社会的电子克隆》一书中认为，在不远的将来，设计的灵感来源将不会被局限于传统的美和功能这样一些概念，而将会来源于我们最古老的对智慧的渴求。人们渴望决定自己的生活，热切地希望投入创造自己生活的全过程中去，并在过程中得到智慧，获得提升。过程体验本身就给人以满足感，对未来未知领域的探索，回味过去他人或自身的经历往往会超越最终结果——家具本身的意义。这种过程给予人类的满足感甚至可以让人忽略最终家具的某些不足。

家具体验设计提供的家具意义是一个全方位，具有很大扩展空间的生活体验方式，它赋予了使用者更多的自主性，使用者可根据自己对“剧情”的体验需要而有所选择，使家具与人有了很强的互动关系。

Droog设计公司推出了一款沙发叫“砸出来”（Do Hit）的沙发。这个名字十分贴切。因为消费者买下这张沙发，会发现自己买到的是一个四方的铁柜，他们要用附送的大锤，把这个东西捶打成自己需要的沙发形状来（图3-12）。

3.1.6 仿生设计

“仿生学”（Bionics）一词由美国J.E.斯蒂尔（J.E.Steel）提出，其所研究的方向和内容为设计学科在思想、理念及技术原理等方面提供了理论与科学的物质支持。仿生学由此而成为指导与辅助设计工作的一个重要学科，对于设计的理论与实践均具有深远的建设性意义。

（1）仿生学能够从科学、理性的角度为造型设计提供形态素材与依据，激发设计灵感，是形态造型的重要方法之一。

大自然孕育了万物，它们的生存、繁衍、生息体现了适者生存的法则，各得其法。各个物种的形态特点皆有其符合自然需求的合理性、优化性与审美的一面。数以万计的生物形态正是设计师取之不尽的素材，师法自然，进而激发出设计师的设计灵感与思想的火花，汲取自然界中生物形态的优化、合理的一面，将之融入到家具造型中，也必然使具有生物形态特点的产品同其模仿对象一样，在形态上有其“生存的空间”。仿生学的研究是借助对象形态的特征，进而启发我们的构思，发挥想象力，进行再创作的造型方法（图3-13）。

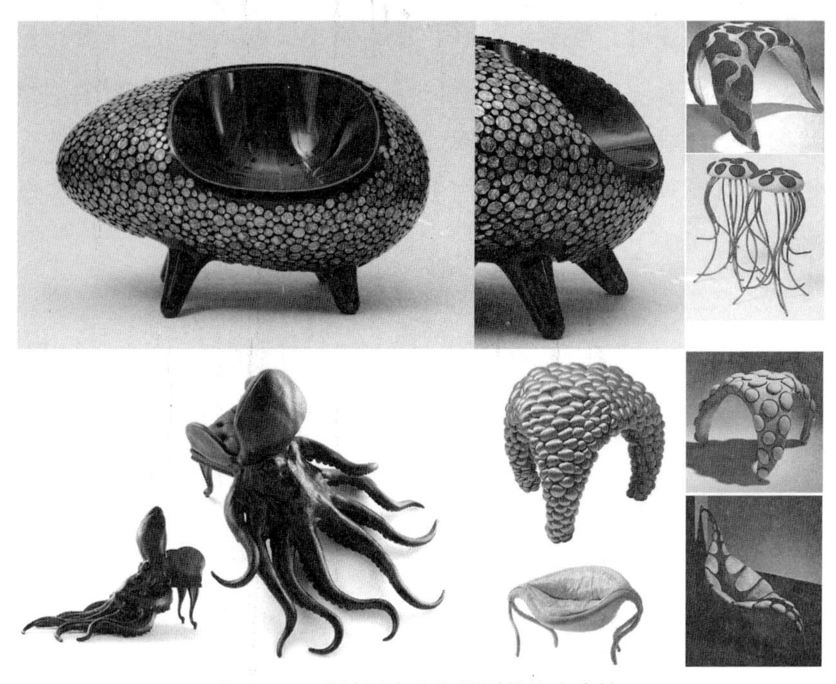

图3-13 各种以章鱼为原型的仿生座椅

（2）仿生学研究生物系统结构与性质的学科内容，为家具设计提供了坚实的工程原理理论基础、技术与结构等方面的支持，提供了使设计得以构想、展示、实施的有力科学和理性依据。没有技术支持的设计只能使设计停留于概念与设想，不具有现实意义。透过自然的现象探究自然系统背后的机制，即生物工程技术与工作原理，然后为家具设计的构想拓展出一片广阔的领域，为家具设计的实施提供理论与技术的支持（图3-14）。

（3）仿生学在家具设计中的运用能够提升设计融入自然系统的可能性，增加产品与自然间的亲和力，体现出设计师对自然的尊重与理解，建立起“绿色、生态、系统化” 的设计思想。由于仿生

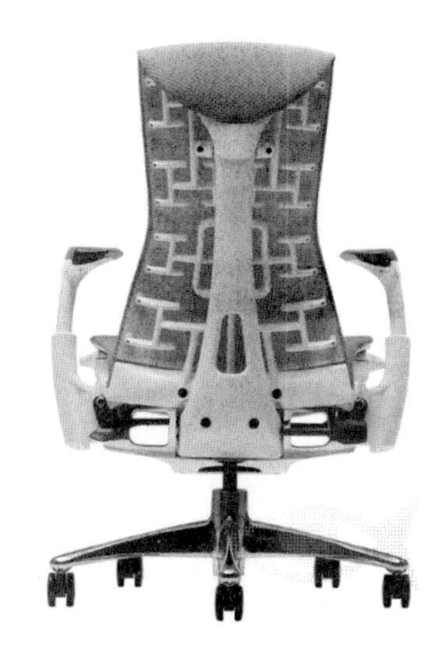

图3-14 赫曼米勒人体工学设计的椅子——Embody！模拟的人体骨架靠背

对象的自然属性，使得设计也必然或多或少地映射出同自然的千丝万缕的联系，大自然的某些合理因素在设计作品上得到了某种意义上的体现，折射出自然的“影子”。为设计打开了一个更广阔、更具发展的空间——自然空间，拉近了产品与客观自然的距离（图3–15）。

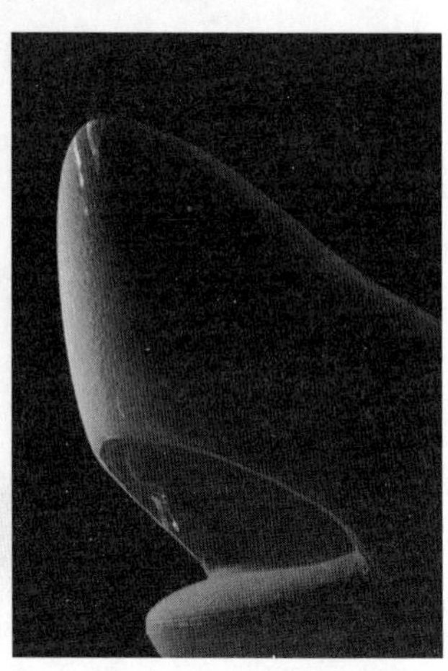

图3–15 鲨鱼椅

（4）仿生学在家具设计中的运用也有个“度”的问题，也存在着适宜的方式、方法，有近似原则性的思想为指导，而不是不分对象、不分目的的信手拈来之作。仿生学的目的不在于复制每一个细节，而是要把生物系统中可能应用的优越结构和物理学的特性与设计结合利用，使设计趋于合理，而且还可能得到在某些性能上比自然界形成的体系更为完善的仿生设计来（图3–16）。

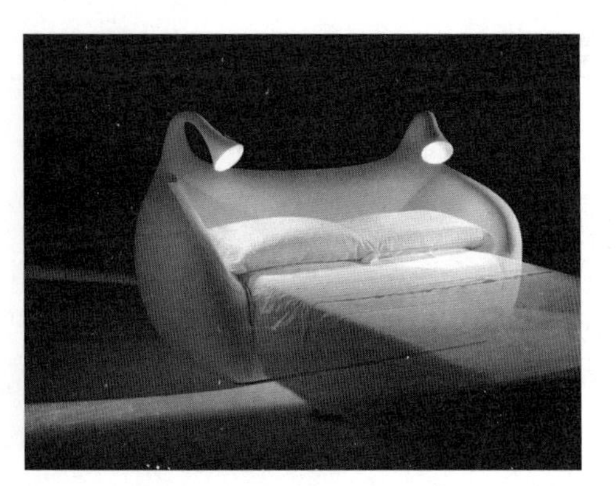

图3–16 Morfeo沙发床

把仿生学运用于家具设计，设计师必须把握设计对象与仿生对象之间的相关性与互动性因素，慎重地、有选择性地面对仿生对象，把握、处理好设计对象与仿生对象之间的关系，师法有据，师法有理，避免设计产生歧义，甚至是阴差阳错。

此外，家具设计中仿生学的运用必须兼顾到“人的差异性”因素。对于同一事物，人们认识上的差异性是仿生学运用是否恰当、合理的不可忽视的重要方面。设计过程中绝不能单纯化、理想化地仅从设计师本人的设计理念与生物机能出发，而应因地制宜，因人而异，充分了解设计服务人群所处的地域和对象的心理等因素，并了解由此导致的对于事物认识上的差异性，恰当、合理地选择仿生对象。设计不是设计师简单的个人行为。设计中的创造性、创新性应有所针对性、目的性，这既是设计得以接受的重要因素，也是设计师的职责之一，是设计工作复杂性的体现。

3.1.7 群体文化学

群体文化学，又称人种志学、民族志学，作为文化人类学的一个分支，是描述某个社会群体和阶层文化的学科，主要通过实地调查来观察群体并总结群体行为、信仰和生活方式。20世纪后半叶，很多设计研究机构及设计公司开始从社会学科中寻找信息和方法，以帮助他们了解用户与产品之间的关系，以及用户对产品的态度。近年来，群体文化学中研究人群文化和生活形态的方法，被借鉴用于产品开发初期的用户研究，以群体人类学的视角，综合使用各种社会学研究方法来观察群体并总结群体行为、信仰和活动模式。

群体文化学面对的不是单个的消费者，而是一个群体，通过对群体的深入了解和分析，可以概括出某种模型，比如对消费者行为的分析，能够获得一个与产品机会有关的活动、行为、态度或情感的模型。因此运用群体文化学理解消费者的需求，能够提供比一般的统计调查更深入的认识和见解，可以帮助设计师更好地理解人们使用产品的模式和偏好，以便确定产品属性（图3–17）。

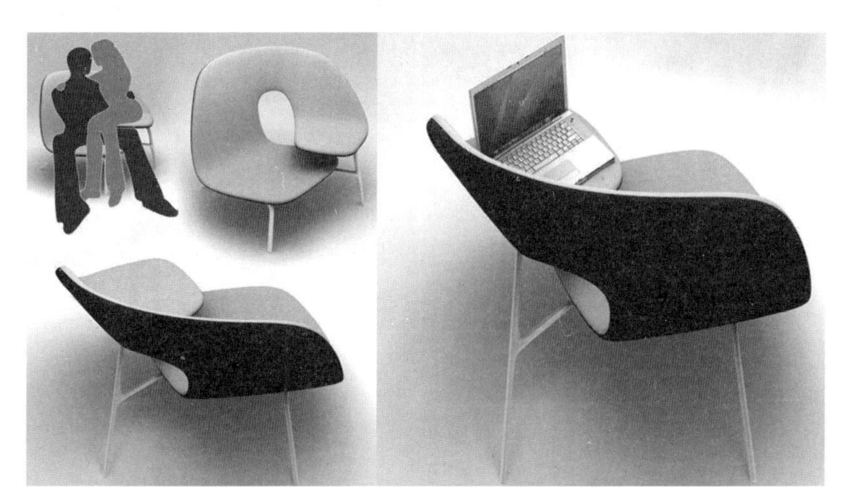

图3–17 多功能情侣椅

3.2 工程学理（人机、构造、材料、生产工艺等）

3.2.1 家具与人机工程学

家具的服务对象是人，设计与生产的每一件家具都是由人使用的。因此，家具设计的首要因素是符合人的生理机能和满足人的心理情感需求。

家具的功能设计是家具设计的主要设计要素之一。功能对家具的结构和造型起着主导的和决定性的作用，不同功能的家具有其不同的造型，在满足人类多种多样的要求的前提下，力求家具能够舒适方便、坚固耐用、易于清洁，满足一切使用上的要求。功能决定着家具造型的基础形式，是设计的基础。

家具设计的目的是更好地满足人在家具功能使用上的要求，家具设计师必须了解人体与家具的关系，把人体工程学知识应用到现代家具设计中来。

1）人体工程学的定义

人体工程学（Human Engineering或Ergonomics）又称人机工程学、人类工程学、人类工效学、人体工学、人间工学等，它是研究“人—机(物)—环境”系统中三个要素之间的关系，使其符合人体的生理、心理及解剖学特性，从而改善工作与休闲环境，提高人的作业效能和舒适性，有利人的身心健康和安全的边缘交叉学科。

2）人体工程学在家具功能设计中的作用

（1）确定家具的最优尺寸。人体工程学的重要内容是人体测量，包括人体各部分的基本尺寸、人体肢体活动尺寸等，为家具设计提供精确的设计依据，科学地确定家具的最优尺寸，更好地满足家具使用时的舒适、方便、健康、安全等要求；同时，也便于家具的批量化生产。

（2）为设计整体家具提供依据。设计整体家具要根据环境空间的大小、形状以及人的数量和活动性质确定家具的数量和尺寸。家具设计师要通过人体工程学的知识，综合考虑人与家具及室内环境的关系并进行整体系统设计，这样才能充分发挥家具的总体使用效果。

3）人体尺寸

人体尺寸是家具功能设计最基本的依据。人体尺寸可分为构造尺寸和功能尺寸。

构造尺寸是指静态的人体尺寸，对与人体有直接关系的物体有较大关系，如家具、服装和设备等，主要为各种家具、设备提供数据。

功能尺寸是指动态的人体尺寸，是人在进行某种活动时肢体所能达到的空间范围。对于大多数的设计，功能尺寸可能还有更广泛的用途。在使用功能尺寸时强调的是在完成活动时，人体各个部分是不可分的，不是独立工作，而是协调动作。要确定一件家具的尺寸是多少才最适宜于人们的方便使用，就要先了解人体各部位固有的构造尺寸，如身高、肩宽、臂长、腿长等，以及人体在使用家具时的功能尺寸，即立、坐、卧时的活动范围。人体尺寸与家具尺寸有着密切的关系。

4）家具功能与人体生理机能

家具功能合理很主要的一个方面， 就是如何使家具的基本尺度适应人体静态或动态的各种姿势变化，诸如休息、座谈、学习、娱乐、进餐、操作等。而这些姿势和活动无非是靠人体的移动、站立、坐靠、躺卧等一系列的动作连续协同而完成的。

在家具设计中对人体生理机能的研究可以使家具设计更具科学性。由人体活动及相关的姿态，人们设计生产了相应的家具，根据家具与人和物之间的关系，可以将家具划分成以下三类。

（1）坐卧类（支撑类）家具。与人体直接接触，起着支撑人体重量的坐卧类家具（又分为坐具类和卧具类），如椅、凳、沙发、床、榻等。其主要功能是适应人的工作或休息。

（2）凭倚类家具。与人体活动有着密切关系，起着辅助人体活动、供人凭倚或伏案工作、并可储存或陈放物品的凭倚家具（虽不直接支撑人体，但与人体构造尺寸和功能尺寸相关），如桌、台、几、案、柜台等。其主要功能是满足和适应人在站、坐时所必需的辅助平面高度或兼作存放空间之用。

（3）储存类（储藏类）家具。与人体产生间接关系，起着储存或陈放各类物品以及兼作分隔空间作用的储存类家具，如橱、柜、架、箱等。其主要功能是有利于各种物品的存放和存取时的方便。

上述三大类家具基本上囊括了人们生活及从事各项活动所需的家具。家具设计是一种创造性活动，它必须依据人体尺度及使用要求，将技术与艺术诸要素进行完美的结合。

3.2.2 各类家具的功能设计

1）坐卧类家具的功能设计

坐与卧是人们日常生活中最多动的姿态，如工作、学习、用餐、休息等都是在坐卧状态下进行的。因此，椅、凳、沙发、床等坐卧类家具的作用就显得特别重要。

按照人们日常生活的行为，人体动作姿态可以归纳为从立姿到卧姿的8种不同姿势，如图3−18所示。其中有3个姿势适于进行工作状态家具的设计、另有3个姿势可以进行休息形式家具设计。通常是按照这种使用功能作为坐卧类家具的细分类。

图3−18 人体各种姿势与坐卧家具类型

坐卧类家具的基本功能是满足人们坐得舒服、睡得安宁、消除疲劳和提高工作效率。其中，最关键的是消除疲劳。如果在家具设计中，设计师能够通过对人体的尺度、骨骼和肌肉关系的研究，使设计的家具在支撑人体动作时，将疲劳度降到最低程度，也就能得到最舒服、最安宁的感觉，同时也可保持最高的工作效率。

形成疲劳的原因是一个很复杂的问题，但主要来自肌肉和韧带的收缩运动，由此产生巨大的拉力。肌肉和韧带处于长时间的收缩状态时，人体就需要给这部分肌肉供给养料，如供养不足，人体的部分机体就会感到疲劳。因此在设计坐卧类家具时，必须考虑人体生理特点，使骨骼、肌肉结构保持合理状态，血液循环与神经组织不过分受压，设法减少和消除产生疲劳的各种因素。

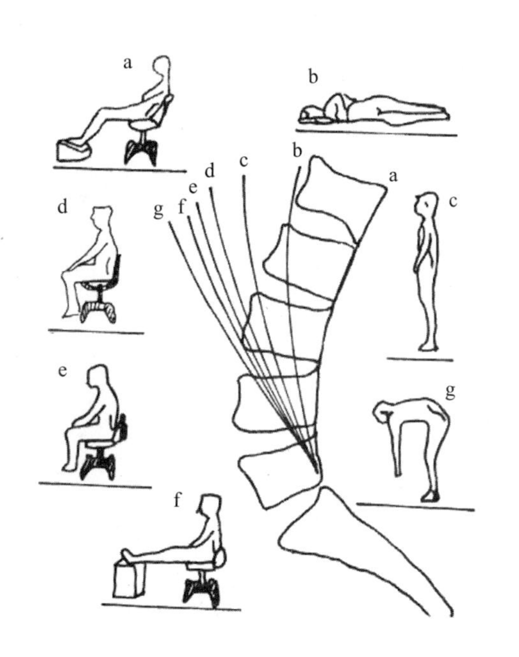

图3–19　姿势与腰的关系

图3–19所示为人体不同姿态与腰椎变化的关系。当人坐下来时，腰椎就很难保持直立时的自然状态、而是随着不同的坐姿经常改变曲度。其中姿势b（人体侧卧、下肢稍加弯曲时）中腰椎的状态最接近站立时的自然状态a的状态。而状态d是人体坐姿和下肢稍曲时，腰椎处于最自然的状态，也即最有效的休息状态。因此，在设计椅子或沙发时，应当使靠背的形状和角度接近于适应人坐姿时的腰椎曲线，接近于曲线d。

（1）坐具的基本尺度与要求。

①工作用坐具。一般工作用坐具的主要品种有凳、靠背椅、扶手椅、圈椅等。工作用坐具既可用于工作，又可用于休息。工作用椅可分为作业用椅、轻型作业椅、办公椅和会议椅等。

工作用坐具一般有如下几个基本尺度要求。

坐高（没有靠背）。坐高是指坐面与地面的垂直距离。坐面常向后倾斜或形成凹形曲面，通常以坐面前缘至地面的垂直距离作为坐高。

坐高是影响坐姿舒适程度的重要因素之一。坐面高度不合理会导致不正确的坐姿，并且坐的时间稍久，就会使人体腰部产生疲劳感。通过对人体坐在不同高度的凳子上其腰椎活动度的测定（图3–20）可以看出凳高为400mm时，人的腰椎的活动度最高，即疲劳感最强。稍高或稍低于此数值者，腰椎的活动度下降，舒适度也随之增大。在实际生活中人们喜欢坐矮板凳或者高脚凳的原因就是如此。对于有靠背的坐椅，其坐高既不宜过高，也不宜过低。靠背座椅的坐高与人体在坐面上的体压分布有关。不同高度的椅面，其体压分布情况有显著差异，坐高也不尽相同，它是影响坐姿舒服与否的重要因素。坐椅面是人体坐时承受臀部和大腿的主要承受面。

测试发现，不同高度的坐椅面的体压分布（图3—20）所示，可看出臀部的各部分分别承受着不同的压力，椅坐面过高，两足不能落地，使大腿前半部近膝窝处软组织受压，时间久了，血液循环不畅，肌腱就会发胀而麻木；如果椅坐面过低，则大腿碰不到椅面，体压分布就过于集中，人体形成前屈姿态，从而增大了背部肌肉负荷，同时人体的重心也低，所形成的力矩也大，这样使人在起立时感到困难（图3—21）。因此，设计时应力求避免上述情况的出现，并寻求合理的坐高与体压分布，根据坐椅的体压分布情况来分析，椅坐高应小于坐者小腿窝到地面垂直距离，使小腿有一定的活动余地。因此，适宜的坐高应当等于小腿窝高加25～35mm鞋跟高以后，再减10～20mm为适宜。

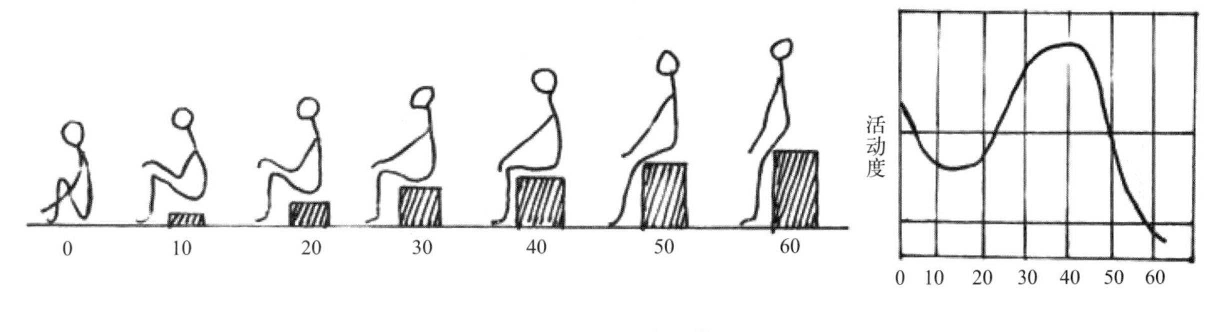

不同坐高与体压分布（g/cm²）

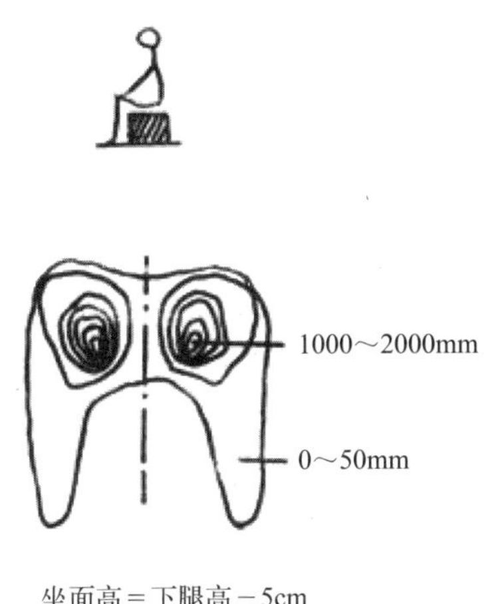

坐面高＝下腿高－5cm

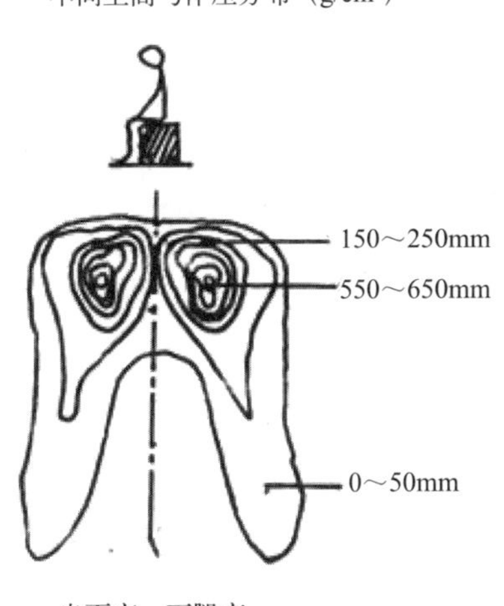

坐面高＝下腿高

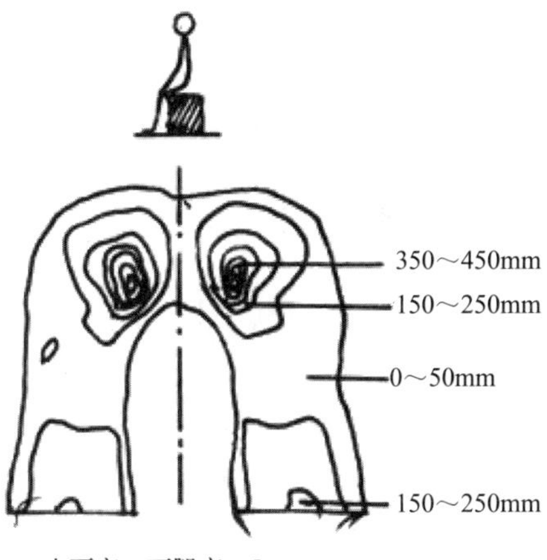

坐面高＝下腿高＋5cm

图3—20　不同坐高与体压分布

坐深。坐深主要是指坐面的前沿至后沿的距离。它对人体舒适度影响也很大，如坐面过深，则会使腰部的支撑点悬空，靠背将失去作用；同时膝窝处还会受到压迫而产生疲劳及麻木的反应，并且也难起立（图3—22）。因此，坐面深度要适度，通常坐深应小于人坐姿时大腿水平长度，使坐面前沿离开小腿有一定的距离，以保证小腿的活动自由（图3—23）。根据我国人体的平均坐姿，大腿水平长度为男性445mm、女性425mm，所以坐深可依此值减去椅

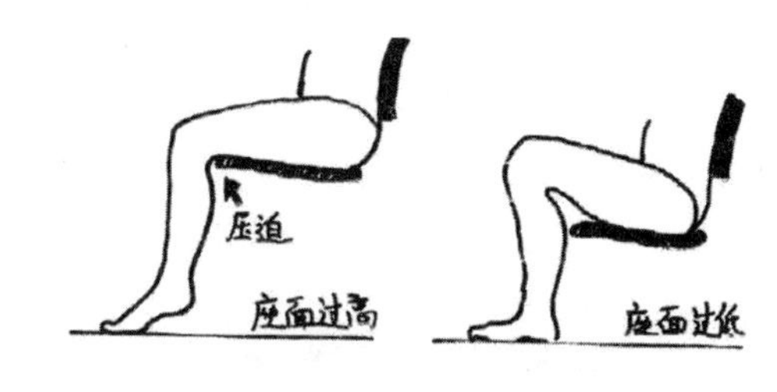

图3—21　坐面高度不适例

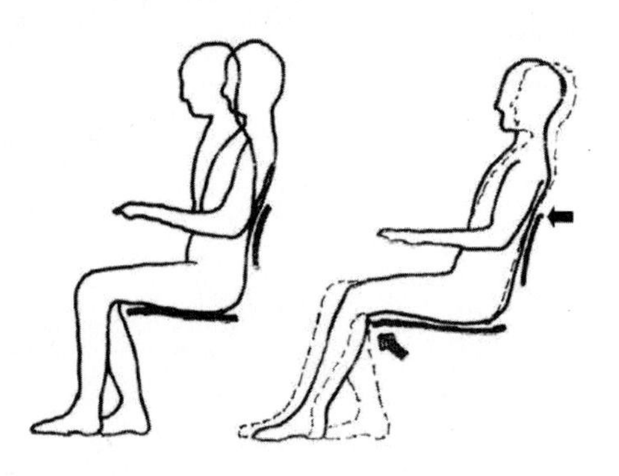

图3-22 人体与坐面深度

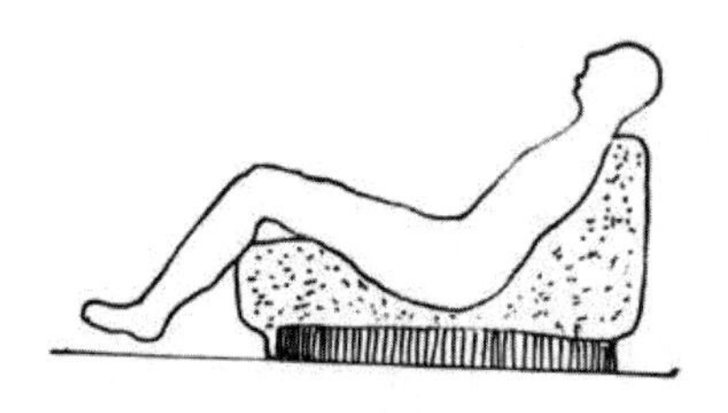

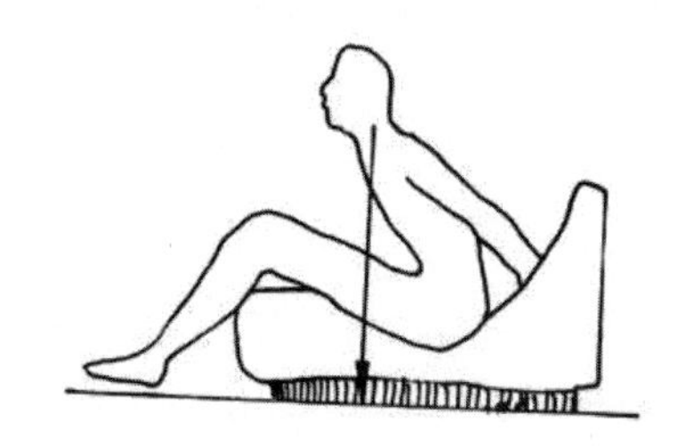

图3-23 坐面深度不适例

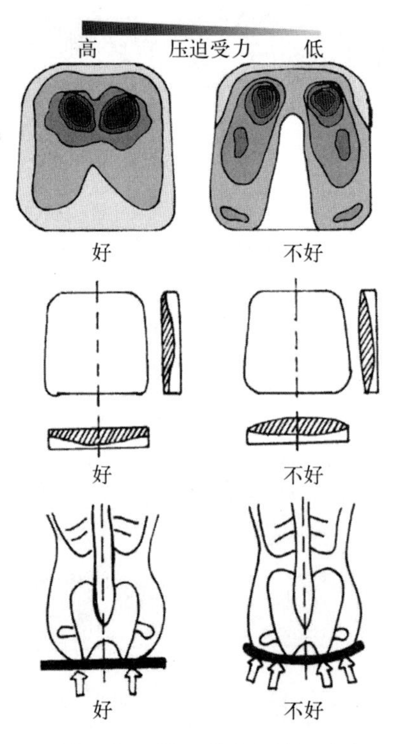

图3-24 坐面曲度与体压分布

坐前缘到膝窝之间应保持的大约60mm空隙来确定，一般来说选用380～420mm之间的坐深是适宜的。对于普通工作椅，在正常就坐情况下，由于腰椎到骨盆之间接近垂直状态，其坐深可以浅一点，而对于一些倾斜度较大、专供休息的靠椅，因坐时人体腰椎到骨盆也呈倾斜状态，所以坐面深度就要略加深，也可将坐面与靠背连成一个曲面。

坐宽。根据人的坐姿及动作，椅子的坐面呈前宽后窄，前沿宽度称坐前宽，后沿宽度称坐后宽。椅子的宽度应当能使臀部得到全部的支撑，并且有适当的活动余地，便于人能随时调整其坐姿。因此，椅子的坐宽应比人的肘至肘宽稍大一些。一般靠背椅坐宽不小于380mm就可以满足使用功能的需要；对扶手椅来说，以扶手内宽作为坐宽尺寸，按人体平均肩宽尺寸加上适当余量，一般不小于460mm，其上限尺寸应兼顾功能和造型需要。例如，就餐用的椅子，因人在就餐时活动范围较大，则可适当宽些。坐宽也不宜过宽，以自然垂臂的舒适姿态肩宽为准。

坐面曲度。人坐在椅、凳上时，坐面的曲度或形状也直接影响体压的分布，从而引起坐感的变异，如图3-24所示。从图可知，左方的体压分布较好，右方的欠佳，坐感不良。其原因是左边的压力集中于坐骨支撑点部分，大腿只受轻微的压力；而右边的则有相当的压力要依靠腿部软组织来承受。尽管从坐面外观来看，似乎右边的舒适感比左边更好，但实际情况恰恰相反，所以坐椅也不宜过软，因为，坐垫越软，则臀部肌肉受压面积越大，而致坐感不舒服。

因此，设计时应注意尽量使腿部的受压降至最低。由于腿部软组织丰富，无合适的立承位置，不具备受压条件（有股动脉通过），故椅坐面宜多选以稍硬的材料，坐面前后也可略显微曲形或平坦形，这有利于肌肉的松弛和便于起坐动作。

坐面倾斜度。一般座椅的坐面是采用向后倾斜的，后倾角度以3°～5°为宜。但对工作用椅来说，水平坐面要比后倾斜坐面好一些。因为当人处于工作状态时，若坐面是后倾的，人体背部也相应向后倾斜，势必产生人体重心随背部的后倾而向后移动。这种坐姿不符合人体在工作时重心应落于原点趋前的原理。为了保持正常的工作姿态，人体就会试图保持重心向前的姿势，致使肌肉与韧带呈现极度紧张的状态。不久，人的腰、腹、腮等处就开始感到疲劳，引起酸痛。因此，一般工作用椅的坐面以水平为佳，也可考虑椅面向前倾斜。如通常使用的绘图凳面是前倾的；一般情况下，在一定范围内，后倾角越大，休息性越强。但后倾是有限度的，尤其是对于老年使用的椅子。如果老年人使用的椅子椅面倾角过大，会使老年人在起坐时感到吃力。

靠背。人若笔直地坐看，躯干得不到支撑，背部肌肉紧张，人会逐渐感到疲劳。因此，就需要用靠背来弥补这一缺陷。靠背的作用就是要使躯干得到充分的支撑，通常靠背略向后倾斜，能使人体腰椎获得舒适的支撑面。同时，靠背的基部最好有一段空隙，人坐下时臀肌就不致受到挤压。在靠背高度上有肩靠、腰靠和颈靠三个关键支撑点。肩靠应低于肩胛骨（相当于第9胸椎，高约460mm），以肩胛的内角碰不到椅背为宜。腰靠应低于腰椎上沿，支撑点位置以位于上腰凹部（第2～4腰椎处，高为180～250mm）最为合适。颈靠应高于颈椎点，一般应不小于660mm。

②休息用坐具。休息用坐具的主要品种有躺椅、沙发、摇椅等。它的主要用途就是要充分地让人得到休息，也就是说它的使用功能是把人体疲劳状态减至最低程度，使人在使用时感到舒适。因此，对于休息用椅的尺度、角度、靠背支撑点、材料的弹性等的设计要给予精心考虑。

坐高与坐宽：通常认为椅坐前缘的高度应略小于膝窝到脚跟的垂直距离。据测量，我国人体这个距离的平均值，男性为410mm，女性为360～380mm。因此，休息用椅的坐高取330～380mm较为合适（不包括材料的弹性余量）。若采用较厚的软质材料，应以弹性下沉的极限作为尺度准则。坐面宽也以女性为主，一般在430～450mm以上。

坐倾角与椅夹角：坐面的后倾角以及坐面与靠背之间的夹角（椅夹角或靠背夹角）是设计休息用椅的关键，由于坐面向后倾斜一定的角度，促使身体向后倾，有利人体重量分移至靠背的下半部与臀部坐骨结节点，从而把体重全部抵住。而且，随着人体不同姿势的改变，坐面后倾角及其与靠背的夹角还有一定的关联性，靠背夹角越大，坐面后倾角也就越大，如图3-25所示。一般情况下，在一定范围内，倾角越大，休息性越强，但不是没有限度的，尤其是对于老年使用的椅子，倾角不能太大，否则会使老年人在起坐时感到吃力。通常认为沙发类坐具的坐倾角以4°～7°为宜，靠背夹角（斜度）以106°～112°为宜；躺椅的坐倾角可在6°～15°之间，靠背夹角可达112°～120°。随着坐面与靠背夹角的增大，靠背的支撑点就必须分别增加到2～3个，即第2与第9胸椎（即肩胛骨下沿）两处，高背休息椅和躺椅还须增高至头部的颈椎。其中以腰椎的支撑最重要（图3-26）。

坐深：休息用椅由于多采用软垫做法，坐面和靠背均有一定程度的沉陷，故坐深可适当放大。轻便沙发的坐深可在480～500mm

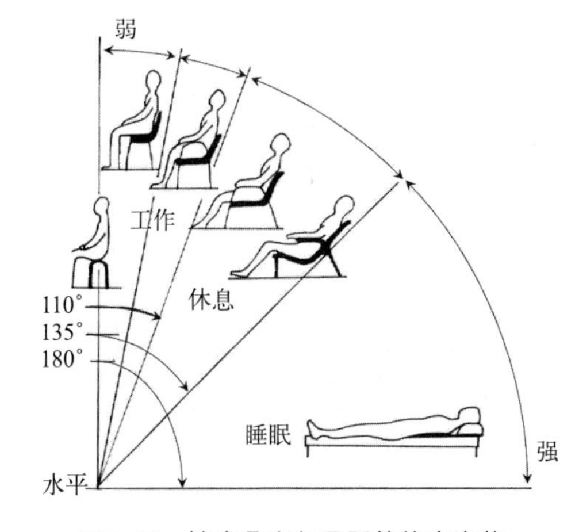

图3-25 椅座角度与不同的休息姿势

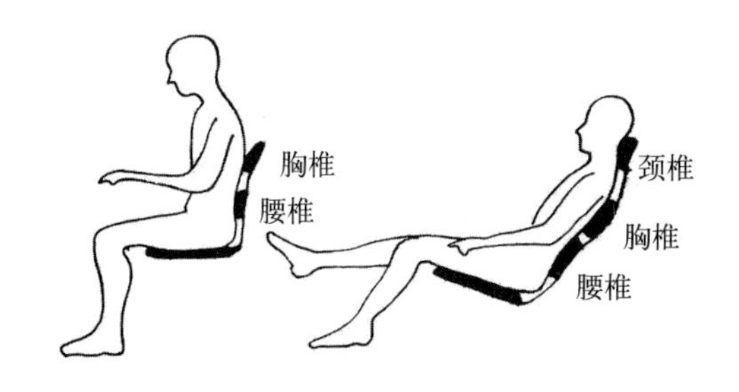

图3-26 椅夹角与支撑点

之间；中型沙发在500～530mm之间就比较合适；至于大型沙发，可视室内环境作适当放大。如果坐面过深，人坐在上面，腰部接触不到靠背，所示支撑的部位不是腰椎，而是肩胛骨，上身被迫向前弯曲，造成腹部受挤压，使人感到不适和疲劳。

椅曲线：休息用椅的椅曲线是椅坐面、靠背面与人体坐姿时相应的支撑曲面（图3–27）。它是建立在坐面体压分布合理的基础上，通过这样的整体曲面来完成支撑人体各部位的任务，并将使用功能与造型美很好地结合在一起，使人们唤起一种美与力的意象。按照人体坐姿舒适的曲线来合理确定和设计休息用椅及其椅曲线，可以使腰部得到充分的支撑，同时也减轻了肩胛骨的受压。但要注意托腰（腰靠）部的接触面宜宽不宜窄，托腰的高度以185～250mm较合适。靠背位于腰靠（及肩靠）的水平横断面宜略带微曲形以适应腰圆（及肩部），一般肩靠处曲率半径为400～500mm，腰靠处曲率半径为300mm。但过于弯曲会使人感到不舒适，易产生疲感（图3–28）。靠背宽一般为350～480mm。

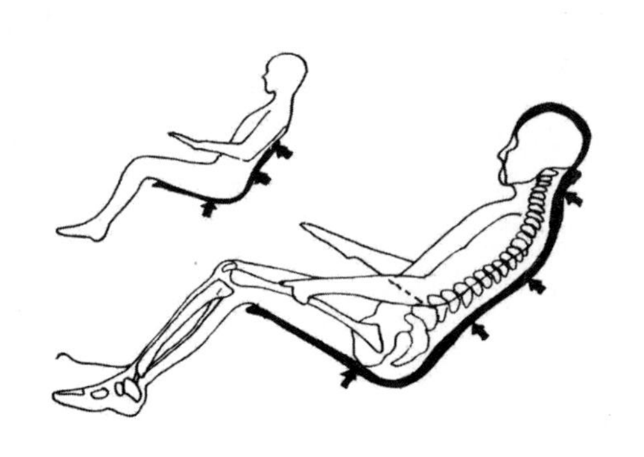

图3–27　椅曲面与人体

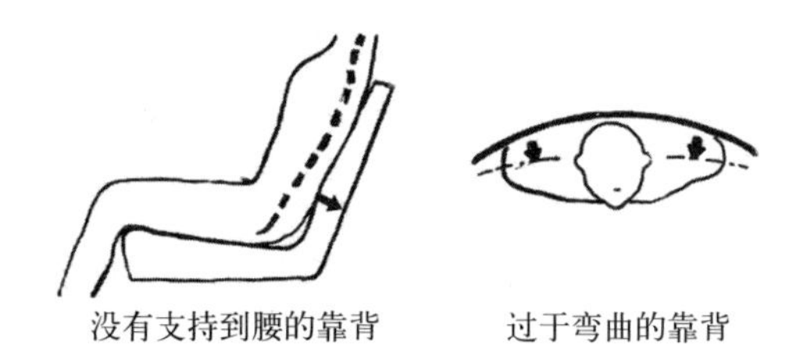

图3–28　靠背不适例

弹性：休息用椅软垫的用材及其弹性的配合也是一个不可忽视的问题。弹性是人对材料坐压的软硬程度或材料被人坐压时的反回度。休息椅用软垫材料可以增加舒适感，但软硬应有适度。一般来说，小型沙发的坐面下沉以70mm左右合适，大型沙发的坐面下沉在80～120mm合适。坐面过软，下沉度太大，会使坐面与靠背之间的夹角变小，腹部受压迫，使人感到不适，起立也会感到困难。因此，休息用椅软垫的弹性要搭配好，为了获得合理的体压分布，有利于肌肉的松弛和便于起坐动作，应该是靠背比坐面软一些。在靠背的做法上，腰部宜硬点，而背部则要软些。设计时应该以弹性体下沉后的安定姿势为尺度计核依据。通常靠背的上部弹性压缩应在30～45nm，托腰部的弹性压缩宜小于35mm。休息椅的坐面与靠背，也可采用藤皮、革带、织带等材料来编织，具有相当舒适的弹性。

扶手：休息用椅常设扶手，可减轻两肩、背部和上肢肌肉的疲劳，获取舒适的休息效果。但扶手高度必须合适，扶手过高或过低，肩部都不能自然下垂，容易产生疲劳感，根据人体自然屈臂的肘高与坐面的距离，扶手的实际高度应在200～250mm（设计时应减去坐面下沉度）为宜。两臂自然屈伸的扶手间距净宽应略大于肩宽，一般应不小于460mm，以520～560mm为适宜，过宽或过窄都会增加肌肉的活动度，产生肩部酸痛疲劳的现象。

扶手也可随坐面与靠背的夹角变化而略有倾斜，有助于提高舒适效果，通常可取为10°～20°的角度。扶手外展以小于10°的角度范围为宜。扶手的弹性处理不宜过软，因它承受的臂力不大，而在人起立时，还可起到助立作用。但在设计时要注意扶手的触感效果，不宜采用导热性强的金属等材料，还要尽量避免见棱见角的细部处理。

图3-29～图3-32是各种休息用椅的基本尺寸。

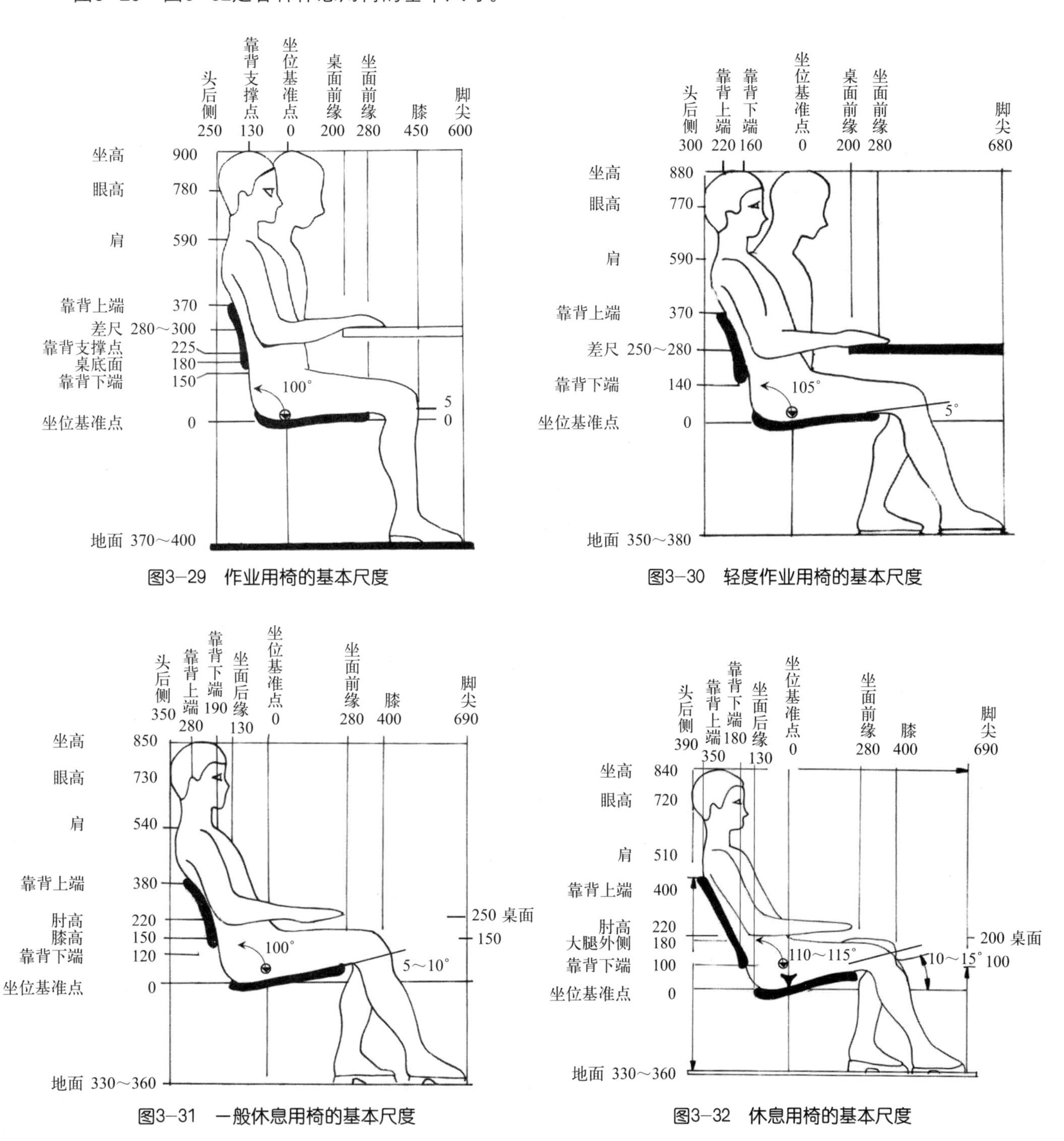

图3-29 作业用椅的基本尺度

图3-30 轻度作业用椅的基本尺度

图3-31 一般休息用椅的基本尺度

图3-32 休息用椅的基本尺度

（2）坐具的主要尺寸。坐具的主要尺寸包括坐高、坐面宽、坐前宽、坐深、扶手高、扶手内宽、背长、坐斜度、背斜角等尺寸，以及为满足使用要求所涉及的一些内部分隔尺寸，这些尺寸在相应的国家标准中已有规定。本节除列有规定尺寸外，也提供了一些参考尺寸，供设计时参考。

坐高与桌面高的配型尺寸关系如图3-33所示。

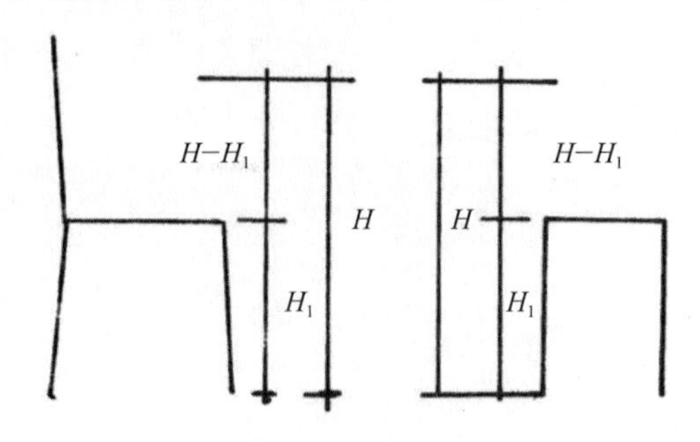

单位（mm）

桌面高H	坐高H_1	桌椅（凳）高差 $H-H_1$	尺寸级差
680～760 708 （参考尺寸）	400～440 软面最大坐高460 （含下沉量）	250～320	10

图3-33　坐高与桌面高的配置关系

①椅类家具主要尺寸。普通椅子：其基本尺寸如图3-34所示。

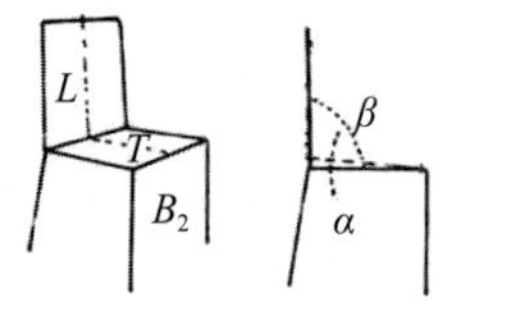
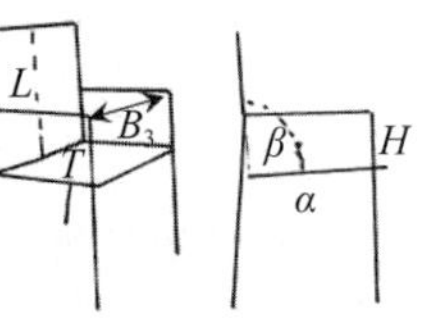
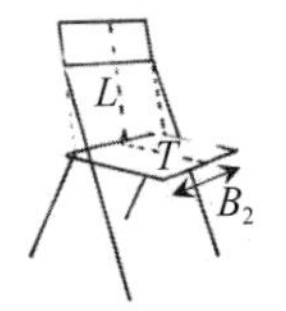
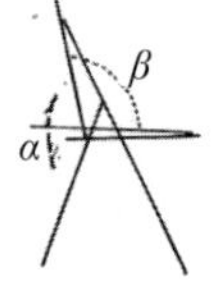

单位（mm）

椅子种类	坐深 T	背长 L	坐前宽 B_2	扶手内宽 B_1	扶手高 H	尺寸级差	背斜角 β	坐斜角 α
靠背椅	340～420	≥275	≥380	—	—	10	95°～100°	1°～4°
扶手椅	400～440	≥275	—	≥460	200～250	10	95°～100°	1°～4°
折椅	340～400	≥275	340～400	—	—	10	100°～110°	1°～4°

图3-34　普通椅子基本尺寸的标注

②凳类家具主要尺寸。普通凳类家具基本尺寸如图3-35所示。

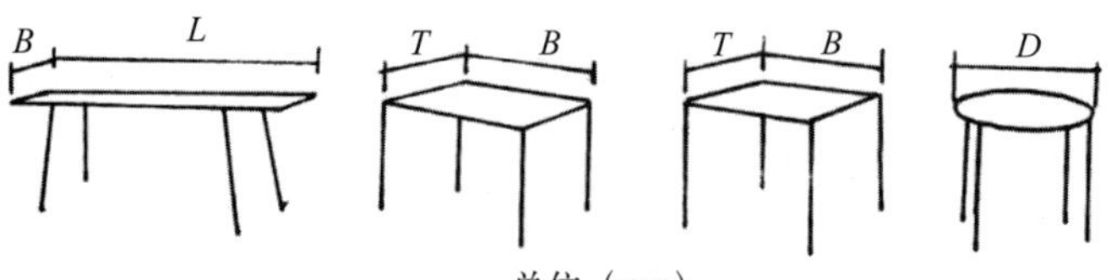

单位（mm）

凳类	长 L	宽 B	深 T	直径 D	长度级差	宽度级差
长凳	900～1050	120～150	—	—	50	10
长方凳	—	≥320	≥240	—	10	10
正方凳	—	≥260	≥260	—	10	10
正方凳	—	—	—	≥260	10	10

图3-35　凳类基本尺寸的标注

③沙发家具主要尺寸。沙发类家具基本尺寸如图3–36所示。

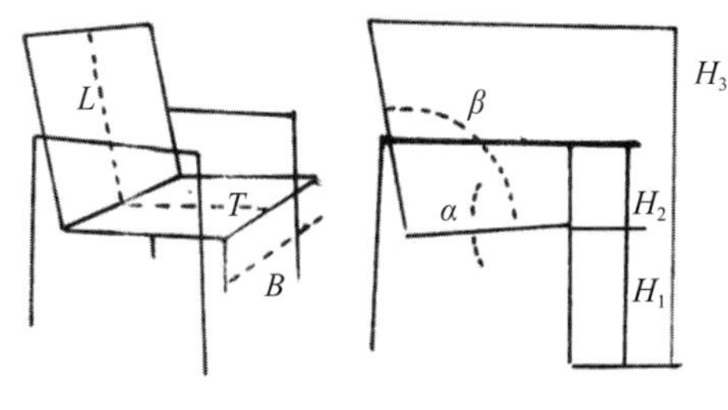

单位（mm）

沙发类	坐前宽 B	坐深 T	坐前高 H_1	扶手高 H_2	背高 H_3	背长 L	背斜角 β	坐斜角 α
单人沙发	≥480	480～600	360～420	≤250	≥600	≥300	106°～112°	5°～7°
双人沙发	≥320							
三人沙发	≥320							

图3–36 沙发基本尺寸的标注

2）卧具类家具的功能设计

卧具主要是床和床垫类家具的总称。卧具是供人睡眠休息的，使人躺在床上能舒适地尽快入睡，以消除每天的疲劳，便于恢复精力和体力。所以床及床垫的使用功能必须注重考虑床与人体的关系，着眼于床的尺度与床面（床垫）弹性结构的综合设计。

卧具的基本尺度与要求现总结如下。

（1）睡眠的生理。睡眠是每个人每天都进行的一种生理过程。人的一生大约有1/3的时间是在睡眠中度过的。而睡眠又是人为了更好地、有更充沛的精力去进行各种活动的基本休息方式。因而与睡眠直接相关的卧具设计，也主要是指床的设计，就显得非常重要。睡眠的生理机制十分复杂，至今科学家们也并没有完全解开其中的秘密，只是对它有一些初步的了解。一般可以简单地认为睡眠是人的中枢神经系统兴奋与抑制的调节产生的现象。日常活动中，人的神经系统总是处于兴奋状态；到了夜晚，为了使人的机体获得休息，中枢神经通过抑制神经系统的兴奋使人进入睡眠。休息的质量取决于神经抑制的深度也就是睡眠的深度。通过测量发现，人的睡眠深度不是始终如一的，而是在呈周期性变化。

睡眠质量的客观指标主要有：睡眠深度的生理测量；对睡眠的研究发现，人在睡眠时身体也在不断地运动，如经常翻转、采取不同的姿势。而睡眠深度与活动的频率有直接关系，频率越高，睡眠深度越浅。

（2）床面（床垫）的材料。如果人们偶尔在公园或车站的长凳或硬板上躺下休息，起来时常会感到浑身不舒服，身上被木板压得生疼。因此，床像座椅一样，常常需要在表面上加一层柔软材料。这是因为，正常人在站立时，脊椎的形状是S形，后背及腰部的曲线也随着起伏；当人躺下后，重心位于腰部附近。此时，肌肉和韧带也改变了常态，而处于紧张的收缩状态，时间久了就会产生不舒适感。因此，床是否能消除人的疲劳（或者引起疲劳），除了合理的尺度之外，主要是取决于床或床垫的软硬度能否适应支撑人体卧势处于最佳状态的条件。

床或床垫的软硬舒适程度与体压的分布直接相关，体压分布均匀得较好，反之则不好。体压是用不同的方法测量出的身体重量压力在床面上的分布情况。不同弹性的床面，其体压分布情况也有显著差别。床面过硬时，显示压力分布不均匀，集中在几个小区域，造成局部的血液循环不好，肌肉受力不均匀等，而较软的床面则能解决这些问题。但是如果床面太软，由于重力作用，腰部会下沉，造成腰椎曲线变直，背部和腰部肌肉受力，从而产生不适感觉（图3–37），进而直接影响睡眠质量。

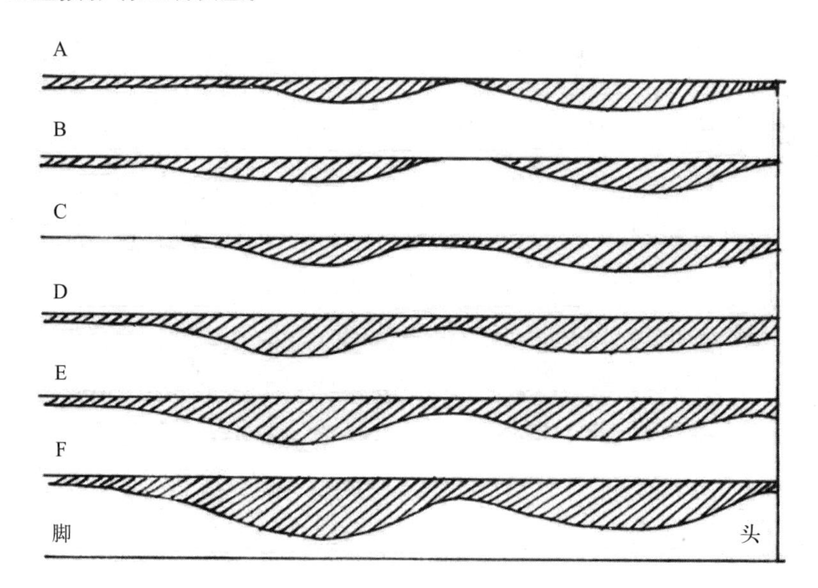

图3–37　床的软硬度与人体弓背曲线

因此，为了使人在睡眠时体压得到合理分布，必须精心设计好床面或床垫的弹性材料，要求床面材料应在提高足够柔软性的同时保持整体的刚性，这就需要采用多层的复杂结构。

床面或床垫通常是用不同材料搭配而成的三层结构：即与人体接触的面层采用柔软材料；中层则可采用硬一点的材料，有利于身体保持良好的姿态；最下一层是承受压力的部分，用稍软的弹性材料（弹簧）起缓冲作用。这种软中有硬的三层结构做法由于发挥了复合材的振动特性，有助于人体保持自然和良好的仰卧姿态，使人得到舒适的休息。

3）凭倚类家具的功能设计

凭倚类家具是人们工作和生活所必需的辅助性家具。为适应各种不同的用途，出现了餐桌、写字桌、课桌、制图桌、梳妆台、茶几和炕桌等；另外，还有为站立活动而设置的售货柜台、账台、讲台、陈列台和各种工作台、操作台等。

这类家具的基本功能是适应人在坐、立状态下，进行各种操作活动时，取得相应舒适而方便的辅助条件，并兼作放置或储存物品之用。因此，它与人体动作产生直接的尺度关系。

一类是以人坐下时的坐骨支撑点（通常称椅坐高）作为尺度的基准，如写字桌、阅览桌、餐桌等，统称为坐式用桌；另一类是以人站立的脚后跟（即地面）作为尺度的基准，如讲台、营业台、售货柜台等，统称站立用工作台。

（1）坐式用桌的基本尺度与要求。

①桌面高度。桌子的高度与人体动作时肌体形状及疲劳有密切的关系。经实验测试，过高的桌子容易造成脊椎侧弯和眼睛近视等弊病，从而使降低工作效率。另外，桌子过高还会引起耸肩和肘低于桌面等不正确姿势，而引起肌肉紧张、疲劳；桌子过低也会使人体脊椎弯曲扩大，易使人驼背、腹部受压，妨碍呼吸运动和血液循环等，背肌的紧张也易引起疲劳。

因此，舒适和正确的桌高应该与椅坐高保持一定的尺度配合关系，而这种高差始终是按人体坐高的比例核计的。所以，设计桌高的合理方法是应先有椅坐高，然后再加上桌面和椅面的高差尺寸，便可确定桌高，即：桌高=坐高+桌椅高差（约1/3坐高）。

由于桌子不可能定人、定型生产，因此在实际设计桌面高度时，要根据不同的使用特点酌情增减。如设计中餐桌时，要考虑端碗吃饭的进餐方式，餐桌可略高一点；若设计西餐桌时，就要考虑用刀叉的进餐方式，餐桌就可低一点；如果是设计适于盘腿而坐的炕桌，一般多采用320～350mm的高度；若设计与沙发等休息椅配套的茶几，可取略低于椅扶手高的尺度。

倘若因工作内容、性质或设备的限制必须使桌面增高，则可以通过加高椅坐或提升椅面高度，并设足垫来弥补这个缺陷，使得足垫与桌面之间的距离和椅座与桌面之间的高差，仍保持正常，桌高范围在680～760mm。

②桌面尺寸。桌面的尺寸应以人坐时手可达到的水平工作范围为基本依据，并考虑桌面可能置放物的性质及其尺寸大小。如果是多功能的或工作时尚需配备其他物品时，则还应在桌而上加设附加装置。对于双人平行或双人对坐形式的桌子，桌面的尺度应考虑双

人的动作幅度互不影响（一般可用屏风隔开）；对坐时还要考虑适当加宽桌面，以符合对话过程中的卫生要求等。总之，要依据手的水平与竖向的活动幅度来考虑桌面的尺寸（图3-38，图3-39）。

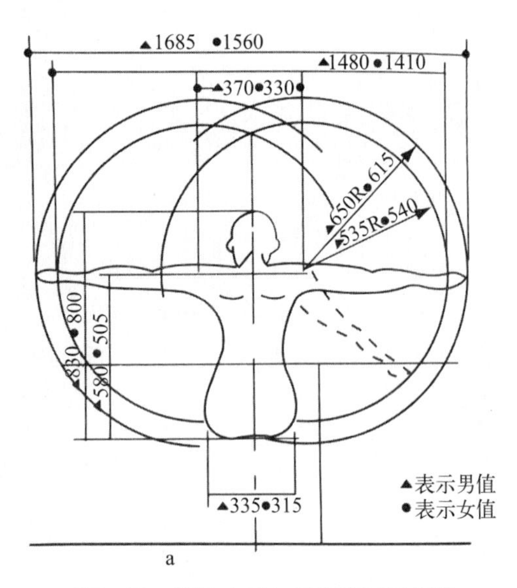

图3-38　手的水平与竖向的活动幅度

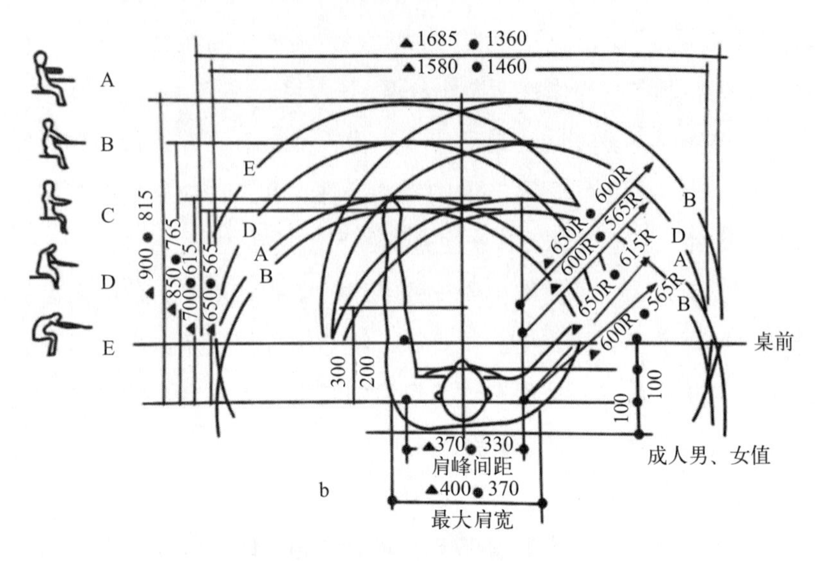

图3-39　手的竖向活动幅度

至于阅览桌、课桌等用途的桌面，最好应有约15°的斜坡，能使人获取舒适的视域。因为当视线向下倾斜60°时，则视线划倾斜桌面接近90°，文字在视网膜上的清晰度就高，既便于书写，又使背部保持着较为正常的姿势，减少了弯腰与低头的动作，从而减轻了背部的肌肉紧张和酸痛现象。但在倾斜的桌面上，往往不宜摆放物品，所以不常采用。

对于餐桌、会议桌之类的家具，应以人体占用桌边缘的宽度去考虑桌面的尺寸，舒适的宽度是按600～700mm来计算的，通常也可减缩到550～580mm的范围。各类多人用桌的桌面尺寸就是按此标准核计的。

③桌下净空：为保证下肢能在桌下放置与活动，桌面下的净空高度应高于双腿交叉时的膝高，并使膝部有一定的上下活动余地。所以抽屉底板不能太低，桌面至抽屉底的距离应不超过桌椅高差的1/2，即120～160mm。因此，桌子抽屉的下缘离开椅座至少应有178mm的净空，净空的宽度和深度应保证双腿的自由活动和伸展。

④桌面色泽：在人的静视野范围内，桌面色泽处理得好坏，会使人的心理、生理感受产生不同的反应，也对工作效率起着一定作用。通常认为桌面不宜采用鲜明色，因为色调鲜艳，不易使人集中视力；同时，鲜明色调往往随照明程度的亮暗而有增褪。当光照强烈时，色明度将增加0.5～1倍，这样极易造成视觉疲劳。而且，过于光亮的桌面，由于多种反射角度的影响，极易产生眩光，刺激眼睛，影响视力。此外，桌面经常与手接触，若采用导热性强的材料

做桌面，易使人感到不适，如玻璃、金属材料等。

（2）站立用桌的基本尺度与要求。站立用桌或工作台主要包括：售货柜台、营业柜台、讲台、服务台、陈列台、厨房低柜、洗台以及其他各种工作台等。

①台面高度：站立用工作台的高度，是根据人站立时自然屈臂的肘高来确定的。按我国居民的平均身高，工作台高以910～965mm为宜；对于要适应于用力的工作而言，则台面可稍降低20～50mm。

②台下净空：站立用工作台的下部，不需要留有腿部活动的空间，通常是作为收藏物品的柜体来处理。但在底部需有置足的凹进空间，一般内凹高度为80mm、深度为50～100mm，以适应人紧靠工作台时着力动作之需；否则，难以借助双臂之力进行操作。

③台面尺寸：站立用工作台的台面尺寸主要由所需的表面尺寸和表面放置物品状况及室内空间和布置形式而定，没有统一的规定，视不同的使用功能做专门设计。至于营业柜台的设计，通常是兼顾写字台和工作台两者的基本要求进行综合设计的。

4）储藏类家具的功能设计

储藏类家具又称储存类或储存性家具，是收藏、整理日常生活中的器物、衣物、消费品、书籍等的家具。根据存放物品的不同，可分为柜类和架类两种不同储存方式。柜类主要有大衣柜、小衣柜、壁橱、被褥柜、床头柜、书柜、玻璃柜、酒柜、菜柜、橱柜、各种组合柜、物品柜、陈列柜、货柜、工具柜等；架类主要有书架、餐具食品架、陈列架、装饰架、衣帽架、屏风和屏架等。

储藏类家具的基本尺度与要求现总结如下。

储藏类家具的功能设计必须考虑人与物两方面的关系：一方面要求储存空间划分合理，方便人们存取，有利于减少人体疲劳；另一方面又要求家具储存方式合理，储存数量充分，满足存放条件。

①储藏类家具与人体尺度的关系。人们日常生活用品的存放和整理，应依据人体操作活动的可能范围，并结合物品使用的繁简程度去考虑它存放的位置。为了正确确定柜、架、搁板的高度及合理分配空间，必须了解人体所能及的动作范围。这样，家具与人体就产生了间接的尺度关系。这个尺度关系是以人站立时，手臂的上下动作幅度为准的；按方便的程度来说，可分为最佳幅度和一般可达极限（图3−40）。通常认为在以肩为轴，上肢为半径的范围内存放物品最方便，使用次数也最多，又是人的视线最易看到的视域。因此，常用的物品就存放在这个取用方便的区域，而不常用的东西则可以放在手所能达到的位置，同时还必须按物品的使用性质、存放习惯和收藏形式进行有序放置，力求有条不紊、分类存放、各得其所。

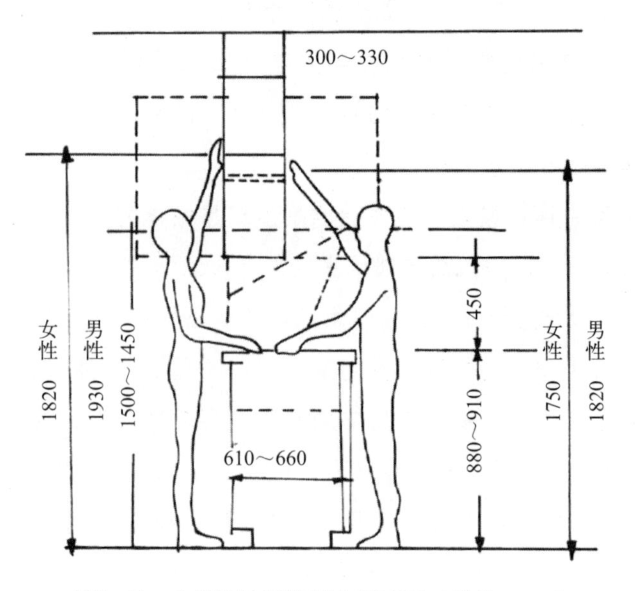

图3-40 人能够达到的最大尺度图（单位：mm）

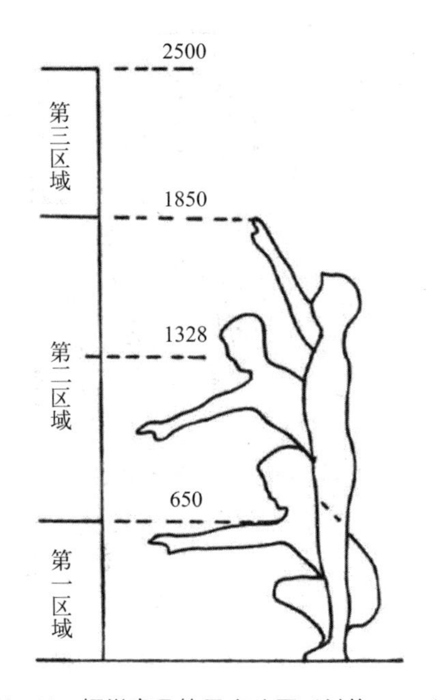

图3-41 柜类家具的尺度分区（单位：mm）

高度。储藏类家具的高度，根据人存取方便的尺度来划分，可分为三个区域（图3-41）：第一区域为从地面至人站立时手臂下垂指尖的垂直距离，即650mm以下的区域，该区域存储不便，人必须蹲下操作，一般存放较重而不常用的物品（如箱子、鞋子等杂物）；第二区域为以人肩为轴，从垂手指尖至手臂向上伸展的距离（上肢半径活动的垂直范围），高度在650～1850mm，该区域是存取物品最方便、使用频率最多的区域，也是人的视线最易看到的视域，一般存放常用的物品（如应季衣物和日常生活用品等）；若需扩大储存空间，节约占地面积，则可设置第三区域，即柜体1850mm以上区域（超高空间），一般可叠放柜、架，存放较轻的过季性物品（如棉被、棉衣等）。

在上述第一、二储存区域内，根据人体动作范围及储存物品的种类，可以设置搁板、抽屉、挂衣棍等。在设置搁板时，搁板的深度和间距除考虑物品存放方式及物体的尺寸外，还需考虑人的视线，搁板间距越大，人的视域越好，但空间浪费较多，所以设计时要统筹安排（图3-42）。

对于固定的壁橱高度，通常是与室内净高一致；悬挂柜、架的高度还必须考虑柜、架下有一定的活动空间。

宽度与深度。至于橱、柜、架等储存类家具的宽度和深度，是由存放物的种类、数量和存放方式以及室内空间的布局等因素来确定，另外还在很大程度上取决于人造板材的合理裁割与产品设计系列化、模数化的程度。一般柜体宽度常用800mm为基本单元，深度上衣柜为550～600mm，书柜为400～450mm。这些尺寸是综合考虑储存物的尺寸与制作时板材的出材率等的结果。

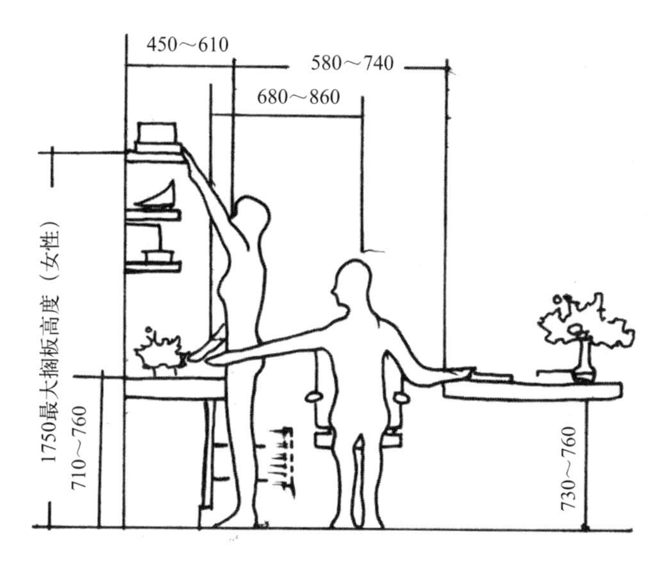

图3-42 柜类家具人体尺度（单位：mm）

在储藏类家具设计时，除考虑上述因素外，从建筑的整体来看，还需考虑柜类家具体量在室内的影响以及与室内要取得较好的视感。从单体家具看，过大的柜体与人的情感较疏远，在视觉上似如一道墙，体验不到它给我们使用上带来的亲切感。

②储藏类家具与储存物的关系。储藏类家具除了考虑与人体尺度的关系外，还必须研究存放物品的类别、尺寸、数量与存放方式，这对确定储存类家具的尺寸和形式起重要作用。为了合理存放各种物品，必须找出各类存放物容积的最佳尺寸值。因此，在设计各种不同的存放用途的家具时，首先必须仔细地了解和掌握各类物品的常用基本规格尺寸，以便根据这些素材进行分析物与物之间的关系，合理确定适用的尺度范围，以提高收藏物品的空间利用率。既要根据物品的不同特点，考虑各方面的因素，区别对待；又要考虑家具制作时的可能条件，制定出尺寸方面的通用系列。

一个家庭中的生活用品是极其丰富的，从衣服鞋帽到床上用品，从主副食品到烹饪器具、各类器皿，从书报期刊到文化娱乐用品，以及其他日杂用品，而且，洗衣机、电冰箱、电视机、组合音响、计算机等家用电器也已成为家庭必备的设备，这么多的生活用品和设备，尺寸不一、形体各异，它们的陈放与储存类家具有着密切的关系。因此，在储藏类家具设计时，应力求使储存物或设备做到有条不紊、分门别类存放和组合设置，使室内空间取得整齐划一的效果，从而达到优化室内环境的目的。图3-43所示为常见主要物品的规格尺寸、存放高度和柜类设计的各部分尺寸。

除了存放物的规格尺寸之外，物品的存放量和存放方式对设计的合理性也有很大的影响。随着人民生活水平的不断提高，储存物品种类和数量也在不断变化，存放物品的方式又因各地区、各民族

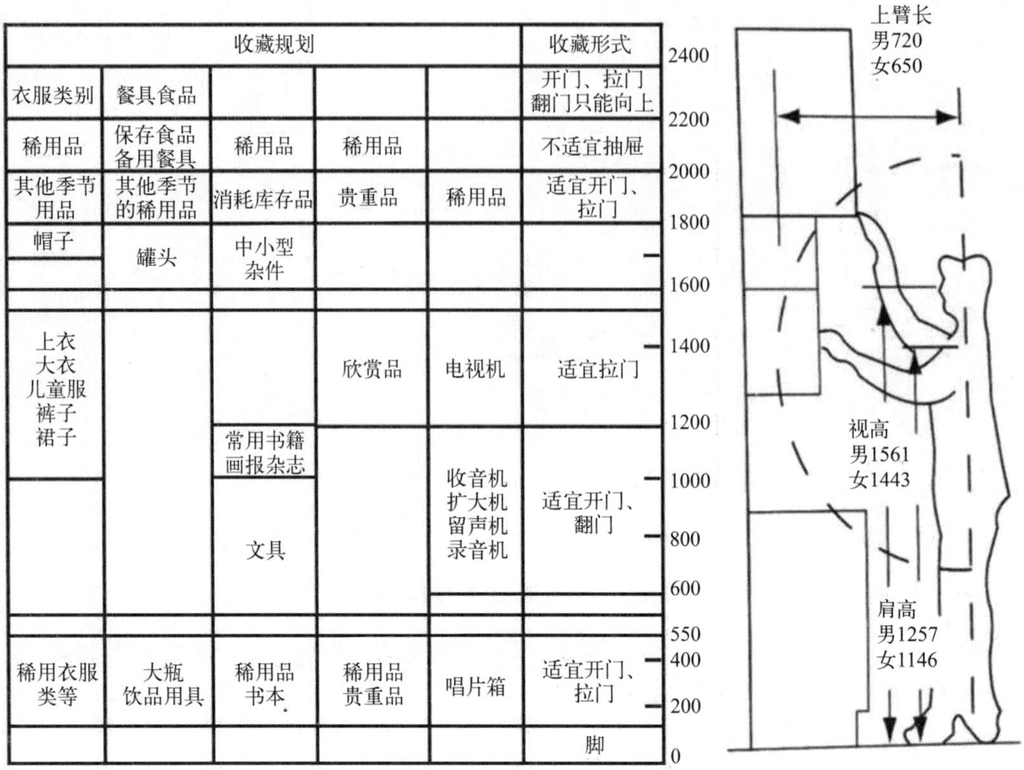

收藏规划					收藏形式
衣服类别	餐具食品				开门、拉门翻门只能向上
稀用品	保存食品备用餐具	稀用品	稀用品		不适宜抽屉
其他季节用品	其他季节的稀用品	消耗库存品	贵重品	稀用品	适宜开门、拉门
帽子	罐头	中小型杂件			
上衣 大衣 儿童服 裤子 裙子			欣赏品	电视机	适宜拉门
		常用书籍画报杂志		收音机 扩大机 留声机 录音机	适宜开门、翻门
		文具			
稀用衣服类等	大瓶饮品用具	稀用品书本	稀用品贵重品	唱片箱	适宜开门、拉门
					脚

2400 2200 2000 1800 1600 1400 1200 1000 800 600 550 400 200 0

上臂长 男720 女650
视高 男1561 女1443
肩高 男1257 女1146

图3-43　人体与储存性家具的功能分区（单位：mm）

的生活习惯的不同而各有差异。因此，在设计时，还必须考虑各类物品的不同存放量和存放方式等因素，以有助于各种储藏类家具的储存效能的合理性。

3.2.3　家具的材料选择

家具是由各种恰当的材料，经过精心设计后，借助技术手段加工制造而成的具有特定功能的产品。由此可见，材料是构成家具的物质基础。当然，并非任何材料都可用于家具生产，通常我们可以透过家具发展中材料的使用，来研究当时的生产力发展水平。一般来说，当前家具材料的选择，主要应考虑到下列因素。

（1）加工工艺性。材料的加工工艺性直接影响到家具的生产。材料的微观结构存在差异，因而使得它们具有不同的加工工艺性。木质材料在加工过程中，要考虑到其力学性能的各向异性、受水分影响而产生的缩胀以及材料结构的多孔性等。塑料材料要考虑到其延展性、热塑变形等。玻璃材料要考虑到其热脆性、硬度等。

（2）质地和外观质量。不同材料具有不同的视觉语言，产生不同的视觉感受。材料的质地和肌理决定了家具产品的外观质量和特殊感受。木材属于天然材料，纹理自然、美观，形象逼真，手感好，且易于加工、着色，是生产家具的上等材料。塑料及其合成材料具有模拟各种天然材料质地的特点，并且具有良好的着色性能，但由于易于老化，易受热变形，用此生产家具，其使用寿命和使用范围受到限制。

（3）经济性。家具材料的经济性包括材料的价格、材料的加工劳动消耗、材料的利用率及材料来源的丰富性。木材自古就是制作家具的上佳选择，但随着需求量的增加，木材蓄积量不断减少，资源日趋匮乏，优质的硬木材料价格日益昂贵。而随着现代材料工业的发展，与木材材质相近的、经济美观的替代材料大量出现，并广泛应用于家具的生产中。

（4）强度。材料强度直接影响到家具结构的稳定性，在此方面主要考虑材料的握着力和抗劈性能及弹性模量。木材是各向异性的有机材料，其顺纹抗拉和抗压强度均较高，但横纹抗拉和抗压强度较低。我国传统家具选材多用优质硬木木料，设计时充分利用其强度特性，采用榫卯结合，经久耐用。随着现代工业材料的发展，实现相同强度所需材料越来越少，家具结构与形态随之变得越来越纤巧精致。

（5）表面装饰性能。一般情况下，表面装饰性能是指对其进行涂饰、胶贴、雕刻、着色、烫、烙等装饰的可行性。

（6）环保性。由于家具产品是直接作用于人体，所以对其所用材料的环保性要求特别高，家具所用材料在使用或陈放过程中，有毒气体的释放量或放射性、重金属等有害物质的含量不能超出相应的检测标准。这也是当前消费者在挑选家具时首先考虑的。随着全世界原木资源的日益减少，考虑到人类的可持续发展，家居设计中绿色可再生材料的选择也是必然的趋势。

当前家具设计中常用的材料主要包括：木材、金属、塑料、藤、竹、玻璃、橡胶、织物、装饰板、皮革、海绵等。以下逐类作简单介绍，以便大家初步认识各种材料。

1）实木

实木是指取自树木的树干部分，未经二次加工的天然木材。

木材有很好的力学性质，但木材是有机各向异性材料，顺纹方向与横纹方向的力学性质有很大差别。木材的顺纹抗拉和抗压强度均较高，但横纹抗拉和抗压强度较低。木材强度还因树种而异，并受木材缺陷、荷载作用时间、含水率及温度等因素的影响，其中以木材缺陷及荷载作用时间两者的影响最大。因木节尺寸和位置不同、受力性质（拉或压）不同，有节木材的强度比无节木材可降低30%～60%。在荷载长期作用下，木材的长期强度几乎只有瞬时强度的一半。木材在大气中能吸收或蒸发水分，与周围空气的相对湿度和温度相适应而达到恒定的含水率，称为平衡含水率。木材平衡含水率随地区、季节及气候等因素而变化，在10%～18%之间木材吸收水分后体积膨胀，丧失水分则收缩。木材自纤维饱和点到炉干的干缩率：顺纹方向约为0.1%；径向约为3%～6%；弦向约为6%～12%。径向和弦向干缩率的不同是木材产生裂缝和翘曲的主要原因。

在家具行业实木常被统分为软木和硬木。软木和硬木有通常的区分原则：即针叶树和阔叶树。软木类主要包括：红松、白松、樟子松、鱼鳞云杉、椴木、杨木等。硬木通常分为两种：一种是杂木，如榉木、榆木、柞木等；另一种是红木，如紫檀、花梨、酸枝、鸡翅木等。以下为家具制作中常见的实木介绍，见表3-1。

表3-1　家具制作中常见的木材

木材名称	样品	木材名称	样品
花梨木		桃花心木	
橡木		松木	
楸木		枫木	
水曲柳		榉木	
柚木		沙比利木	
紫檀		桦木	
樱桃木		鸡翅木	
橡胶木		黑胡桃木	

花梨木：花梨木颜色甚多，幼龄木材为淡茶色，成熟后为紫色，高龄木近黑色。这种木材具深褐色或黑色花纹。木材含油质，故具美丽光泽。为高级家具及镶嵌装饰材。

橡木：橡木分为白橡木与红橡木。白橡木为橡木类之最具商业价值者，白橡木易油漆，纹理美观具光泽；木材收缩率中庸；干燥作业应注意翘曲与干裂等缺点。

楸木：楸木上的棕眼排列平淡无华，色暗质松软少光泽。但这种木材收缩性小，可做门芯桌面芯等用；纹理清晰，结构细而匀，不易腐朽，不变形，不开裂，无异味。

水曲柳：木材呈黄白色或褐色略黄，年轮明显但不均匀，木质结构粗，纹理直，花纹美丽，有光泽，硬度较大，具有弹性、韧性好，耐磨，耐湿等特点，但干燥困难，易翘曲；加工性能好，但应防止撕裂。切面光滑，油漆，胶粘性能好；适合干燥气候，且老化极轻微，性能变化小。水曲柳具有极良好的总体强度性能，具良好的抗震性和蒸汽弯曲强度。水曲柳心材抗腐力较差；白木质易受留粉甲虫及常见家具甲虫蛀食。

柚木：木材具有油性光泽，色调均一，纹理通直。柚木结构中粗纤维，重量中等，干缩系数极小，是木材中变形系数最小的一种，抗弯曲性好，极耐磨，在日晒、雨淋、干湿变化较大的情况下不翘、不裂。耐水、耐火性强。能抗白蚁和不同海域的海中生物蛀食，极耐腐。干燥性能良好，胶粘、油漆、上蜡性能好；因含硅易钝刀，故加工时切削较难。握钉力佳，综合性能良好，为世界公认的名贵树种。柚木含有极重的油质，这种油质使之保持不变形，且带有一种特别的香味，能驱蛇、虫、鼠、蚁。柚木材的刨光面颜色是通过光合作用经氧化而成金黄色，颜色会随时间的延长而更加美丽。

紫檀：颜色呈犀牛角色泽，有不规则的蟹爪纹，年轮纹大多是绞丝状的，紫檀棕眼细密，木质坚重，入水即沉。制作紫檀家具多利用其自然纹理，采用光素手法。紫檀木质坚硬，纹理纤细浮动，变化无穷，尤其是它的色调深沉，显得稳重大方而美观。

樱桃木：樱桃木的心材从深红色至淡红棕色，纹理通直，细纹里有狭长的棕色髓斑及微小的树胶囊，结构细。木材的弯曲性能好，硬度低，强度中等，耐冲击载荷。木材易于手工加工或机加工，对刀具的磨损程度低，握钉力、胶着力、抛光性好；干燥较快，干燥时收缩量颇大，但是烘干后尺寸稳定。

橡胶木：颜色呈浅黄褐色，年轮明显，轮界为深色带，管孔甚少。木质结构粗且均匀。纹理斜，木质较硬。切面光滑，易胶粘，油漆涂装性能好。

黑胡桃木：实际这种木材淡灰褐色至浓深紫褐色都有。黑胡桃木的木理变化万千，形成各种不同花纹，为人所喜爱。其木质重而硬，耐冲撞摩擦；耐腐朽，容易干燥，少变形；易施工，易于胶合。木质坚硬适于制造近代式家具的雕刻部分，又其收缩率甚小故能耐多变化的气候，而不致开裂。可施以任何涂装方法，其他木材均不及黑胡桃木能吸收油质涂装，这也是其多用于制造近代式家具的另一原因。

桃花心木：此类木材的心材通常为红褐色，经切面具有美丽的特征性条状花纹，由此而得名。木材密度中等，软硬适中，易于割削及雕刻；干缩小，尺寸稳定，开放的导管孔使胶合易于牢固；油漆性能优良，深受人们喜爱。作为高级装饰和家具等用材，在世界木材销售市场上享有极高地位。

台湾赤杨：初伐时木材为白色，经久渐变为淡红至黄白色，横断面褐色；富光泽，木质纹理稍致细。木质轻软而具韧性，木理致密，易劈裂，刨削又较其他木材加工容易，刨面光滑而具光泽；易干燥，且干燥后状况良好，少翘曲，收缩小；但耐腐性较差。

松木：木材气味芬芳，心材呈淡褐色，边材色淡，木质甚轻。木材纹理均匀光滑，易割裂加工，不易收缩，干燥容易，但常有翘曲、干裂现象发生，耐腐性中等。

枫香木：枫香木材厚实坚重，耐久性好；树干还可提取芳香树蜡。

榉木：榉木重、坚固，抗冲击。蒸汽下易于弯曲，可以制作造型。抱钉性能好。木材纹理清晰，质地均匀，色调柔和、流畅。比多数普通硬木都重。此木材质坚致，纹理美观。

沙比利木：这种木材木纹交错，有时有波状纹理。由四开锯法加工的木材纹理处形成独特的鱼卵形黑色斑纹。木材纹理疏松度中等，光泽度高。边材呈淡黄色，心材呈淡红色或暗红褐色。沙比利木的重量、弯曲强度、抗压强度、抗震性能、抗腐蚀性和耐用性中等；韧性、蒸汽弯曲性能较低；加工比较容易，上漆等表面处理的性能良好，特别是在用填料填充孔隙之后，上漆等表面处理的性能良好。

桦木：木材淡褐色至红褐色，年轮略明显，纹理直且明显，材质结构细腻而柔和光滑，质地较软或适中。桦木加工性能好，切面光滑，油漆和胶合性能好。桦木面材具有闪亮的表面和光滑的肌理；木身纯细，略重硬，结构细，力学强度大，富有弹性，吸湿性大，干燥易开裂翘曲。桦木所制家具光滑耐磨，花纹明晰；如今多用于结构、镶花木细工和内部框架的制作。

2）人造板

由于天然木材在生长过程中都不可避免地存在和产生各种缺陷。同时，木材加工也产生大量的边角废料。为了提高木材利用率、提高产品质量，利用木材及其他植物的碎料和纤维制作的人造板材已得到广泛应用。人造板是利用小材碎料及其他植物纤维等作为原料，采用加压胶合或铺装成型压合等方法制成的板子；可以代替木板使用，是现代板式家具的重要材料。利用人造板制造家具可节约木材40%～90%，甚至完全可以代替木材。此外，还能减少家具制作中的刨平、刨光、拼缝、涂漆等工序操作所占用的时间。同时，由于采用高级胶料，在使用性能上往往比天然木材优越。

人造板种类很多，常用的有胶合板、大芯板、饰面板、纤维板、刨花板、保丽板、桦丽板、防火板、塑料贴面板、纸制饰面板等。

人造板家具通常具备以下特点。

（1）装卸方便。由于原料是人造板，人造板所制造的家具通常都是采用各种金属五金件结合而成的，拆装都非常方便，而且可以多次拆卸。

（2）个性化。人们可以根据自己的喜好定制人造板家具，包括上面的颜色、图案等，客户都可以根据自己的意愿进行处理，体现个性化，而且不易变形。

（3）人造板家具在环保性能方面比较薄弱。任何事物都是有两面性的，使用人造板材制作的家具，在节约并有效利用木材的同时，其中的化学添加剂，尤其是胶粘剂，给家居带来二次污染。当然，近几年随着科技的不断发展，胶粘剂中的甲醛含量不断减少，人造板材压制水平不断提高，人造板材的环保性也逐渐得到了保障。

人造板材主要包括胶合板、刨花（碎料）板、大芯板和纤维板四大类产品，其延伸产品和深加工产品达上百种，如图3-44所示。

胶合板：胶合夹板由杂木皮和胶水通过层压而成，一般压合时采用横、竖交叉压合，目的是起到增强强度作用。

大芯板：也称细木工板；是由实木芯板相互拼接，两个外表面加以胶合板贴合而成的人造板材；此板握钉力均比胶合板、刨花板高。

纤维板：纤维板由木材经过纤维分离后热压复合而成。它按密度分高密度、中密度。平时使用较多为中等密度纤维板。

刨花板：刨花板主要以木屑在一定温度下与胶料热压而成。木屑由分木皮、木屑，甘蔗渣、木材刨花等主料构成。

(a) 细木工板

(b) 刨花板

(c) 纤维板

图3-44 常见人造板材

3）塑料

所谓塑料，是合成树脂中的一种，形状跟天然树脂中的松树脂相似，但因经过化学手段进行人工合成。塑料的主要成分是合成树脂，约占塑料总重量的40%～100%。塑料的基本性能主要取决于合成树脂的本性，但添加剂也起着重要作用。有些塑料基本上是由合成树脂所组成，不含或少含添加剂，如有机玻璃、聚苯乙烯等。塑料通常具有如下特性：大多数塑料质轻，化学性稳定，不会锈蚀；耐冲击性好；具有较好的透明性和耐磨耗性；绝缘性好，导热性低；一般成型性、着色性好，加工成本低；大部分塑料耐热性差，热膨胀率大，易燃烧；尺寸稳定性差，容易变形；多数塑料耐低温性差，低温下变脆；容易老化；某些塑料易溶于溶剂。

塑料家具与其他家具相比，具有以下几个方面的优势。

（1）色彩绚丽线条流畅。塑料家具色彩鲜艳亮丽，各种各样的颜色都有，而且还有透明的家具，其鲜明的视觉效果给人们带来了视觉享受。同时，由于塑料家具都是由模具加工成型的，所以具有线条流畅的显著特点。

（2）造型多样随意优美。塑料具有易加工的特点，所以使得这类家具的造型具有更大的随意性。随意的造型表达出设计者极具个性化的设计思路，通过一般的家具难以实现的造型来体现一种随意的美。

（3）轻便小巧，拿取方便。与普通的家具相比，塑料家具给人的第一印象是轻便，而且即使是内部有金属支架的塑料家具，其支架一般也是空心的或者直径很小。另外，许多塑料家具都有可以折叠的功能，所以既节省空间、使用起来又比较方便。

（4）品种多样，适用面广。塑料家具既适用于公共场所，也可以用于一般家庭。在公共场所，人们可以看到各种各样的塑椅子，而适用于家庭的品种则不计其数，诸如餐台、餐椅、储物柜、衣架、鞋架、花架等。

（5）便于清洁易于保护。塑料家具可以直接用水清洗，简单方便。另外，塑料家具也比较容易保护，对室内温度、湿度的要求相对比较低，广泛地适用于各种环境。

家具中应用塑料材料种类很多。其中主要有两种塑料高分子结构：热塑性塑料，即遇热会变软、熔化；热固性塑料，即遇热则更加坚硬。

热塑性塑料，共分如下几种。

（1）ABS，即丙烯腈-丁二烯-苯乙烯塑料：俗称工程塑料；英文名称为Acrylonitrile Butadiene Styrene。ABS是一种强度高、韧性好、易于加工成型，表面可印刷、涂层和镀层处理的热塑性高分子材料；是目前产量最大、应用最广泛的聚合物；其外观为不透明呈象牙色粒料，制品可着成各种颜色，并具有高光泽度；ABS相对密度为1.05左右，吸水率低；同其他材料的结合性好；属易燃聚合物；家具生产中可用于连接件、坐椅背、坐板等结构部件。

（2）PP，即聚丙烯：俗称百折胶；英文名称为Polypropylene。PP是目前所有塑料中最轻的品种之一；最突出的性能就是抗弯曲疲劳性；其成型性好，但收缩率大，厚壁制品易凹陷，难以用于一些尺寸精度较高零件；制品表面光泽好，易于着色；低温时变脆，不耐磨、易老化；无毒、无味，可用于食具；家具生产中主要用于五星脚、扶手、脚垫等强度要求不高的连接件。

（3）PVC，即聚氯乙烯：英文名称为Polyvinyl Chloride Polymer。PVC具有阻燃、耐化学药品性高、机械强度及电绝缘性良好等优点。但PVC对光、热的稳定性较差，长期暴露在阳光中的PVC塑料会变黄、变脆；本色为微黄色半透明状，有光泽；适宜挤出成型；家具生产中主要用于封边件、插条件、面料（俗称：西皮）。

（4）POM，即多聚甲醛：俗称赛钢；英文名称为Polyoxymethylene。POM是高密度、高结晶度的热塑性工程塑料，拉伸强度高，是热塑性树脂中是最坚韧的；其吸水性小，尺寸稳定，抗热强度，弯曲强度，耐疲劳性强度均高，耐磨性和电性能优良；材料表面光滑，有光泽，本色淡黄或白色；耐酸性较差，不耐强碱和紫外线的辐射，加入UV剂能大大提高其耐紫外线等级；家具生产中主要用于制造脚垫、脚轮、门绞、合页等耐磨件。

（5）PA，即聚酰胺：俗称尼龙；英文名称为Polyamide。PA具有力学性能优异，自润性、耐摩擦性好，高耐热性，电绝缘性能突出，优良的耐气候性，尼龙吸水性大等特性。它是工程塑料中产量最大、品种最多、用途最广的品种。家具生产中主要用于制造脚垫、五星爪、脚轮等耐磨、对寿命要求高的部件。

（6）PMMA，即聚酸甲酯：俗称有机玻璃或亚克力；英文名称为Polymethylmethacrylate。PMMA机械强度较高，熔点较低，易于机械加工，透明度高，密度比玻璃低，是常用的玻璃替代材料；但硬度低，表面易划伤，弯曲时容易龟裂。其溶化后黏度较高，吹塑、注射、挤出等加工速度较慢，但可以用车床、钻床进行机械加工，还可用丙酮、氯仿等粘接。

图3-45是由拉尔夫·诺特（Ralph Nauta）和罗尼克·戈吉（Lonneke Godrdjin）于2008年设计的幽灵椅（Ghost）。轻质的

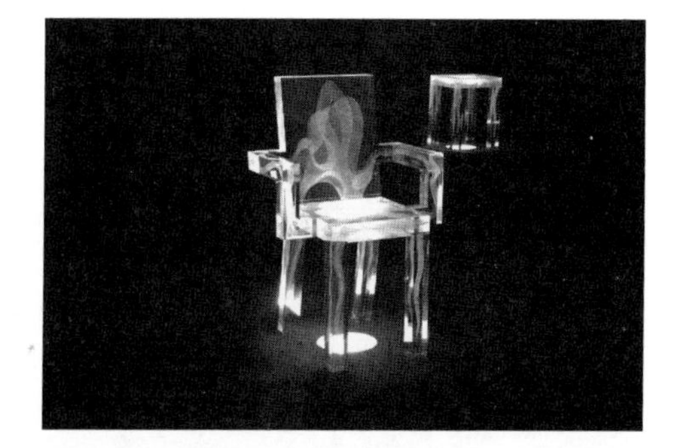

图3-45 拉尔夫·诺特和罗尼克·戈吉设计的幽灵椅（Ghost）

椅子使用有机玻璃为原料，采用激光雕刻技术制成。

（7）PE，即聚乙烯：这是一种弹性的材料，因为其具有惰性、高度的抗水性、低廉的价格，而经常使用。PE塑料极易被回收，可一旦被污染了，就只能焚化处理了。

图3-46是由吉冈德仁（Tokujin yoshioka）于2008年设计的美人鱼椅。这把椅子以聚乙烯为材料，使用了旋转压模的方法制造。这件作品借助美丽的美人鱼之名，轻描淡写地刻画出流线的完美动感。美人鱼椅使用聚乙烯材质打造一体成型式样，圆弧的后背支撑，使人在坐上后增添一份包覆稳固。侧边的视觉上收束的折线效果，更让美人鱼椅多了优雅的姿态。素雅轻松的生活家具，适合使用者放在书房空间作为阅读休憩或是搭配餐桌作为室内外的休闲空间使用。

图3-46 美人鱼（Mermaid）椅

（8）PC，即聚碳酸酯：英文名称Polycarbonate。PC是一种无色透明的无定性热塑性材料；耐酸、油、热，但不耐紫外线、强碱；无色透明，抗冲击；耐候性好，在普遍使用温度内有良好的机械性能。与PMMA相比，PC的耐冲击性能好，折射率高，加工性能好。PC塑料主要用于光盘、水桶、婴儿奶瓶、防弹玻璃、树脂镜片、车头灯罩、宇航服头盔面罩、屏风隔板、阳光板等产品的制造。

热固性塑料，共分如下几种。

（1）环氧树脂：这是一种透明、持久而坚固的材料，常被用作环氧基树脂胶粘剂、表面涂层，或者作为树脂材料完全注入合成纤维，例如纤维玻璃和碳纤维。环氧树脂无法回收，但是可以在分解后作为填充剂填充金属。

（2）树脂（PET）：这是一种抗热且抗水性材料，具有良好的机械特性，用于制造许多产品，例如胶片、纺织材料和瓶子。与同样的玻璃瓶相比较，由PET塑料制造的瓶子更轻，并且生产时不需要耗费太多能源。这种材料可回收生产纤维和毛毡，制造衣物和地毯等。

图3–47是由设计师坎·欧纳特（Can Onart），爱丽西娅·梅尔斯（Elissa Myres）和贝特尼·卡斯帕蒂（Bethany Casperite）联合设计的书架、椅子、茶几三合一多功能家具。这款家具不论横着、竖着、倒着、正着都有不同的用法。在现在房价越来越贵、面积却越来越小的环境下，这种多用途的设计实在是省钱省地，并且摆在家里感觉也非常好看。这款多功能小书柜是8层环氧树脂板通过工业弯曲技术制成，绝对耐用与舒适。

图3–47　书架、椅子、茶几三合一多功能家具

（3）PU，即聚氨基甲酸酯：简称聚氨酯；英文名称为Polyurethane。PU的力学性能具有很大的可调性，因此其制品具有耐磨、耐温、密封、隔音、加工性能好、可降解等优异性能。家具生产中主要用于制造各种泡沫和塑料海绵等发泡配件，也可用于面料（俗称：超纤皮）。

4）海绵

人们常用的海绵由木纤维素纤维或发泡塑料聚合物制成；另

外，也有由海绵动物制成的天然海绵。目前，大多数天然海绵用于身体清洁或绘画。另外，还有三类其他材料制成的合成海绵，分别为低密度聚醚(不吸水海绵)、聚乙烯醇（高吸水材料，无明显气孔）和聚酯。

合成海绵类材料原色为米白色，与氧气产生氧化后变成黄色，也可根据需要漂成白色或染成其他，质地柔软，不耐热（可耐温200℃），易燃烧（可添加阻燃剂）。根据内在泡沫的大小，密度也有所不同，可根据需要用模塑的方式制成各种形状，主要有防震、保温、物料的填充等用途。家具中用软材料包裹海绵作支撑类家具的垫材，其中常用的可分为定型绵、发泡绵、橡胶绵等类别。

（1）定型绵：定型绵由聚氨酸材料，经发泡剂等多种添加剂混合，压剂入简易模具加温即可压出获得，它适合转椅沙发坐垫、背绵，有少量扶手也用定型绵做。

（2）发泡绵：发泡绵用聚醚发泡成型，像发泡面包一样。可用机械设备发泡，也可人工用木板围住发泡。海绵的软硬度与密度和添加剂有直接关系，业内有高弹力、灰超、黑灰超、软绵之分。产品设计使用时应视不同造型、结构进行合理科学搭配，通常依产品的不同部位进行不同的调整。一般座绵硬度较高，密度较大，背绵次之，枕绵更软。有时也可按需要分上、中、低三个部位搭配不同弹性、密度的海绵。

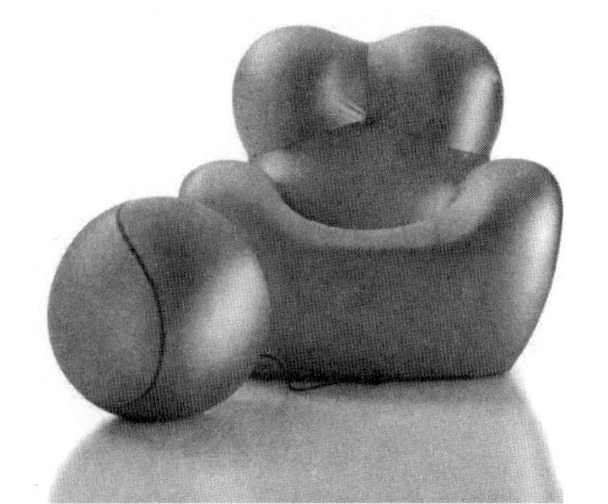

图3-48　意大利设计大师盖塔诺·佩西设计的UP沙发

盖塔诺·佩西（Gaetano Pesce）的这个沙发（图3-48），最初设计是用一次成型的发泡海绵做的，在运输时可以用真空压缩为很薄的片，方便运输。

（3）橡胶绵：采用主料是天然乳胶原料发泡而成，具有橡胶特性、弹力极好、回弹性好、不会变形，但价格不菲，比发泡绵高出3～4倍。

（4）再生绵：它是由海绵碎料挤接而成。成本极低，但弹性极差，密度不一。

5）金属

金属材料是金属及其合金的总称，其工艺性能优良，能够依照设计者的构思实现多种造型。绝大部金属为固体，是电与热的良导体；表面具有金属所特有的色彩与光泽；具有良好的延展性。金属可以制成金属化合物，也可以与其他金属或氢、硼、碳、氮、氧、磷、硫等非金属元素在熔融态下形成合金，以改善金属的性能。除贵金属外，几乎所有金属都易于氧化而生锈。

金属家具所用的金属材料，通过冲压、锻、铸、模压、弯曲、焊接等加工工艺可获得各种造型。用电镀、喷涂、敷塑等主要加工工艺进行表面处理和装饰。金属家具连接通常采用焊、螺钉、销接等多种连接方式组装，如图3-49所示。

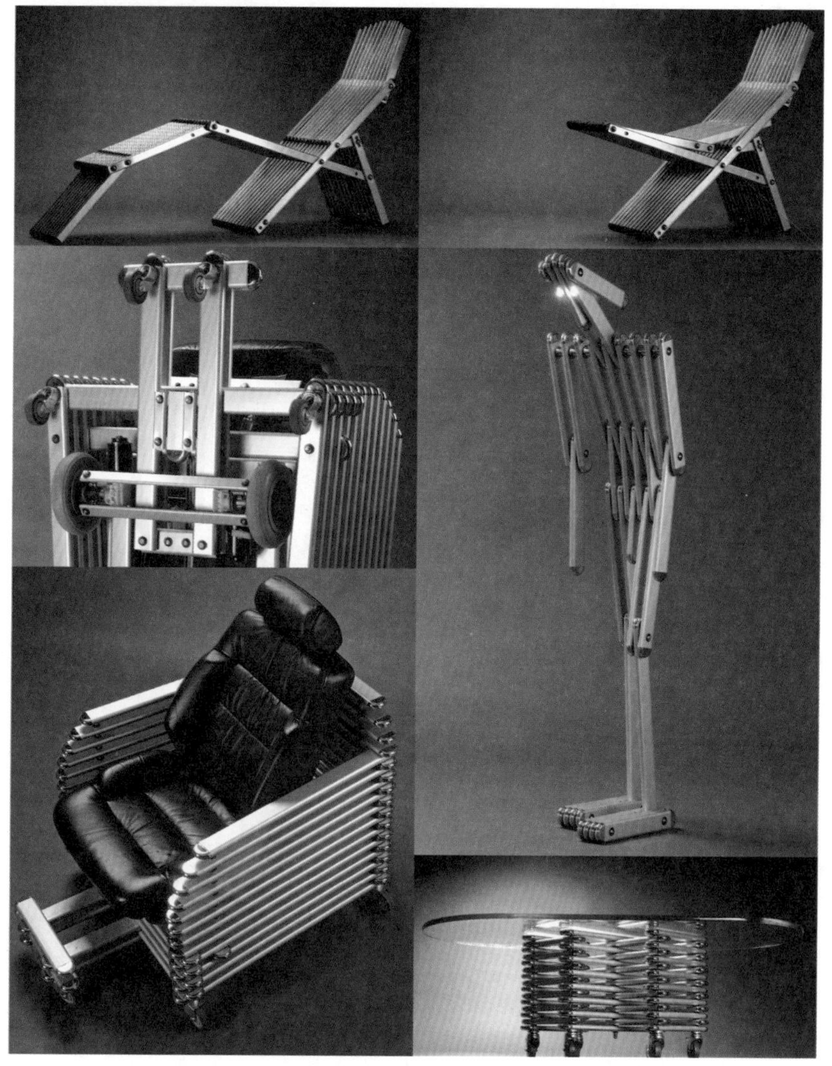

图3-49 hardcoredesign机械风格金属家具设计

金属家具具有以下优势。

（1）绿色环保。随着钢铁工业“绿色革命”的兴起和“零能耗”生产工艺的推广，金属材料从选用到制作过程以及用后淘汰，都不会给社会带来资源浪费，更不会对生态环境产生不利影响，是可重复利用、持续发展的资源产品。

（2）防火、防潮、防磁。防火主要体现在金属家具能经受烈火考验，让损失减到最小程度。防潮的特点最适合南方地区。在中国的广大南方地区，只要温度在12～14℃之间，相对湿度在60%以上，就是霉菌滋生的乐园和锈蚀的温床，珍贵的纸制文件、相片、仪器、贵重药品，以及各种磁盘、胶片都有可能受潮。金属家具的防潮性可以解决人们的这些困扰。

（3）功能多样，节省空间。金属家具所用的冷轧薄板强度好，经过折弯工艺的加工可满足很多方面的功能需求，多屉、多门、移动、简捷等优点在不同的产品均可以得到体现。此外，金属家具中许多品种具有折叠功能，不仅使用起来方便，还可节省空间。

然而，金属材料的物理特性决定了金属家具质感坚硬冰冷的特点，与人们熟悉的质感、温馨背道而驰，如图3–50所示。同时，由于金属质料的天然因素，会产生人们不太喜欢的声响。另外，金属本色色调十分单一，当然，这可以通过表面涂饰来改变。

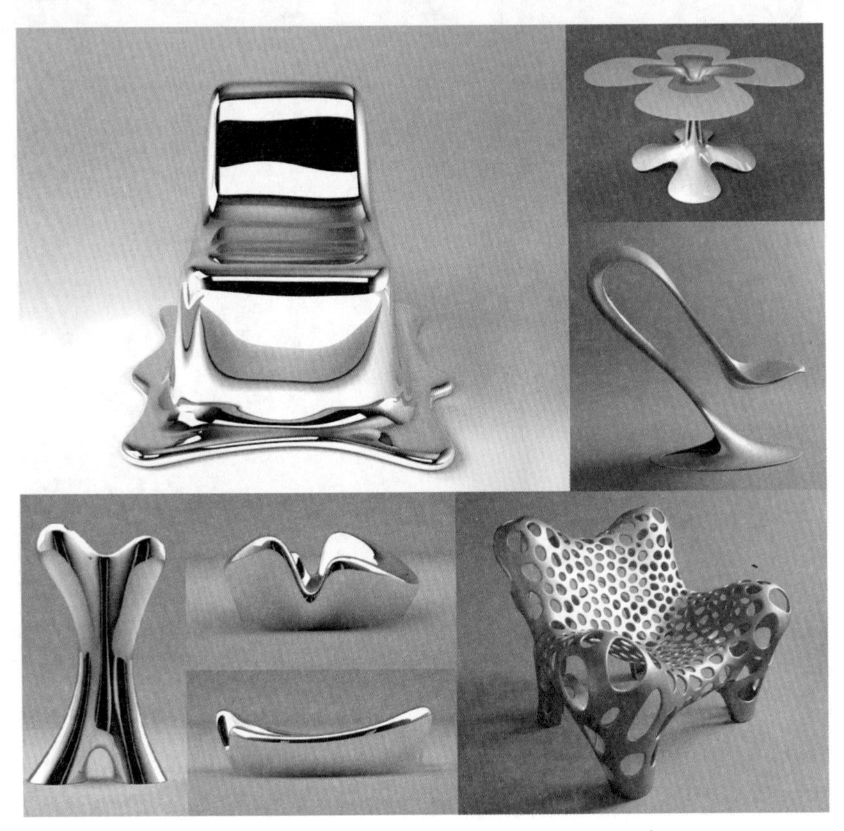

图3–50　Philipp Aduatz设计的未来风格金属家具

金属有多种分类方法，通常采用实用分类法将金属分为：黑色金属（铁、铬、锰三种）和有色金属，以下仅对几种常用金属进行介绍。

（1）钢。钢通常分为碳素钢和合金钢。碳素钢是由铁和碳组成的合金，其强度和韧性都比铁高，因此最适宜于做家具的主体结构。碳素钢按含碳量又可分为以下三类。

①低碳钢：具有低强度、高塑性、高韧性及良好加工性和焊接性，适合制造形状复杂和需焊接的零件和部件。

②中碳钢：具有一定的强度、塑性和适中的韧性，经热处理而具有良好的综合力学性能，多用于制造要求强韧性印齿轮、轴承等机械零件。

③高碳钢：具有较高的强度和硬度，耐磨性好，塑性和韧性较低，主要用于制造工具、刃具、弹簧及耐磨零件等。在家具加工过程中，结构部分的钢材，大都做成管状，以减轻重量，增加强度和韧性。常见的有方管、圆管等。其壁厚根据不同的要求而不等。钢材在成型后，一般还要经过表面处理。最常见的处理方法有电镀、腐蚀、压印花、喷漆、喷塑等。

在碳素钢中加入一种或几种改善钢的使用性能和工艺性能的合金元素就得到了合金钢。常用的合金元素有硅、锰、铬、镍、铝、钨、钛、硼等。合金钢具有较高的综合机械性能和某些特殊的物理、化学性能。如铬可使钢的耐磨性、硬度和高温强度增加。合金钢按用途分为合金结构钢、合金工具钢和特种合金钢(如不锈钢、耐热钢、耐磨钢等)。

不锈钢（Inox）是指含有10%～30%铬的一类不易腐蚀生锈的合金钢。在现代家具制作中，不锈钢的运用也是越来越广泛。其耐腐蚀性强、表面光洁程度高，一般常用来做家具的面饰材料，不锈钢并非绝不生锈，故保养也十分重要。根据不同的饰面处理，不锈饰面板可制成光面不锈钢板（或称不锈钢镜）雾面板、丝面板、腐蚀雕刻板、凹凸板、半珠形板和弧形板。不锈钢的强度和韧性都不如钢材，所以很少用它做结构和承重部分的材料。

（2）铝及铝合金。铝属于有色金属中的轻金属，银白色，相对密度小，是一种常用的现代材料。铝的耐腐蚀性比较强，便于铸造加工，并可染色。在铝中加入镁、铜、锰、锌、硅等元素组成铝合金后，其化学性质发生改变，机械性能也明显提高。铝合金质轻、强度高，比强度值接近或超过钢，具有优良的导电、导热性和抗蚀性，易加工，耐冲压，并且可通过阳极氧化处理获得各种颜色。铝合金可制成平板、波形板或压型板，也可压延成各种断面的型材。表面光滑，光泽中等；耐腐性强，经阳极化处理后更耐久。

铝合金通常分为变形铝合金和铸造铝合金。变形铝合金也叫压力加工铝合金，塑性良好，可通过轧制、挤压、拔制、锻造等冷、热加工制成板、棒、管和型材等产品，是优良的轻型材料；又细分为防锈铝合金、硬铝合金、超硬铝合金。铸造铝合金：具有良好的铸造性能和一定的力学性能，但塑性差，不能进行塑性加工。多采用砂型、金属型、熔模壳型的铸造方法，生产各种形状复杂，承载不大，重量较轻且有一定耐蚀、耐热要求的铸件。按主要合金元素细分为铝—硅系、铝—铜系、铝—镁系和铝—锌系合金。家具常用的铝合金，成本比较低廉，其由于强度和韧性均不高，所以很少用来做承重的结构部件，即使有此用途，也常配以板材以增加其稳定性，以免受力变形。

（3）铜及铜合金。铜及铜合金是历史上应用最早的有色金属。铜材表面光滑，光泽中等、温和，有很好的传热性质，经磨光处理后，表面可制成亮度很高的镜面铜。铜常被用于制作家具附件、饰件。由于其金黄色的外表，使家具产生富丽、华贵的效果。铜暴露在空气中可生绿锈，故应注意保养。工业上常用的有紫铜、黄铜、青铜、白铜等。

①纯铜：本身呈玫瑰色，表面氧化后呈紫色，故又称紫铜。性软、表面平滑、光泽中等，可产生绿锈。有极好的延展性，具有良好的加工性和焊接性，易冷、热加工成形。

②黄铜：是铜与锌的合金，具有黄金般色泽，十分美观，耐腐蚀性、机械性能和工艺性能好。易于切削、抛光及焊接。

③白铜：是铜和镍组成的合金，也可加入锌、铝、锰等合金元素。其色泽呈白色，质地较软，耐腐蚀性好。铜合金中镍含量的增加，白铜的强度、硬度、弹性和耐蚀性等性能相应提高。

④青铜：除黄铜、白铜以外的其他铜基合金统称为青铜，常用的合金元素有锡、铝、硅、锰、铬等。青铜分为普通青铜和特殊青铜。铜锡合金，又称锡青铜，色泽呈青灰色，具有很强的抗腐蚀性。锡青铜质地较为坚硬，铸造性好，可用于生产形状复杂、轮廓清晰的铸件，常用来表现仿古题材。

金属材料的优越性使其在近现代的家具中占有很大市场，其中有全金属制品和金属与其他材质的混合制品。可以说是琳琅满目，品种繁多。在混合制品中最常见的有钢木混合家具、钢与皮革混合座椅、钢与塑料混合以及钢与玻璃混合家具等。

6）玻璃

玻璃是由石英砂、纯碱、长石及石灰石经高温制成的非晶体各向同性的均质材料。主要化学组成是SiO_2(含量72%左右)，Na_2O(含量15%左右)，CaO(含量9%左右)；此外还有少量的Al_2O_3和MgO等。种类主要有石英玻璃、硅酸盐玻璃、钠钙玻璃、氟化物玻璃、高温玻璃、耐高压玻璃、防紫外线玻璃、防爆玻璃等。玻璃性脆而透明，化学稳定性高，抗拉强度较弱，抗压强度较强。玻璃具有丰富的表现力，它既可产生视觉的穿透感，也可产生隔离效果；既有晶莹剔透的明亮，也有若隐若现的朦胧；既可营造温馨的气氛，也可产生活泼的创意。

玻璃特有的性能使得它成为重要的家具材料。最初，玻璃常被用在各种家具上，作为以木材、金属等材料的辅助材料使用（图3-51）。或透明、或磨砂、或镶花，或者就是一面镜子；在增加和改善家具的使用功能和适用性方面、美化家具方面起到不可忽视的作用。家具中最常见的玻璃材料，主要有平板玻璃和热弯玻璃两大类，通常是家具的平面部分用平板玻璃，曲面等特殊造型部分用热弯玻璃。随着科技的发展，玻璃的制造工艺水平提高很快，现在也出现了很多全部用玻璃制作的家具，拓展了玻璃的适用范围和玻璃家具的前景。

图3-51 “灰姑娘的椅子”（荷兰设计师Anna Ter Haar作品）

玻璃的表面加工和装饰对提高其装饰性、改善适用性具有重要意义。常用技术主要包括如下几种。

（1）通过表面处理控制玻璃的表面凹凸，使之形成光滑表面或散光表面，如玻璃的蚀刻、磨光与抛光，如图3-52所示。

图3-52 吹制玻璃的过程及其制作的灯具与室内装饰

（2）改变玻璃表面的薄层组成，以得到新的性能，如表面着色和表面离子交换等。

（3）用其他物质在玻璃表面形成薄层而得到新的性质，如表面镀膜。

（4）用物理或化学方法在玻璃表面形成定向力层以改善玻璃的力学性质，如钢化。

7）复合材料

复合材料（Composite Materials），是由两种或两种以上不同性质的材料，通过物理或化学的方法，在宏观上组成具有新性能的材料。各种材料在性能上互相取长补短，产生协同效应，使复合材料的综合性能优于原组成材料而满足各种不同的要求。复合材料的基体材料分为金属和非金属两大类。金属基体常用的有铝、镁、铜、钛及其合金；非金属基体主要有合成树脂、橡胶、陶瓷、石墨、碳等。增强材料主要有玻璃纤维、碳纤维、硼纤维、芳纶纤维、碳化硅纤维、石棉纤维、晶须、金属丝和硬质细粒等，如图3-53所示。

8）玻璃钢

玻璃钢，即纤维强化塑料，是以玻璃纤维为增强材料与各种塑料（树脂）复合而成的一种新型材料(Glass Fiber Reinforced Polymer，缩写为GFRP或FRP)，由于其强度可与钢材媲美，并且又是用玻璃纤维做增强材料，所以被称为玻璃钢。根据所使用的树脂品种不同，有聚酯玻璃钢、环氧玻璃钢、酚醛玻璃钢之分。也有观点认为，凡是由纤维材料与树脂复合的材料，都可以称为玻璃钢（FRP）。比如碳纤维—树脂复合材料（CFRP）、硼纤维复合材料（BFRP）、芳纶树脂复合材料（KFRP）等。玻璃钢质轻而硬，不导电，机械强度高，回收利用少，耐腐蚀；可以代替钢材制造机器零件和汽车、船舶外壳等。

玻璃钢是由于其优良的性能而成为一种有名的工业结构材料，获得了非常广泛的应用，渗透到许多工业领域。有学者以此为依

(a) 玻璃纤维 (b) 卡夫拉纤维 (c) 碳纤维

图3-53 常用的纤维材料

据，认为现代工业已经进入到复合材料的时代。以波音767飞机的用料变化为例：1986年，波音767飞机所用的材料中，铝占81%，钢占14%，玻璃钢占3%。到1995年，玻璃钢的用量占到65%，铝只占到17%，钢略有上升，占到15%，钛占3%。

玻璃钢与常用的金属材料相比，它还具有如下的特点。

（1）优良的物理化学性能。玻璃钢重量轻、强度高、绝热、耐热、绝缘、耐辐射、耐腐蚀、透电磁波、耐低温等特性，在许多环境和领域都可以得到应用。玻璃钢是各向异性的材料，加上其配方和添加物等有广泛的选择性，可以人为地加以调控，使其物理和化学性能有较大的调整空间。在开发出玻璃钢电镀技术和可镀玻璃钢以后，玻璃钢的应用领域有了进一步的扩展。

（2）宽泛的设计适应性。玻璃钢可以适应各种设计需要，可以根据不同的使用环境及特殊的性能要求，进行设计和制作。只要选择适宜的原材料品种，基本上可以满足各种不同用途产品的性能要求。因此，玻璃钢材料是一种优良的具有可设计性的材料品种。

（3）优良的成型性。玻璃钢可以采用多种方法进行加工制作，从而可以很方便地选用适合不同设计和不同要求的产品的加工方法。据不完全统计，其加工方法达30多种。既可以手工制作，也可以机械成型加工。并且通常可以在制作过程中一次性成型，这是区别于金属材料的另一个显著的特点。只要根据产品的设计，选择合适的原材料铺设方法和排列程序，就可以将玻璃钢材料一次成型，避免了金属材料通常所需要的二次加工，从而可以大大降低产品的物质消耗，减少人力和物力的浪费，如图3–54、图3–55所示。

（4）节能型材料。由于很多大型构件可以采用手工糊制的方法，不需要大型、复杂的模具与特殊的环境要求，因此它的成型制作能耗很低。即使对于采用机械的成型工艺方法，例如模压、缠绕、注射、RTM、喷射、挤拉等成型方法，由于其成型温度远低于金属材料及非金属材料，因此其成型能耗可以大幅度降低。

图3–54 玻璃钢手糊工艺

图3-55 玻璃钢缠绕成型设备、工艺及产品

因此，玻璃钢材料是一种应用范围很广、开发前景极大的材料。

玻璃钢家具是采用玻璃钢为主要原料，配以少量的木材、软包材料（海绵、布等）、油漆等辅助材料制作而成的。玻璃钢家具较传统的木质家具具有机械性能优异、光泽和手感好、耐火性好、刚度大、寿命长、耐腐蚀、耐湿热、耐高温、防霉菌、耐水、防火等优点，特别是不含有人造板家具对人体有害的甲醛等挥发物质。当然，玻璃钢家具也存在以下一些问题：使用的材质质量不稳定导致家具变色；连接工艺不易处理，金属和玻璃钢固定点易松开；连接件处理不好或使用时间较长连接件会松动造成家具产生响声；手工制作的玻璃钢家具容易表面开裂。

如图3-56所示是概念高迪椅设计。高迪椅（Gaudi Chair），将建筑美学和新材料结合在一起。荷兰设计师Bam Geenen的灵感来源于一条挂起的锁链。高迪椅(Gaudi Chair)就是应用高迪模型，由表面碳纤维和强化型玻璃尼龙网格结构制成的轻质椅。

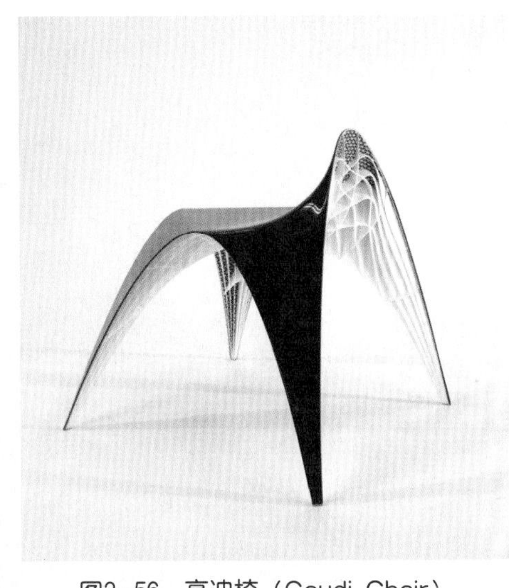

图3-56 高迪椅（Gaudi Chair）

9）竹藤

竹子属于禾本科竹亚科植物，集中分布在热带和亚热带等高温多雨地区，以我国最为丰富，约占世界的1/4。竹材外形光滑细腻，能作多种优美的弯曲，并能保持中空有节的天然形态，轻巧雅致，有一定的韵律感和节奏美。常用的竹材主要有两种：毛竹，刚竹(又名楠竹)。竹子具有较高的力学强度，较好的抗弯能力，是制作家具的好原材料。其中，毛竹不仅顺纹抗拉强度、抗压强度较好，而且质地坚硬强韧，劈篾性能好（图3-57）。竹材生长速度比树木快很多，仅需3～5年时间便可加工利用，是一种优质的木材代用品。但

是竹材有易被虫蛀、易腐朽、易吸水、易开裂、易燃和易弯曲等缺陷，所以作为家具用材时须对其进行防虫和防腐处理。

随着科学技术的发展，竹材工业日新月异。国外在20世纪40年代就开始研制竹胶合板，相继建成了竹纤维板和单板生产线。近10年来，我国“以竹代木”工业也迅速兴起，以竹代木，主要是大量生产竹质人造板，代替各类木质板材，主要产品有竹编胶合板、竹材层积板、竹材旋切板、贴面装饰板、竹拼花地板、竹木复合板、竹篾层压板、竹材碎料板、竹质刨花板、竹材瓦楞板及竹材纤维板等。竹质人造板材质细密，不易开裂、变形，具有抗压、抗拉、抗弯等优点，各项性能指标均优于常用木材，如图3-58所示。

图3-57 竹材的编织工艺与产品

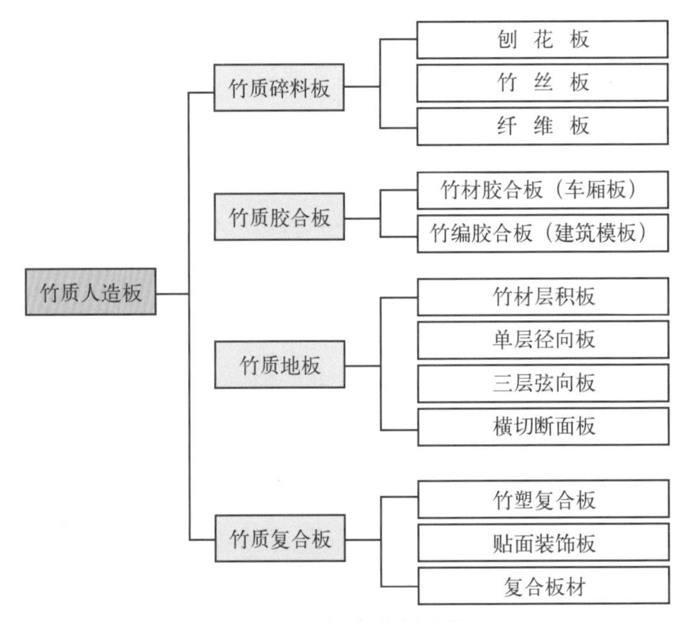

图3-58 竹集成材分类

据不完全统计，在浙江、福建、湖南、江西、广东、四川等竹资源丰富的我国南方各省区，已建立上百家竹质人造板企业，竹质人造板在我国已广泛应用于建筑、包装、家具、运输等行业。

竹材制作家具，富有其独特美感，而且竹材易弯定型，是制作各种优美家具的理想材料。竹质家具富有天然的纹理质感，带给人以雅致、清新、质朴和典雅的感受，具有浓郁而亲切的乡土气息。竹制家具一般分为传统框架式和竹集成材板式家具两大类。传统框架式竹制家具造型以线为主，常以线材缠绕排布、编制组合成面、线材本身弯曲造型等形式出现；竹集成材板式家具采取板式家具的生产工艺，此类竹制家具表面有天然的致密通直纹理，竹节错落有致，无需封边，还可进行雕刻、镶嵌等表面处理。目前，竹制家具主要有圆竹家具类、全竹胶合折叠家具、竹框嵌板家具、分薄板贴面组合家具及多层胶合弯曲家具等类型。如四川省用竹凉垫制作“席梦思”的背面，成为中西结合的冬夏两用产品，美观大方、舒适耐用，为家具配套增添了新的款式。

与竹制家具相提并论的藤制家具如今也是家具中的一枝奇葩。藤制家具不仅造型丰富新颖：有的呈典型的欧美西式风格，有的又极富民族特色和东方情调，其外观颜色朴实、亲切、质感强；而且做工也极为精细讲究，享有工艺美术家具的美誉，长期走俏国际市场，自20世纪70年代以来，藤家具工业产值和国际贸易额以每年10%的速度增长。

藤是一种密实坚固又轻巧坚韧的天然材料，藤材不怕挤压、柔韧有弹性，藤制家具是世界上最古老的家具品种之一。

原藤是次于木材和竹材的重要林产品。天然原藤种类众多，群生于热带丛林中，广泛分布于世界各地，尤其盛产于东南亚和南美的热带雨林地区，是制作家具的上好材料。制作家具的藤不仅要求材质良好、质地牢固、较强的韧性、极好的弹性；还要考虑其直径、长度、颜色、缺陷（变色、机械损伤和虫孔等）、柔韧性、直径的均匀性及节部的隆起程度等。全世界最好的藤产自印度尼西亚。国产藤有土厘藤、红藤、白藤及省藤。藤材的构造一般分为藤皮和藤芯；藤皮指藤茎外面0.5～1.0mm厚的表层，其密度、强度远大于藤芯部分，不仅可以用来编织，还可作为金属制及藤制构架的装饰面；藤芯指藤的内部，只要将它的直径削小，就可编织藤条制品，常用藤芯编制椅子等家具。

用于制作藤制家具的主要有竹藤、白藤和赤藤。竹藤又名为玛瑙藤，被誉为藤中之王。这种藤的市场价格最高，原产于印度尼西亚和马来西亚；此类藤不但表面美观，防水性能较好，而且组织结构密实，弹性好，不易爆裂，经久耐用。另一种是赤藤，产量多，价格相对于玛瑙藤低，一般用来制作家具框架、饰器等。

10）布类

家具产品中选用布类分两大类：人造化纤布；天然纤维布等。其中，一般人造化纤布居多。

（1）人造化纤布。人造化纤布的原料有九大类：聚酰胺、聚酯、聚氨酯、聚脲、聚甲醛、聚丙烯腈、聚乙烯酸、聚氯乙烯及氟类。其实，人造化纤本质即为上述九类高分子材料（与塑料同属一类原材料）经纺丝编织而成，所有化纤布质量指标分为细度、强度、回弹性、初始模量及吸湿度。前四个指标为重要质量参数：细度，即为纱线粗细程度；强度，指能承受的拉力；回弹率，指拉伸后回到原尺寸比率；初始模量，指拉抻长为原长10%时的拉力。

对于家具设计师来说，需要了解各种化纤布的使用场合，现简单介绍如下。

①吸湿性低的材料：丙纶（聚丙烯）、维纶、涤纶，用此类材料适合潮湿气候及地区。

②耐热性好的材料：涤纶、腈纶（聚丙烯腈），用此类材料适合热带及高温作业环境。

③耐光性好的材料：睛纶、维纶、涤纶，适应室外环境产品，如沙滩椅。

④抗碱性好的材料：聚酰胺纤维、丙纶、氯纶（聚氯烯纤维）。

⑤抗酸性好的材料：睛纶、丙纶、涤纶。

⑥不容易发霉的材料：维纶、涤纶、聚酰胺纤维，适应潮湿地方。

⑦耐磨性好的材料：氯纶、丙纶、维纶、涤沦、聚酰胺纤维。

⑧伸长率好的材料：氯纶、维纶。

目前适合室内转椅材料的有维纶、氯纶、丙纶、聚酰氨等；耐光性差的材料使用时要考虑光环境，否则会缩短其寿命。

（2）天然纤维布。天然纤维布有棉、麻、羊毛、石棉纤维，而适合家具中使用有棉、麻两大类。天然纤维布的特点是环保、保温性好、耐磨性好；棉、麻耐碱性好但麻耐酸性差；而毛的耐光性也较差；另外，天然纤维布价格比人造化纤布略高。

家具的使用功能、美观及工艺的基本要求的实现，与材料有着密切联系。家具材料的属性、种类、等级等都会直接影响到家具的质量、使用寿命、档次、价格等。一般设计师选择材料时须注意以下3点：①熟悉原材料的种类、性能、规格及来源；②根据现有的材料去设计出优秀的产品，做到物尽其用；③善于利用各种新材料，以提高产品的质量，增加产品的美观性。现代材料工业发展迅速，不断为家具工业提供各种新型材料，在此不再一一说明。设计师要关注材料科技的发展，以跟上科技不断前进的步伐。

3.2.4　家具的结构设计

家具的结构是指家具产品各组成元素之间的构成与接合方式。家具产品通常都是由若干个零件、部件按照功能与构图要求，通过一定的接合方式，组装构成的。零部件接合方式的合理与否，将直接影响到产品的强度、稳定性、加工工艺和造型。家具产品的零部件需要用到各种原材料制作，材料的差异会导致连接方式的不同。家具产品的接合方式多种多样，且各有优劣。在制作家具产品前，要预先规划、确定或选择构成与连接方式，并用适当的方式表达出来的过程就是家具的结构设计。由于家具是一种实用产品，其目标使用者的爱好也存在差异。因而在使用过程中必须要有一定的稳定性，同时能够表现出各种不同的风格类型，并且需要考虑生产制造、运输、销售过程中的经济成本。这些需要通过结构设计以不同的连接、构成方式来实现。通常家具结构设计应遵循如下几项基本原则。

（1）材料性原则。结构设计离不开材料的性能，对材料性能的理解是家具结构设计所必备的基础。不同材料，其构成元素、组织结构各不相同，物理、力学及加工性能就存在很大的差异，它们制造的零件间接合的方式也就表现出不同的特征。譬如，实木制作的家具多采用框架结构、榫卯接合的构成形式。相比之下，人造板克服了天然木材各向异性的缺陷，但由于在制造过程中（尤其是纤维板、刨花板），木材的自然结构已被破坏，许多力学性能指标（抗弯强度最为明显）大为降低，因而无法使用榫卯结构，多采用圆孔连接方式。

现代家具生产中根据家具材料，选择、确定接合方式，是结构设计的有效途径。通常，实木家具以榫卯接合为主；板式家具以连接件接合为主；金属家具以焊接、铆接为主；竹藤家具以编织、捆绑为主；塑料家具和玻璃家具都以浇注、铆接为主。

（2）稳定性原则。使用功能是家具的基本属性之一。家具产品在使用过程中必然会受到外力的作用。家具结构设计的主要任务是根据产品的受力特征，运用力学原理，合理构建产品的支撑体系，保证家具产品在使用过程中牢固稳定，保证产品的正常使用。如果家具产品不能克服外力的干扰保持其稳定性，就会丧失其基本功能。

（3）工艺性原则。家具产品零部件的生产不仅是形状的加工，更重要的是接口的加工。接口加工的精度、经济性直接决定了家具产品的质量和成本。加工设备、加工方法是家具产品加工的物质与技术保障。在进行产品的结构设计时，应根据产品的风格、档次和生产条件合理确定接合方式。例如，木质家具在工业革命以前，只能采用榫接合；自从蒸汽技术运用于家具生产后，零部件可以一次成型。不仅简化了接合方式，而且使产品的造型流畅、简约。由于设备的加工精度高，板式家具可以采用拆装结构。且圆孔加工是用钻头间距为32mm的排钻加工的，所以板式家具的接口能应用32mm系统的标准接口。

（4）装饰性原则。家具不仅仅是一种功能性产品，同时是一种广为普及的大众艺术品。家具的装饰性是由产品的外部形态表现和内部结构共同决定。家具产品的形态（风格）是由产品的结构和接合方式所赋予的。如：榫卯接合的框式家具充分体现了线的装饰艺术；五金连接件接合的板式家具，则在面、体之间变化。同时，连接方式的接口（各种榫、五金连接件等），本身就是一种装饰。藏式接口（包括暗铰链、暗榫）外表不可见，使产品更加简洁；接口外露（合页、玻璃门铰、脚轮等连接件、明榫），不仅具有相应的功能，而且可以起到点缀的作用，尤其是明榫能使产品具有朴实成的乡村田野风格。

1）实木家具结构

实木家具多采用以榫接合的框架为承重构件，板件附设于框架之上。在实木家具中，方料框架为主体构件，板件只起围合空间或分隔空间的作用。传统实木家具为整体式（不可拆）结构；现代实木家具既有整体式，又有拆装式结构。整体式实木家具以榫接合为主，拆装式实木家具则以连接件接合为主。榫接合是通过榫头压入榫眼或榫槽的接合方式。这里只介绍榫卯结构，连接件结构将在板式家具结构中讲解。

图3-59 常见的榫结合

榫接合有多种类型，如图3-59所示。分类方式不同，其表现形式也不相同。

按榫头的形状分：直角榫、燕尾榫、椭圆榫、圆榫。

按榫头的数目分：单榫、双榫、多榫。

按榫头与方料的关系分：整体榫、插入榫。

按榫头与榫眼、榫槽接合形式分：开口榫、半开口榫、闭口榫；明榫、暗榫，如图3-60、3-61所示。

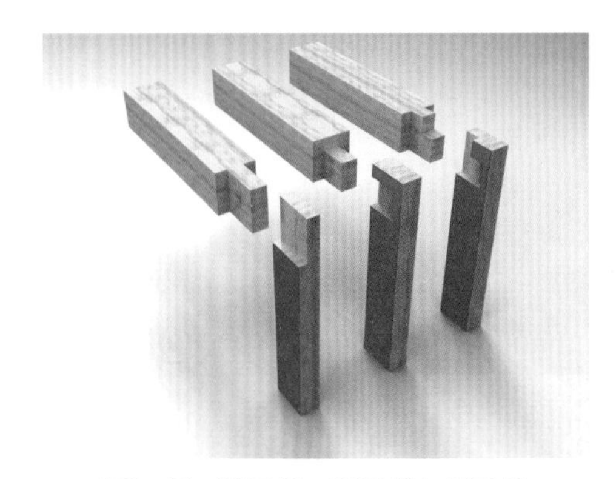

图3-60 开口榫、闭口榫与半口榫

众所周知，中国传统家具以榫卯结构为主，这不利用工业化生产，如图3-62、图3-63所示；另外，以榫卯结构为主的家具均为整体家具，也不便于产品运输。为了保留传统家具的风格，同时又利于现代化生产，可以采取如下改进方式：对于接口，以圆榫、指形榫替代传统榫卯结构，并辅以五金连接件；对于具有装饰功能的零件，则可分解成方料加线型的做法；对于较复杂的榫结构则可进行简化；对于板件之间的连接则可完全采用现代板式家具的接合方式。

2）板式家具结构

板式家具是指以人造板为基材，以板件为主体，采用专用五金连接件或圆榫连接装配而成的家具。由于板式家具的基材为人造板，其材性决定了板式部件的连接只能采用圆孔连接。若产品为拆装结构，则用五多连接件拼接。现代五金连接件的种类繁多，现已超过万种。为了便于管理，国际标准化组织（ISO）于1987年颁布了ISO8554、ISO8555家具五金分类标准，将其分为9类：锁、连接

图3-61 明榫与暗榫

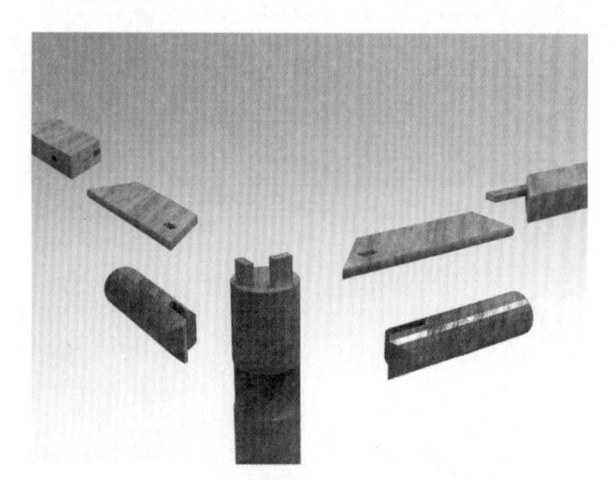

图3-62 无束腰裹腿做杌凳腿足与凳面的结合

图3-63 无束腰裹腿做杌凳腿足与凳面的结合

件、铰链、滑道、位置保持装置、高度高速装置、支承件、拉手和脚轮。在家具设计过程中，应根据板件连接需要进行合理选择。从纯结构的角度来讲，主要有坚固件、活动件和支撑件等。板件的连接方式最终应视板件结构、产品结构、加工设备与工艺等综合因素而定。

（1）板式部件结构。板式部件一般是以人造板为基材，表面进行覆面装饰的构件。板式家具的主要基材有中密度纤维板（简称中纤板）、刨花板、胶合板、细木工板、三聚氨胺板等。板式部件的形式一般可分为两种：实心板；空心板。实心板主要以中纤板和刨花板为芯板，表面饰贴装饰材料，如薄木、木纹纸、PVC、防火板、转印膜等；空心板根据芯板的结构，可分为栅状空心板。

（2）板式家具整体结构。板式家具摒弃了框式家具中复杂的榫卯结构，而采用圆孔接合方式。圆孔的加工主要是由钻头间距为32mm的排钻加工完成的。为了获得良好的连接，“32mm系统”应运而生，并成为世界家具生产和设计的通用体系。现代板式家具结构设计均都要按“32mm系统”规范执行，但这并不表示产品的外形也必须符合32mm的倍数。在具体设计过程中，可由结构孔来调节。在现代板式家具中，旁板是核心部件，因为家具中几乎所有的零部件都要与旁板发生联系。如顶（面）板要连接左右旁板；底板要安装在旁板上；搁板也要搁在旁板上；背板要插或钉在旁板上；门的一边要与旁板相连，连抽屉的导轨也要装在旁板上。因此，旁板的加工位置确定后，其他部件的相对位置也就基本确定了，如图3-64所示。

（3）板式家具紧固连接。紧固连接是利用紧固件（结构连接件）将两个零部件连接后，相对位置不再发生改变的连接。它是拆装家具的主要连接形式。常用的连接方式有偏心式（偏心连接件）、螺旋式（四合一连接件）、拉挂式（圆柱螺母连接件）等。

①偏心式连接。此种连接方式的接合原理是利用偏心螺母（偏心轮）的结构将另一板件的连接端部拉紧，从而把两板连接在一起，它用于两相互垂直板件的连接。偏心连接件一般由偏心轮、拉杆、预埋件三部分组成。若拉杆为双向，则无需预埋件。快装式偏心连接件则将预埋件和拉杆合成一体，如图3-65、图3-66所示。

②四合一连接件连接。此种连接方式是利用专用锥形螺钉自上而下插接，并依靠斜面结构使之扣紧的连接方式。用于两相互垂直板件的连接。

（4）板式家具活动连接。所谓活动连接是指利用连接件将两零部件连接后，可以产生相对位移的连接。常用的连接件有铰链、抽屉滑道、趟门滑道等，如图3-67所示。

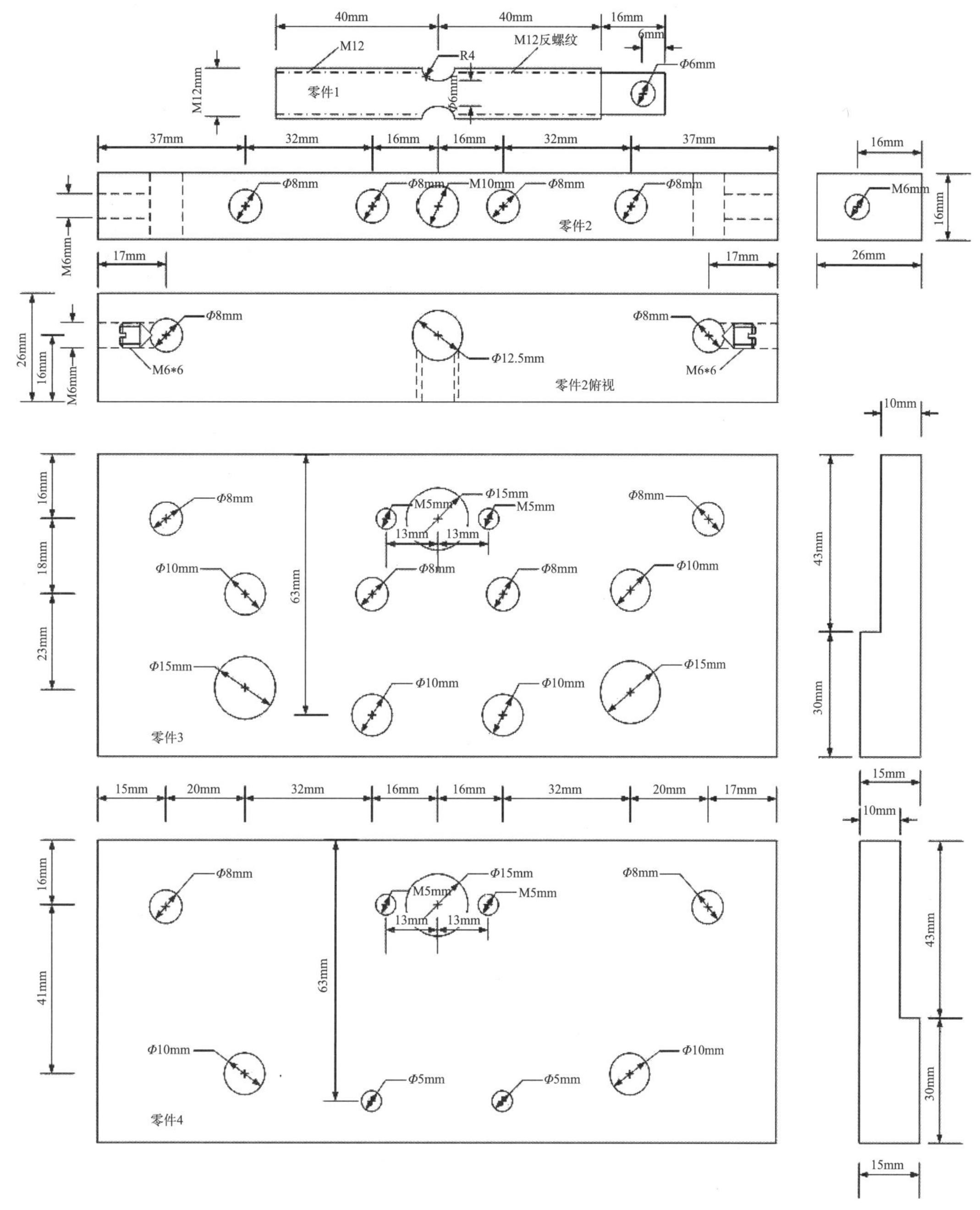

图3-64 板式家具32mm系统打孔示意图

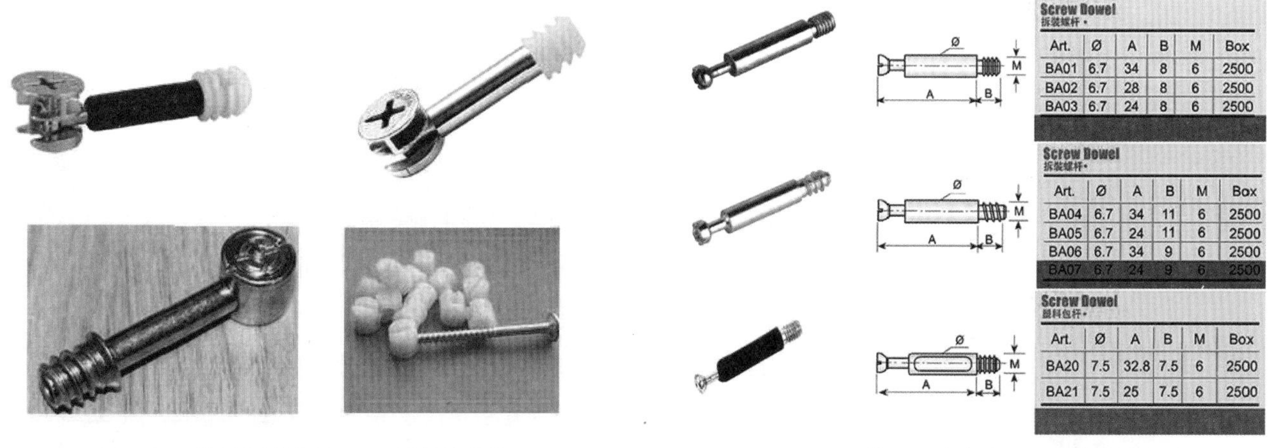

Screw Dowel
拆装螺杆•

Art.	Ø	A	B	M	Box
BA01	6.7	34	8	6	2500
BA02	6.7	28	8	6	2500
BA03	6.7	24	8	6	2500

Screw Dowel
拆装螺杆•

Art.	Ø	A	B	M	Box
BA04	6.7	34	11	6	2500
BA05	6.7	24	11	6	2500
BA06	6.7	34	9	6	2500
BA07	6.7	24	9	6	2500

Screw Dowel
塑料包杆•

Art.	Ø	A	B	M	Box
BA20	7.5	32.8	7.5	6	2500
BA21	7.5	25	7.5	6	2500

图3-65 常见板式家具32mm系统连接件

图3-66 常见板式家具五金连接件的尺寸

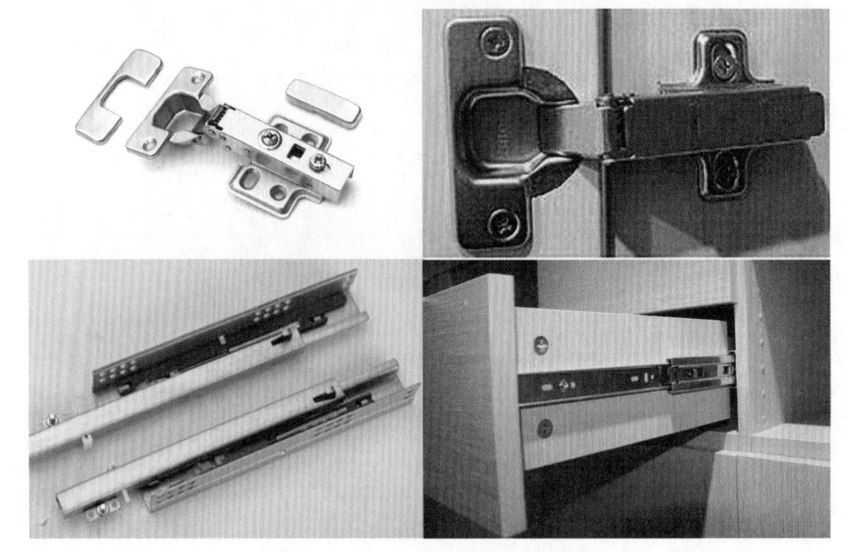

图3-67　板式家具铰链与滑轨

①旁板与门的连接。以铰链中的暗铰链为主，也可以通过合页连接。常用的暗铰链有直臂、小曲臂和大曲臂之分，分别适用于全盖门、半盖门和嵌门，以35mm杯径产品为主，开启角度为90°～180°。

②顶板、底板与门的连接。家具的门，除采用转动开启方式外，还可用平移方式开启。转动方式可用门头铰，移动方式则用趟门滑道。门道主要由滑轮、滑轨和限位装置组成。

③抽屉与柜体的连接。抽屉是储藏家具中十分常见的部件之一，抽屉与柜体旁板的连接，一般采用适合于32mm系统的各种抽屉滑道。根据滑动方式的不同，抽屉滑道可分为滑轮式、滚轮式和滚珠式；根据安装方式的不同，又可分为托底式，中嵌式；根据抽屉拉出柜体的多少，又可分为单节道轨、双节道轨、三节道轨等。

（5）板式家具支撑连接。板式家具除固定连接，活动连接之外，还有一种是处于两者之间的连接——（半固定）支撑连接。常见的支撑连接有搁板与旁板的连接，玻璃层板与旁板的连接，以及挂衣杆（棍）与旁板的连接等。

3）弯曲结构

弯曲结构通常被称为曲木结构。由于木材的弯曲性能较差，弯曲变形稍大就会撕裂。所以，传统的木家具部件，大多是直的，少量的弯曲部件是从大块的木材锯割拼接而成。这种工艺在一定程度上满足了传统家具中弯曲部件的设计要求，但存在选材要求高、材料浪费多、工艺难度大、质量不易控制等诸多缺点。弯曲木的制造技术直接影响着木制家具的发展。目前来看，弯曲木的制造技术大致分为四类：一是实木弯曲成型；二是多层胶合弯曲成型；三是刨花(纤维)模压弯曲成型；四是中密度纤维板弯曲成型。如图3–68所示。

实木弯曲成型技术应用最早。1842年，德国人迈克尔·托耐特（Michael Thonet）首创了实木弯曲成型工艺，制作了世界上第一把曲木椅子，从而开创了现代家具的新时代。实木弯曲成型工艺的主要特点是：家具部件造型多样，线条流畅、明快、简洁，其有独特的工艺美；木材利用率提高约30%，产品工艺过程简单。实木弯曲工艺流程为：毛坯加工→软化处理→弯曲成型→低温干燥→自然冷却→定型。

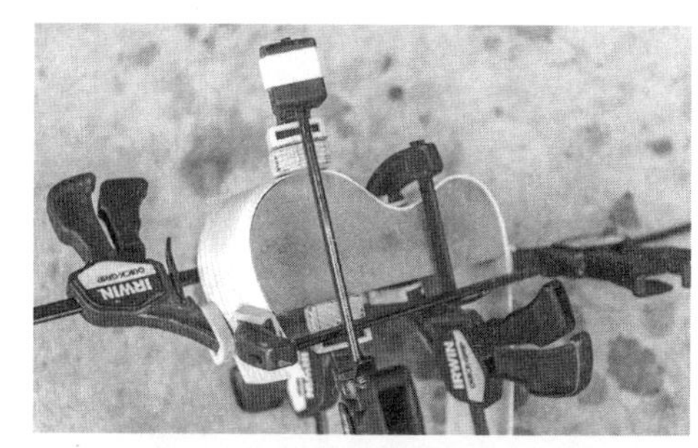

图3–68 蒸汽弯木的夹具及简易蒸汽设备

多层胶合弯曲成型技术是将木材首先制成薄木，涂胶后在高温高压下弯曲成型。这种工艺方法，降低了对木材材质的要求，提高了出材率，增加了弯曲部件的强度，降低了生产成本，使木制家具的生产工艺出现了一个根本性的变化。

多层胶合弯曲成型技术是在实木弯曲工艺和胶合板生产工艺的基础上发展起来的，它起源于北欧，诸如芬兰、丹麦、瑞典和挪威等国家。这种技术发展较早，比较成熟，设计水平较高，涌现了一批优秀的曲木家具流传世界，如图3–69所示。

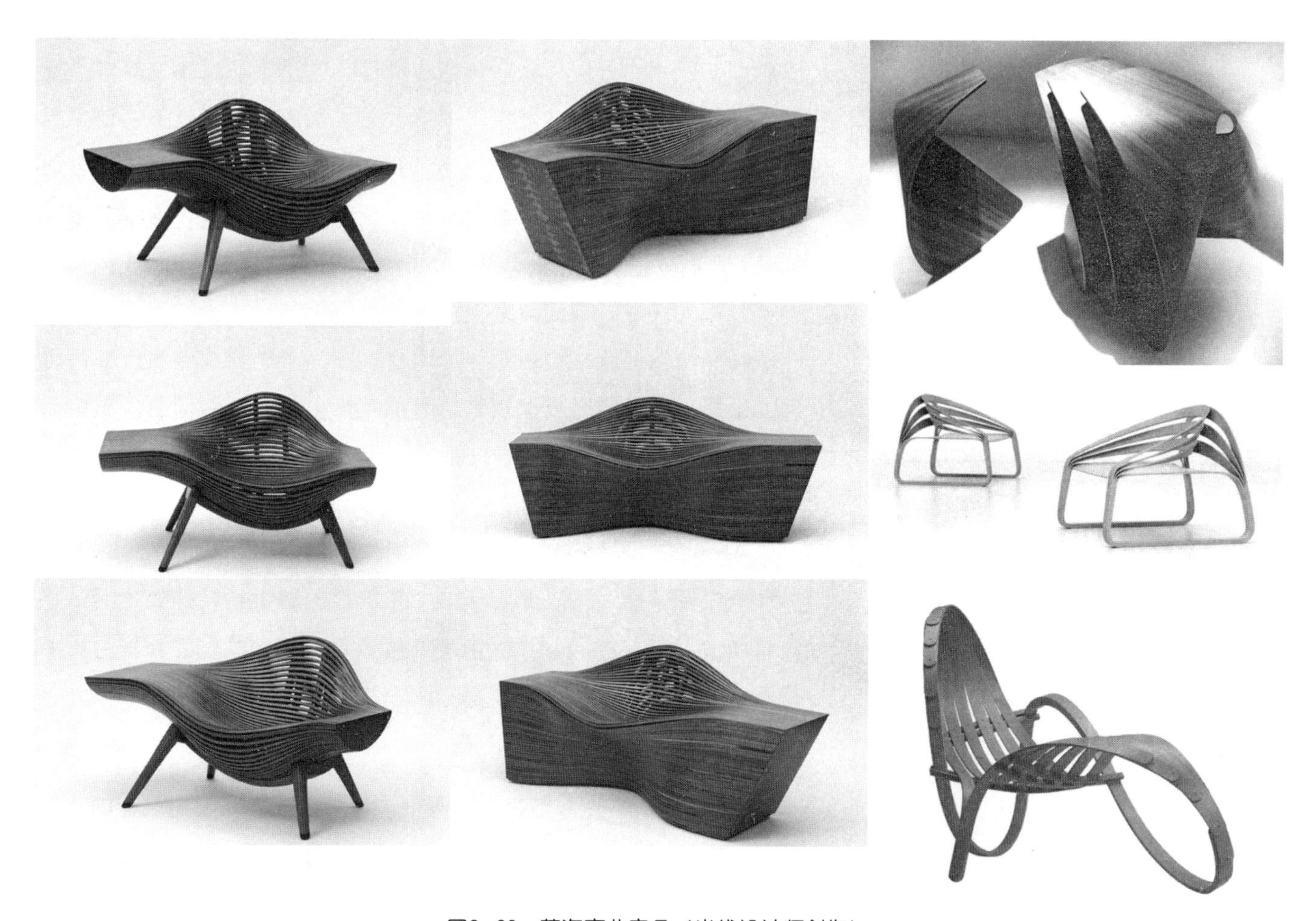

图3–69 蒸汽弯曲家具（当代设计师创作）

多层胶合弯曲家具与实木家具相比，在工艺技术和质量上有明显的优势：改变了木材的纹理结构，使承力部件的承载能力提高3～4倍；产品造型更加符合人体工程学要求；产品更容易达到设计效果，通过对部件表面薄木复合，可达到不同的外观效果，适合不同的消费层次；造型独特、美观耐用、线条流畅；多层胶合弯曲木既是加工后的实木，又达到原始实木所达不到的工艺造型，更富有弹性和艺术性，不易翘曲、开裂和变形；简化了家具的生产工艺，并能加工大面积弯曲木部件，突破了传统木家具的造型；使用木模具生产成本低、投资少、见效快，可做到小批量、多品种、多变化；多层胶合弯曲木家具适合采用部件包装、现场装配的销售方式，运输方便，符合现代市场营销观念。

多层胶合弯曲木家具生产流程为：单板剪切→单板涂胶→手工组坯→闭合陈化→高频模压成型→平刨→立铣分切→定位打孔→部件砂光→贴微薄木→精砂→喷漆→装配→曲木家具成品。

刨花（纤维）模压成型技术是近年来发展起来的新技术，它采用多层胶合弯曲木模压工艺与刨花板、中密度纤维板生产工艺相结合的方法。由于该技术使用的原料是分散的固体刨花或木纤维，一般设置两道工序，采用形状相似而尺寸相异的两套模具，分两步模压成型，即先将分散的施胶刨花或纤维在常温下通过第一套木模具聚拢、初步预压定型，然后进一步加热、加压，最终定型。使用的模具可以是钢模，也可以是木模。使用钢模具时，一般采用传导加热方式；使用木模具时，可以采用高频介质加热方式，这种加热方式在加工较厚的部件时，效果更理想。

刨花（纤维）模压成型技术的优点是可利用木材加工剩余物和枝材制作沙发坯胎，节省了优质木材，提高了木材综合利用率；而且由于采用高频模压成型技术，可加工出多维曲面的弯曲木制品，弥补了实木弯曲和多层胶合弯曲的不足，除可应用于家具制造外，还可应用于家居、轿车内装饰等。

中密度纤维板的弯曲成型是木材弯曲成型中近几年兴起的最新技术，它是通过对已压成平板的中密度纤维板进行特殊处理后，将其弯曲成所需要的形状。中密度纤维板弯曲成型的工艺流程为：中密度纤维板→软化处理→加压成型制作→干燥→产品修饰。

4）折叠结构

“折叠”由“折”与“叠”两个动词所组成。在我们设计的结构中，“折”可以是弯曲、回旋和翻转，“叠”可以是重叠或折叠。折叠结构是指折动体围绕折动轴心进行旋转或通过“折”“叠”进行伸缩，进而实现与承接体或另一个折动体合拢、展开或半展开状态的一种结构形式。折叠包含了由“折”这个动作来实现开与合的双向循环过程，承载着人们对“折”产生“叠”以求节约空间的期望。“折叠”结构是自然界普遍存在的一种结构形式，在我们的生活中，很多事物都可以被看做是折叠结构形式：鸟翅膀的开合、人手、肘部关节的闭拢等。我们的先人早已对折叠规律有了认知，发现折叠结构形式的物体灵活多变、节约空间且便于携带，开始有意识地利用折叠结构来进行家具（如胡床、屏风）的设计和制作。

折叠结构至少由三个部件组成：一个折动轴心和两个折动体；或者一个折动轴心、一个折动体和一个承接体。前者是指依附于折动轴心之上的两个折动体可同时进行旋转，进而实现折叠状态；后者是指依附于折动轴心之上的两个物体中只有一个（即折动体）可以旋转，而且在旋转后能够与另外一个物体（即承接体）贴合在一起，如图3–70所示。

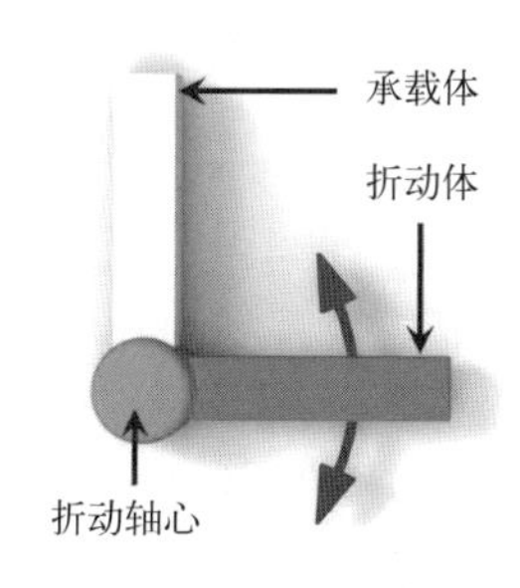

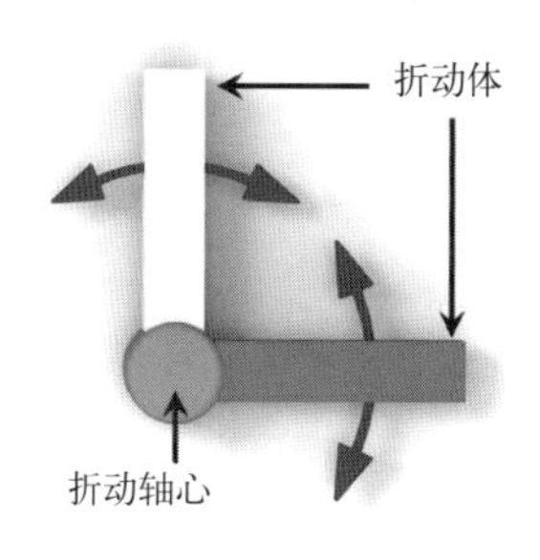

图3–70　折叠结构示意图

根据折动体的运动轨迹可将折叠划分为旋转和伸缩两种运动方式。旋转是折叠最基本的一种运动方式，伸缩则是指折动体可以通过特殊的折叠结构进行横向推拉或竖向升降，从而实现折叠状态的一种运动形式。

折叠是一种比较灵活的结构形式，它具有很强的可变性，有学者对其作分类见表3–2及图3–71所示。

表3-2　折叠种类及划分

种类名称	划分依据	运动方式	形态构造	备注
单轴心折叠	折叠结构本身折、动轴心的多少	旋转	L形、卜形、X形	表中所列形态构造一栏为折叠形式中较为基本和常见的，将它们进行合理的排列组合，又可以形成新的折叠形态
多轴心折叠		旋转、伸缩	M形、多重X形	
旋转折叠	运动方式	旋转	L形、卜形、X形、多重X形	
伸缩折叠		伸缩	多重X形	
刚性折叠	折叠结构所用材料的刚柔程度	旋转、伸缩	L形、卜形、X形、多重X形	
柔性折叠		旋转	C形、M形	
整体折叠	折叠的构成元素	旋转	X形、M形、多重X形	
局部折叠		旋转、伸缩	L形、卜形	

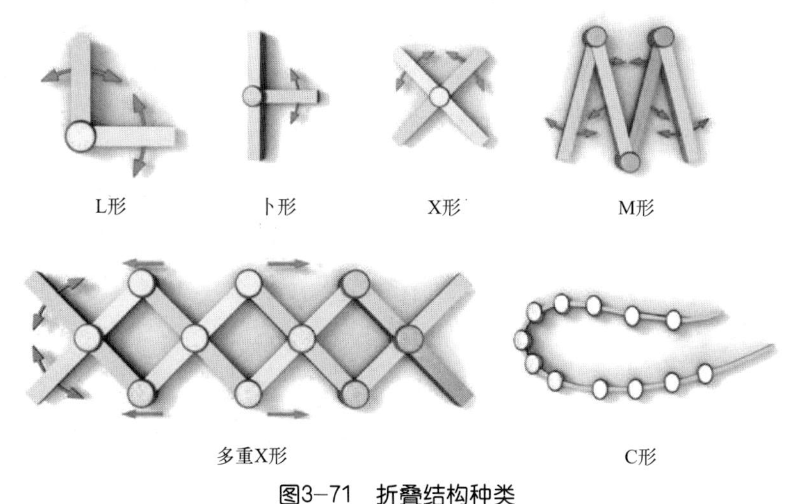

图3–71　折叠结构种类

通过上述分析，可以对折叠家具如下界定：是指某个或某些构件能够进行折叠，并且呈现出合拢、展开或半展开状态的一种家具。折叠家具通常具有下列特征：体量灵活，优化空间利用；便于移动、搬运和储藏；有利于实现家具多功能。

在折叠家具的设计当中，因其要实现不同形态和功能的转换，结构设计就显得尤为重要。好的折叠家具应该在满足折叠功能要求的同时，具有简洁牢靠、经济有效的构造，并赋予折叠家具产品丰富的表现力。

折叠家具的常见形式，见表3–3。

表3–3所列结构类型是较为基本和常见的，将它们进行合理的排列组合，又可以形成新的折叠结构，进而促使折叠家具的形态多元化。

表3-3　折叠家具常见形式

折叠结构		形态结构	家具举例	备注
单轴心折叠结构	L形			最基本的一种折叠结构单元，用途非常广泛，如图所示为此结构用于延展桌类家具台面
	卜形			同属于局部折叠结构。图中储物柜折动体依附有新的功能，展开后增加了书桌的功能
	X形			同属于整体折叠结构：折动时家具的垂直距离变化和水平距离变化成反比
多轴心折叠结构	M形			同属于整体折叠结构：一般用于板式部件的折叠；有时会要求材料本身可以折叠（柔性折叠）
	多重X形			同属于整体折叠结构：单独作为一种结构件，一端或两端连接折动体

5）充气结构

充气结构，又名“充气膜结构”，当前主要是指在以高分子材料制成的薄膜制品中充入空气后而形成的受力结构。充气结构制作的家具色彩靓丽、造型时尚有趣，收纳、携带方便。现在不少私人居室和公共空间已经使用这类家具，它们不论在视觉上还是触觉上都给人以别样的感受。这类家具革除了传统家具的工艺和结构，圆弧的曲线外形显得格外丰满，符合人体工程学的要求，不论人的体型大小、胖瘦、高矮，坐上均稳定舒适，适应性很强；轻巧舒适，摆脱了形态笨重的缺陷；造型式样发生了根本的变化，无柱腿，直接放在地上，室内室外都可以随意放置，而且价格较为低廉，正常使用寿命可以达到5～10年，维修也比较简单。这些特点使得充气家具具有越来越广阔的市场，如图3-72所示。

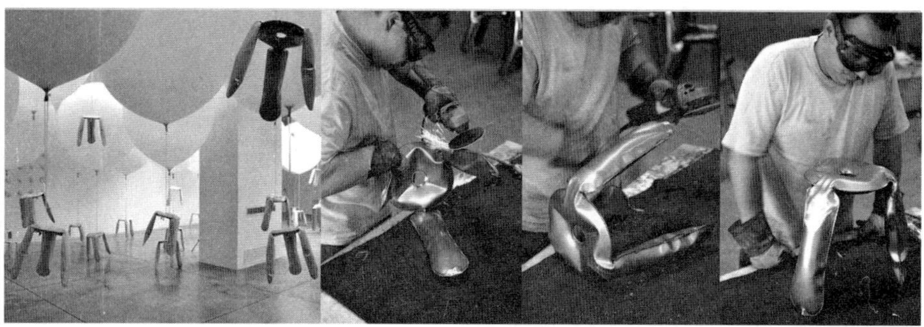

图3-72　金属充气家具Plopp系列（波兰设计师Zieta设计）

6）薄壳结构

薄壳结构，也称为薄壁成型结构。主要利用一些新材料（如塑料、玻璃、金属、复合材料等）优越的物理、化学性能和卓越的成型能力，将其塑化，注入成型模具内，然后冷却、固化定型。此类家具具有强度高、重量轻、便于运输、简洁、轻巧、耐磨、便于清洁、防水、防晒等优点。薄壳结构家具生产效率高，节省材料，工艺简便，造型生动，色彩丰富，适于生产各种户外家具用品及公共环境场所的家具制品，如体育场所座椅，快餐店餐椅、影剧院及大型卖场的公共家具，如图3-73所示。

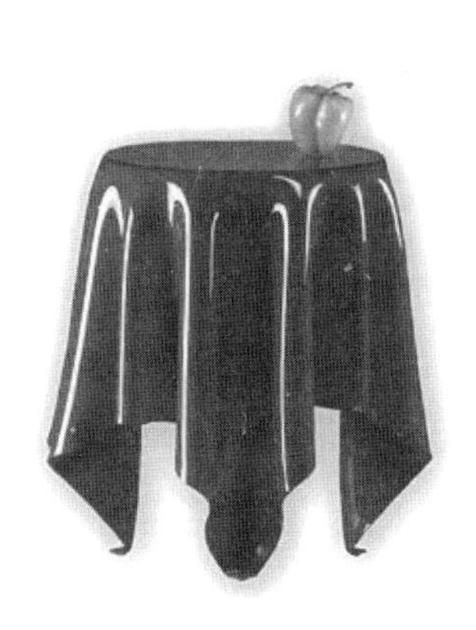

图3-73　梦幻巾桌（丹麦设计师Essey设计）

7）整体成型结构

以塑料或者金属为原料，在定型的模具中进行浇注或者发泡处理，脱模后成为具有承托人体和支撑结构合二为一的整体形家具。

图3-74 穹顶床（LOMME公司）

一般表面须用织物包衬，造型雕塑感强，它可以设计成配套的组合部件块，进行各种组合，适用于不同的使用方式，如图3-74所示。

3.2.5 家具的成型方法

家具产品的成型方法可以归纳为五种：切削、连接、铸造、快速成型或生产。其中每一种方法又包含许多制造方法，除此之外还有许多工艺技术用于完成最终的产品模具，例如印刷、喷涂和雕刻。下面将介绍若干种最常用的制造方法和工艺。

1）切削加工

切削加工，就是利用尖锐锋利的工具，如刃或锯，将物体多余的材料切除，或按照比例切除的加工方法。

2）机械加工

机械加工或机加工是一个非常笼统的词汇。它包括了切割或从一件材料中移除部分材料的意思。例如钻孔、碾轧、成型和车削，这些都可以称为切削成型。材料切削的生产就是切割的过程，在这个过程中电动机械工具，如车床、铣床、钻床，都可以制作出设计师期望的形式。

机械加工的优点就是有很多方法可以对多种材料进行切削处理，生产各种复杂的形状，并具有很高的精度。不过机械加工的过程会产生许多废料，造成巨大浪费，特别是使用标准尺寸的材料为原料时。

（1）钻削：钻削加工是在板材上使用钻刀高速旋转钻孔，并切除材料的加工方法。此过程中需要向钻刀喷射冷却液冷却钻刀，润滑切割面，同时冲走钻削过程中产生的钻削碎屑。

（2）镗削：镗削加工是一种使用镗刀旋转切削的加工方法，主要用于扩大钻削和铸造孔洞。镗削具有很高的精度，还可切割出圆锥孔。

（3）铣削：铣削加工是利用铣刀旋转切削的加工方法。铣削可以加工金属、塑料等多种固体材料。铣削加工主要在铣床上完成，可以进行刨平、钻孔、打线和雕刻等工艺。普通的铣床需要手动控制加工过程，数控机床则可使用计算机自动控制系统加工。

（4）刨削：刨削加工是刨刀对材料以水平方向做直线往复运动的切削加工方法，可以生产雕刻的效果。

（5）车削：车削加工主要是利用车刀围绕工件旋转切割的加工过程。车削的产品都是类似圆柱或圆锥的回转体，即限制生产截面是圆形的产品。车削模具成本低，加工的材料多样，小批量生产到大批量加工均可（表3-4）。

表3-4

成本	模具成本低，单位成本低
质量	高
生产规模	单件到中等规模制造
替代技术	激光切割

图3–75是由耶伦·费尔霍温（Jeroen Verhoeven）设计的灰姑娘桌。设计师独具匠心地利用电脑数控技术（CNC）生产，在切割的过程产生了完美的曲线和切口，发挥了技术的优势并探索了木材可能的制造形式。

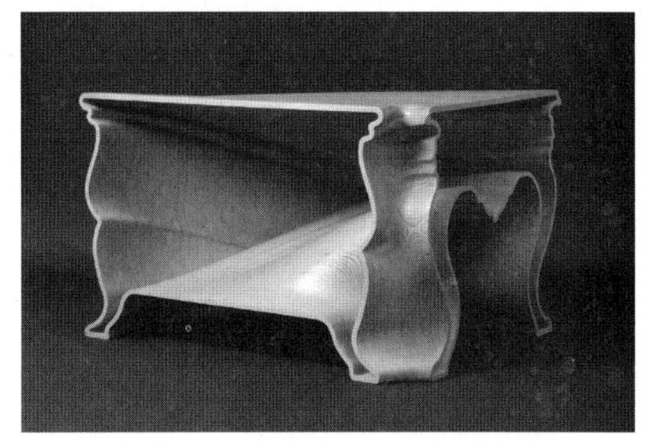

图3–75 CNC数控成型的灰姑娘桌

3）模切

模切加工是利用具有一定形状的锋利模具刀，在压力的作用下切割材料的过程。切割后的材料会留下模具刀的形状。因为模切工具的成本较低，所以是小批量生产的理想加工方法。但是如果运用模切的方式加工三维产品，就需要复杂的模切过程，这包括了昂贵的手工装配或二次切割过程（表3–5）。

表3-5

成本	模具成本低，单位成本低
质量	高
生产规模	单件到中等规模制造
替代技术	激光切割

4）冲压与冲孔

冲压与冲孔是利用硬化钢对薄片材料冲孔，并切除冲孔部分的加工方法（表3–6）。

表3-6

成本	模具成本低至中等，单位成本低
质量	高，但切割边缘需要处理
生产规模	单件到大规模制造
替代技术	CNC机加工、激光切割、水刀切割

5）水刀切割

水刀切割是利用高压水柱形成的锋利切割刃，切割金属或其他固体，例如玻璃、石头材料的加工方法。水刀切割的加工过程不需要加热金属，因此不会引起金属形变。然而喷射的水柱压力会随着切割的深度而逐渐减弱，金属越厚，切割的边缘越容易变形。为了保证金属不被折回的水柱破坏，通常会使用一层塑料进行保护（表3–7）。

表3-7

成本	无模具成本和单位成本
质量	良好
生产规模	单件到中规模制造
替代技术	激光切割、模切、冲压与冲孔

6）激光切割

激光切割是利用计算机控制高能激光，切割金属或其他不反光材料的加工方法。激光切割可以切割复杂的形状，并且切割边缘非常整齐，表面质量高。此加工方法的优点是不需要昂贵的模具，但切割材料的速度慢。这就意味着激光切割更加适合单件或小批量生产的家具产品(表3–8)。

表3-8

成本	无模具成本，单位成本中等
质量	高
生产规模	单件到大规模制造
替代技术	CNC机加工、激光切割、水刀切割

图3–76是斯特凡·迪茨和克里斯多夫·德·拉·方舟于2006年设计的Bent桌椅。这张桌子由激光切割、打孔铝板等工艺制造而成。

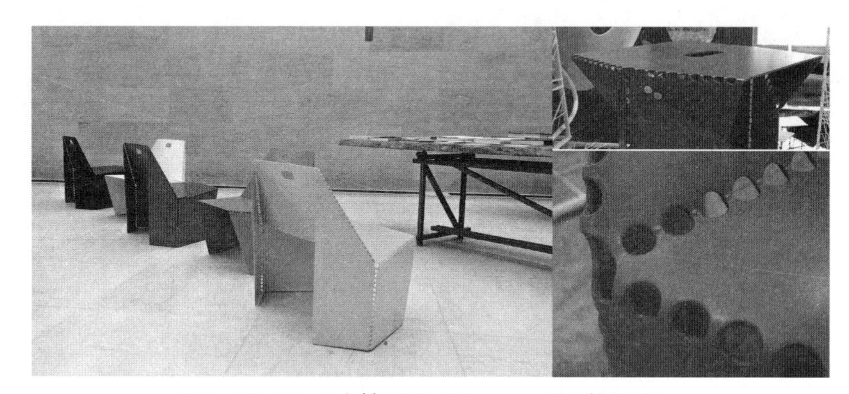

图3–76 Bent桌椅系列（Moroso公司的设计）

7）蚀刻

蚀刻是利用酸的腐蚀性将金属表面没有保护的部分蚀断。光蚀刻法是将光敏材料涂在金属表面，然后利用曝光照射蚀刻金属（表3–9）。

表3-9

成本	模具成本极低，但单位成本较高
质量	高
生产规模	单件到大规模制造
替代技术	CNC机加工及雕刻技术、激光切割

图3–77是托德·布歇尔设计的Garland吊灯。将蚀刻的金属片沿着灯泡包裹，形成了漂亮的花丛形状，该设计使用了近些年流行的织物纹样，是流行文化的再次发现。

图3–77 Garland吊灯

8）连接

连接主要指利用机械结构或化学方式，将不同的部分连接成为一个整体。

9）锚接

锚接是一种机械的连接加工方法。锚接可分为活动连接和永久连接，经常使用于产品装配，例如铆接、钉接、卡扣等。总结出的锚接技术的各项特点见表3–10。

表3-10

成本	无模具成本，但需要设备和人工
质量	适用低至高强度连接
生产规模	从单件到大规模制造
替代技术	粘接、焊接、细木加工（木材）

10）粘接

粘接是利用胶粘剂将两个或多个部分连接在一起的加工方法。粘接过程会使用到一些机械辅助结构，如夹具或托架防止错位，以确保更加安全的连接。这种方法常用于加工塑料，也可以用于连接金属（表3–11）。

表3-11

成本	无模具成本，但需要特殊设备与额外的锚栓
质量	高强度连接
生产规模	单件到中等规模制造
替代技术	锚接、焊接

11）钎焊和铜焊

钎焊和铜焊主要用于金属件的连接加工。高温将钎焊、铜焊的金属合金焊条加热，熔化后便可将金属连接。注意要确保合金焊条的熔点低于所需连接的金属熔点，避免高温使金属件变形。金属钎焊和铜焊的合金焊条实际也是一种“胶水”，其特点是熔点非常低（表3–12）。

表3-12

成本	无模具成本，但需要特殊设备，单位成本高
质量	高强度连接
生产规模	单件到大规模制造
替代技术	焊接

12）焊接

焊接是通过加热或在压力的作用下，将金属连接在一起的加工过程。焊接的部分往往非常坚硬，甚至比被连接的金属还要坚硬。焊接分熔焊和固态焊两种。前者需要将加热的温度提高到金属熔点，然后连接，可能需要额外填充金属；后者则在金属熔点以下连接，但不需要额外填充金属。最常见的焊接方式是摩擦焊接，将两部分焊接面充分摩擦，利用摩擦产生的热量使两部分焊接到一起（表3–13）。

表3-13

成本	无模具成本，但需要特殊设备，单位成本低
质量	高强度连接
生产规模	单件到大规模制造
替代技术	粘接、锚接

13）细木加工

细木加工主要指木材的加工方法。这种方法仅仅是使用胶水粘接，而并非利用铆接的方式。这个过程可以手工完成，也可以利用机器加工。细木加工可以打造多种结构和形式，适合制造家具、门窗和各种木材产品（表3–14）。

表3-14

成本	无模具成本，但需要特殊设备，单位成本较高，并由复杂性决定
质量	高强度连接
生产规模	单件到中等规模制造
替代技术	锚接、焊接

14）编织

这种方法是将绳条叠压形成相互交织的结构。传统的编织家具以竹子、藤条和柳条为材料，但是现代技术可以将更宽的材料编织在一起，且材质也不再局限于织物，可以是纸、塑料或金属等。编织主要是依靠相互的叠压而形成坚固的结构，没有任何粘接，更加灵活、容易地变形和塑型，让设计师设计出复杂的形状。手工编织的过程相当缓慢，并且需要一定的劳动技能，而机器编织的速度就快很多（表3–15）。

图3–78　Apollo躺椅

表3-15

成本	无模具成本
质量	因材料而异
生产规模	单件到大规模制造
替代技术	填充弹性材料，或层压木板及硬质材料的复合加工

图3–78是1997年罗斯·洛夫格罗夫设计的Apollo椅。这款椅子是现代的休闲躺椅的典范，这类椅子多使用藤编的方式。

15）填充

通常使用的填充方法是将软硬部件与材料结合在一起，创造出精巧的家具产品。传统的沙发内部都会有木架结构支撑，然后再用泡沫垫填充，最后用织物或皮革包裹在外。不过如今传统的制造思维已经由创新精神所替代，例如没有木架结构的沙发。第一个全泡棉沙发LigneRoset Togo就是对传统沙发Chesterfield的再设计。

图3–79是1973年面市的Togo沙发系列，由米歇尔·迪卡鲁瓦设计。这是第一款没有使用结构架的沙发，而是大量填充了高密度泡沫，再罩以宽大的拼接外套。沙发可以随处摆放，并且可以选用各种颜色和不同材料。

图3–79 无结构架的Togo沙发

图3–80是罗伯特·斯塔德勒（Robert Stadler）于2004年设计的沙发。利用填充法制作的沙发，选用灰色的皮革，并带有缝制的纹路细节，很像传统的Chesterfield沙发。设计师故意模糊了功能性家具与艺术设计的边界。

图3–80 沙发（罗伯特·斯塔德勒设计）

16）铸造

铸造是将液体材料倒入模具内冷却凝固的成型过程。在浇铸液体凝固成型的过程中，要求液体竖直倾倒，避免液体溢出模具之外，破坏模具。

在制造过程中使用的铸造工具或模具，就是铸造成型所使用的腔体。模具的材料不局限于金属，主要根据所铸造成型的材料决定。大规模生产所使用的模具往往是具有一定的硬度和脆性的工具钢，而小规模或短期使用的模具可以选择质地坚硬的木头、塑料或铝等“软性”模具。

17）注射模塑

注射模塑的过程是将粉末状的原始材料加热，并加压形成液体状态，然后再注入钢质模具内，经常使用高密度聚乙烯、聚丙烯、丙烯腈—丁二烯—苯乙烯为生产原料。注射模塑经常用来生产颜色丰富的热塑性塑料产品，如牙刷。注射模塑还可制作平面装饰，其方法是在成型过程中将印有装饰花纹的箔片放到模具内，然后再注射成型。注射模塑的用途十分广泛，可以生产复杂而精细的结构和形式，但必须考虑到制造投资（表3–16）。

表3-16

成本	模具成本高，单位成本低
质量	表面质量非常高
生产规模	只适合大规模制造
替代技术	旋转模塑

18）吹塑模塑

吹塑模塑用于加工中空的塑料制品，现将塑料溶化，然后用压缩空气将液态塑料吹入模具，并填满。当塑料冷却凝固后，将模具打开取出塑料。吹塑模塑往往用于大批量制造，主要是为了分担批量生产所产生的高昂的模具成本。然而，有时候也会使用较为简单的模具，降低各个吹塑件的成本（表3–17）。

表3-17

成本	模具成本中等，单位成本非常低
质量	高，厚度均匀，表面质量高
生产规模	只适合大规模制造
替代技术	注射模塑、旋转模塑

19）浸渍模塑

浸渍模塑是人类历史上最古老的成型方法之一，简单地解释就是将模具浸入熔化的材料之中。最常见的浸渍模塑制造的产品就是橡胶手套和气球。浸渍模型对于小批量生产，成本非常低（表3–18）。

表3-18

成本	模具成本中等，单位成本低至中等
质量	良好，且不会出现像其他模塑方法导致的分模线
生产规模	单件到大规模制造
替代技术	注射模塑

20）反应注射模塑（RIM）

此方法是注射模塑的一种简单方式，除热塑性塑料，热固性塑料也可在模具固化中使用。常见应用是发泡模具，可用于家具和软性玩具（表3–19）。

表3-19

成本	模具成本低至中等
质量	高质量模型
生产规模	单件到大规模制造
替代技术	注射模塑

21）玻璃吹制

几个世纪前玻璃工匠就开始用同样的方式加工玻璃制品。玻璃吹制的过程是将熔化的玻璃液，放到吹杆的一端，然后从另一端吹制成型。手工吹制的玻璃品可以加工成多种形式，适用于生产单件、小批量或中等规模的产品，但是因为要求吹制工人具有高超的技术，所以单位成本非常高。工业玻璃吹制和吹制模具提供了低成本生产的可能，但是模具成本高，并且设计师也被限制只能生产相对简单的形式（表3–20）。

表3-20

成本	对于玻璃制造作坊成本低，对于工业化规模生产模具成本高，但单位成本低
质量	高，且具有很高价值
生产规模	单件到大规模制造
替代技术	如果可以使用塑料作为替代品，则采用吹塑模塑

22）旋转塑模

旋转塑模比较适合加工尺寸较大的中空产品或零部件，制造方法非常简单，适合小批量生产。首先将塑料颗粒或液体塑料放进中空的模具内，然后在外部加热并旋转模具。受热后塑料成液态，在旋转的离心力和重力作用下均匀地分布在模具内部的表面。旋转模具的成本低廉，对模具要求低，适合万件以下的生产规模，但不适合小尺寸、对精度要求高的产品和零件。而且旋转时间长，相对注射模型无法生产细小的结构（表3–21）。

表3-21

成本	模具成本中等，单位成本低，但是需要平均30min的旋转时间，因此规模化生产会提高成本
质量	平整的表面，但冷却变形后会造成体积误差
生产规模	小到中等规模制造
替代技术	吹塑模塑、热压成型

图3−81是亚历克斯·米尔顿和威尔·蒂特利于2008年设计的Outgan XP系列家具。多功能的设计让椅子有三种使用形式，让一件产品最大限度地发挥作用。这把椅子的人性化特征就是最大程度地利用了旋转塑模加工产品，为制造提供实现的可能性。

图3−81　Outgan XP系列家具（亚历克斯·米尔顿和威尔·蒂特利设计）

23）压模铸造

压模铸造是将熔态金属注入模具中，压力铸造成型的加工方法。压模铸造可以制作出具有完美表面的复杂形状以及精确的尺寸（表3−22）。

表3-22

成本	模具成本高，单位成本低
质量	表面质量非常高
生产规模	大规模制造
替代技术	砂型铸造、机加工

图3−82是由康斯坦丁·葛切奇于2004年设计的chair−one椅。作为压模铸造的例子，这把椅子由许多平整的几何形状的铝条构造而成，展现出特殊的三维形式，并与下方水泥底座形成鲜明的对比。

图3−82　chair−one椅（康斯坦丁·葛切奇设计）

24）压缩铸造

压缩铸造的过程是将陶瓷、热固性塑料或高弹体聚合材料等置于加热的模具内，通过压缩让材料冷却硬化成型的加工方法。在生产过程中，模具的拼接处会溢出许多废料，形成分模线，需要后期修整。20世纪20年代，这种方法在塑料工业中首次使用，主要用于制造胶木。压缩铸造比较适合生产大片平整且具有厚度的产品（表3−23）。

表3-23

成本	模具成本中等，单位成本低
质量	表面质量高，可制造高强度零部件
生产规模	中等到大规模制造
替代技术	注射模塑

25）粉浆浇注

粉浆浇注是一种传统的陶瓷加工方法，首先是将土浆的混合液体倒进模具中，当液体从土浆中蒸发，陶土就会沉积并在模具表面形成外壳。当外壳达到所需厚度时，就可停止加入土浆，并将多余的土浆从模具中倒出。然后再将结壳的土浆从模具中取出、晾干，最后放到窑中烧制。粉浆浇注的优点是成本非常低，容易加工复杂的形式（表3–24）。

表3-24

成本	模具成本低，单位成本较高
质量	表面因模具、釉层的质量以及工人技术的高低而异
生产规模	小规模制造
替代技术	传统的黏土窑制加工法

26）锻造

锻造是一种传统的金属成型加工方法，是利用锻压机械对金属施加压力，使其产生塑性变形的加工方法。手工锻造可以使用重槌敲打使金属成型（表3–25）。

表3-25

成本	模具成本较高，单位成本中等
质量	锻造金属具有良好的结构
生产规模	单件到大规模制造
替代技术	铸造、机加工

27）金属旋压

金属旋压主要是通过旋轮对旋轮的坯料施加压力，从而获得各种形状的空心旋转体零件的加工过程。此方法多用于成型开放形状的工件，而且需要后期的表面处理来达到所需要的质量（表3–26）。

表3-26

成本	模具成本低，单位成本中等
质量	表面质量因操作者的技术和旋压速度而异
生产规模	单件到大规模制造
替代技术	深拉技术

28）熔模铸造

熔模铸造也叫失蜡铸造，主要用于生产高质量的复杂产品。首先需要制造一次性蜡模，然后给蜡模附上瓷土制作模具。接下来加热模具，使蜡融化，剩下的瓷土模具具有非常精细而高质量的结构。熔模铸造可以加工非常复杂的形状，而且不需要机器再加工，可以通过铸造中空的产品来降低产品重量（表3–27）。

表3-27

成本	模具成本低，单位成本较高
质量	非常高
生产规模	小到大规模制造
替代技术	压模铸造、砂型铸造

29）砂型铸造

砂型铸造是传统的低成本成型加工方法，主要利用砂腔作为模具铸造金属。首先制作砂腔，通常会以木头为材料，然后将熔化的金属浇铸到腔体中。当金属冷却后，再将凝固的金属从砂腔中分离出来。砂型铸造的零部件往往多孔、不平整，因此需要后期的表面处理。砂型铸造是一种高强度密集型的工作（表3–28）。

表3-28

成本	模具成本低，单位成本中等
质量	表面粗糙
生产规模	单件到中等规模制造
替代技术	压模铸造

图3–83是马克思 · 兰姆于2006年设计并制造的白锡桌。以在海滩上挖出的桌子形状作为模具，然后将熔化的白锡浇铸到砂型之中，最终冷却成型。

30）成型加工

成型加工包含了一系列加工制造过程，如将薄片、管子和棒子处理成预先确定的形式。

31）弯曲加工

这种加工形式是以手工或CNC形式，将金属片、管或棒状物折叠成为三维形式（表3–29）。

表3-29

成本	使用标准工具，无成本，如果使用特殊工具，成本高，单位成本中等
质量	高
生产规模	单件到大规模制造
替代技术	无

图3–83 白锡桌（马克思·兰姆设计）

图3–84是由马克思·兰姆于2008年设计并制造的钢板椅。首先成型为片状结构；然后沿打孔处弯曲并组装，在生活中自然锈蚀。

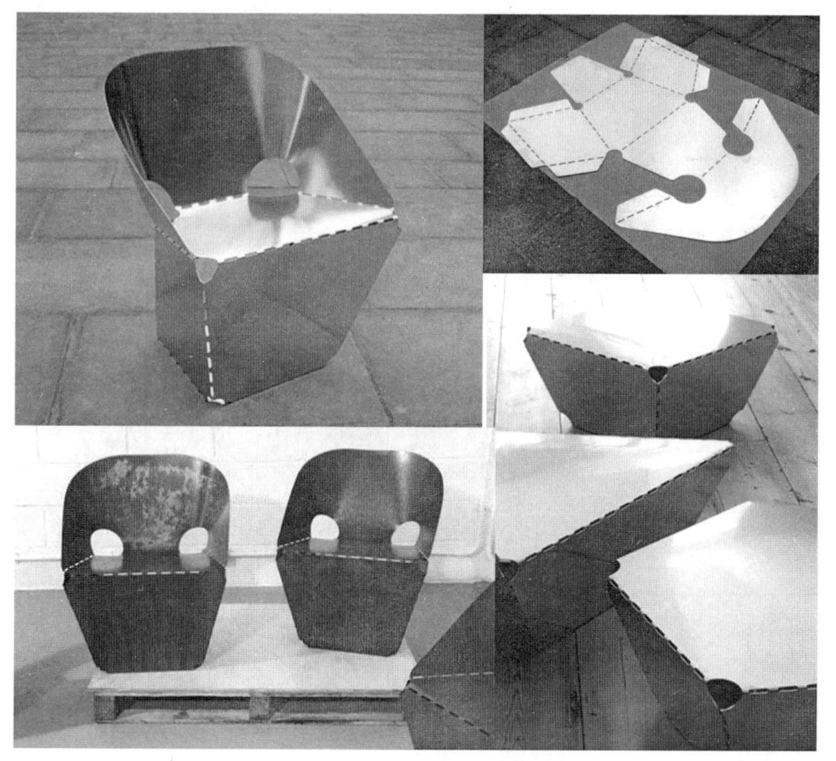

图3–84 钢板椅（马克思·兰姆设计）

32）钣金加工

这个过程要求高技术工人，通过使用各种工具和方法，拉伸或压缩片状金属，可创造出多种形状（表3–30）。

表3-30

成本	模具成本低至中等，单位成本高
质量	手工过程可以打造高质量表面
生产规模	单件到小规模制造
替代技术	冲压加工

33）冲压加工

这种大批量生产过程可将金属板材通过两个相对应的金属工具，冲压成为复杂的形状。这个方法可生产许多产品，从大尺寸的汽车车体，到小巧的手机外壳（表3–31）。

表3-31

成本	模具成本高，单位成本中等
质量	高
生产规模	大规模制造，但会受到模具成本的影响
替代技术	钣金加工

图3–85　赫尔曼·米勒公司的叶片台灯

图3–85是由伊夫·贝哈尔与联合工作室于2006年为米勒公司设计的叶片台灯。这款台灯在被弯曲成最终形状之前使用了冲压的手段；并且，使用的LED灯源还给予了用户许多选择，例如密度、颜色，使它们之间形成一种氛围或一个场所。不到12W的LED灯，比同功率传统的白炽灯节约了近60%的电量。

34）热压成型

热压成型是将热塑性塑料板加热、软化，直至可以弯曲，然后再将其拉伸或放置在模具内，使其表面冷却成型的加工方法。最常用的方式是真空成型，即利用抽取空气的方式将热塑性塑料成型。此种方式要求模具平整、整齐。同时热压成型的模型也不能具有互相垂直的面。并且需保证具有一定的拔模斜度和倒角，以便分离模具与产品。热压成型的模具成本相对低廉，小规模或大规模生产均适合（表3–32）。

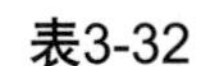

表3-32

成本	模具成本低至中等，单位成本低至中等
质量	由材料和压力决定
生产规模	单件到大规模制造
替代技术	注射塑模、复合层压

35）胶合板成型

胶合板成型主要用于家具制造，是一种将粘合的薄胶合板通过真空压塑弯曲的加工方法。虽然这种加工只可以将胶合板单方向弯曲，但在弯曲过程中可以借助手工控制弯曲的位置和弧度。胶合板成型也可以利用工业化工具，如压力机完成。薄胶合板层压成型的过程类似塑料成型的方式，但是很难达到完全相同的曲度和形式（表3–33）。

表3-33

成本	由复杂性决定
质量	由材料决定
生产规模	单件到批量制造
替代技术	无

图3–86是由鲍里斯·柏林和波尔·克里斯蒂安森于2006年联合设计的Gubi椅。这是第一个使用三维胶合板成型创新技术的工业化产品。有机的造型提供了友好而舒适的使用形式，同时减少了产品厚度的独特可能性，更重要的是降低了一半的自然资源。

图3–86　Gubi椅（鲍里斯·柏林和波尔·克里斯蒂安森联合设计）

36）蒸汽弯曲

蒸汽弯曲是利用高温蒸汽加热木材，待其变软后再进行大弧度弯曲的加工方法。此方法结合了传统的手工技术与工业技术。而第一个使用蒸汽弯曲进行工业制造的制造商是19世纪50年代的丹麦家具公司Thonet（表3–34）。

表3-34

成本	模具成本低，单位成本较高
质量	良好
生产规模	单件到大规模制造
替代技术	CNC机加工，木层压

37）超级铝成型

当今技术突飞猛进地发展，新材料日新月异地更新。超级铝成型加工方法就是近年来涌现的创新制造技术之一。这是一种铝合金片成型的新方法，可以加工非常复杂的单件产品（表3–35）。

表3-35

成本	模具成本低至中等，单位成本高
质量	良好的表面质量和尺寸公差
生产规模	小到中等规模制造
替代技术	冲压加工、热压成型

38）玻璃热弯

玻璃热弯成型是将玻璃片充分加热，待其软化后再弯曲加工的方法。热弯是一个非常慢的过程，常用来制造碗和盘子。这种方法需要高超的技术，工人需要高超的技巧和丰富的经验才能（表3–36）。

表3-36

成本	模具成本低，由于加工速度缓慢造成单位成本高
质量	由人工的技术水平决定
生产规模	单件到大规模制造
替代技术	无

39）生成

技术性的发展是自工业革命以来，产品生产制造领域最重要的突破，例如，快速成型过程就摒弃了模具的使用，让许多复杂的产品结构得以实现。

40）快速成型（RP）

快速成型过程首先需要利用CAD软件完成产品的虚拟设计，然后将设计数据直接传送给快速成型机，最后机器会将液体、粉末或板材逐层叠加构成产品、完成加工。快速成型最初主要用于产品的原型制造，如今设计师积极利用此技术探索各种小批量、高质量产品的生产可能性（表3–37）。

表3-37

成本	无模具成本，由于加工速度缓慢造成单位成本高
质量	可以达到高质量，但由制造过程决定
生产规模	单件到小规模制造
替代技术	CNC机加工

熔融沉积造型（FDM）。熔融沉积造型的过程首先使金属或高分子材料加热熔化，在计算机的控制下按照相关截面轮廓挤压，并将熔化的材料均匀地铺在断面层上。如此循环，最终形成三维产品。

光固化立体造型（SLA）。光固化立体造型是材料添加制造的过程，利用激光凝结光敏感液体树脂薄层，从而形成零件的一个薄层截面，并不断累加生成产品。SLA技术要求设计师提供CAD数据增加支撑结构，确保创造的形式不会在重力的作用下产生形变。此加工方法并不限制产品的几何形式，但是会比其他任何快速成型方法都慢。

如图3–87是由帕特特里克·茹安于2004年设计的Solid Collection椅子，该设计使用快速成型的立体光刻技术加工制造，独特的交错形式让人想起在草丛或风中摇曳的丝带。

图3–87　Solid Collection椅（帕特特里克·茹安设计）

选择性激光烧结（SLS）。选择性激光烧结是一项特殊的加工技术，通过在烧结过程中使用高能激光，将陶瓷、金属或塑料的小片区域熔化。激光选区烧结可以制造高精度、高强度且轻质的零部件，但是相对其他快速成型技术，单位成本较高。

如图3–88所示，是由Nendo设计事务所于2008年设计的钻石椅，利用电力烧结快速成型方法制作。因为快速成型机对物体的尺寸有限制，所以椅子分为两部分完成，然后被组合在一起加固。魔幻般的设计与结构花费了大约一周的时间制作。虽然这把椅子并不能批量生产，但是可以在世界任何地方利用快速成型机生产。因为设计的数字文件可以随时发送到任何一台机器上，进行专门定制生产。

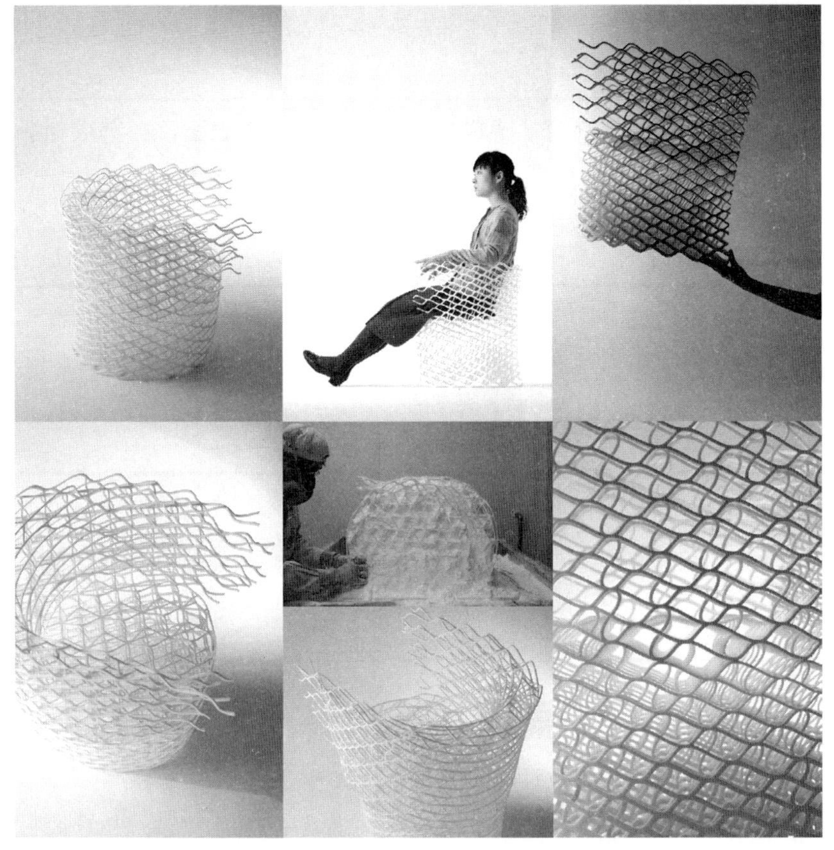

图3-88 钻石椅（Nendo设计事务所设计）

41）表面处理

许多制造出来的产品或零部件，都需要在表面进行额外的外观、性能和抗腐蚀处理。表面处理不仅美化外观，同时还具有特殊的作用，例如电镀、镀锌、印刷、贴标签，或蚀刻、雕刻、抛光和砂磨等削减处理。

电镀是指利用电解原理在材料表面薄薄地镀上一层金属或合金的过程，主要的产品有镀铬的汽车保险杠、电镀首饰和装饰品等（表3-38）。

表3-38

成本	无模具成本，单位成本高
质量	由电镀材料决定
生产规模	单件到大规模制造
替代技术	镀锌、油漆喷涂

油漆喷涂以清漆、油漆、油墨为喷涂原料，运用喷射枪将油漆颗粒雾化，然后将其喷涂在表面（表3–39）。

表3-39

成本	无模具成本，单位成本由产品的尺寸和复杂性决定
质量	由制造的过程决定
生产规模	单件到大规模制造
替代技术	粉末涂装

粉末涂装是将热塑性塑料的粉末喷涂在金属表面，当其熔化后产品表面便会形成有保护作用的耐久性涂层（表3–40）。

表3-40

成本	无模具成本，单位成本低
质量	光亮且均匀的高质量表面
生产规模	单件到大规模制造
替代技术	镀锌、油漆喷涂

削减处理是指通过各种对表面进行抛光、砂磨、磨削等的再加工，从而达到预期的表面效果（表3–41）。

表3-41

成本	无模具成本，单位成本由表面处理决定
质量	可达到高质量
生产规模	单件到大规模制造
替代技术	利用油漆喷涂或粉末涂装处理材料，如果需要不同的表面效果也可利用各种消减处理方法

本章习题

（1）从绿色设计、通用设计、仿生设计等设计学理中选择其一进行深入研究，并讨论交流。

（2）调研生活中的群体文化，归纳总结其特点。

（3）选择身边的座椅（也可以是其他家具）进行人机工程分析。

（4）研究中国传统家具的材料与结构。

第4章 实践

教学目标

了解家具设计的程序，熟悉创新思维的方法，并对家具设计表达进行相应训练。

教学重点

家具设计的程序与理念架构。

教学难点

设计理念架构。

教学手段

讲授为主，多媒体辅助，结合必要的调研与实践。

考核办法

课堂提问、讨论与案例分析。

一件家具从无到有，从最初的方案确立、开始研发到最后出现在消费者手中，需要经过一个科学、复杂、周密、严谨的过程。所以，严密的家具设计应包含贯穿于从最初设想到产品完成由一个逻辑顺序的一系列步骤，全方位协调和解决家具的功能、材料、技术、造型，使家具达到完整的设计要求，走上一条良性的设计轨道。家具设计的程序是有目的地实施设计计划的次序和科学的设计方法。设计程序的实施是按严格的次序逐步进行的。这个过程有时前后颠倒，相互交错，出现回头现象，称为设计循环系统。采用循环系统是为了不断检验和改进设计，最终实现设计的目标和要求。

作为大批量生产的工业产品的家具，其设计程序主要包括设计准备阶段、设计构思阶段、初步设计与评估阶段、设计完成阶段和设计后续阶段等。

家具产品从开发到上市的基本流程如图4–1所示。

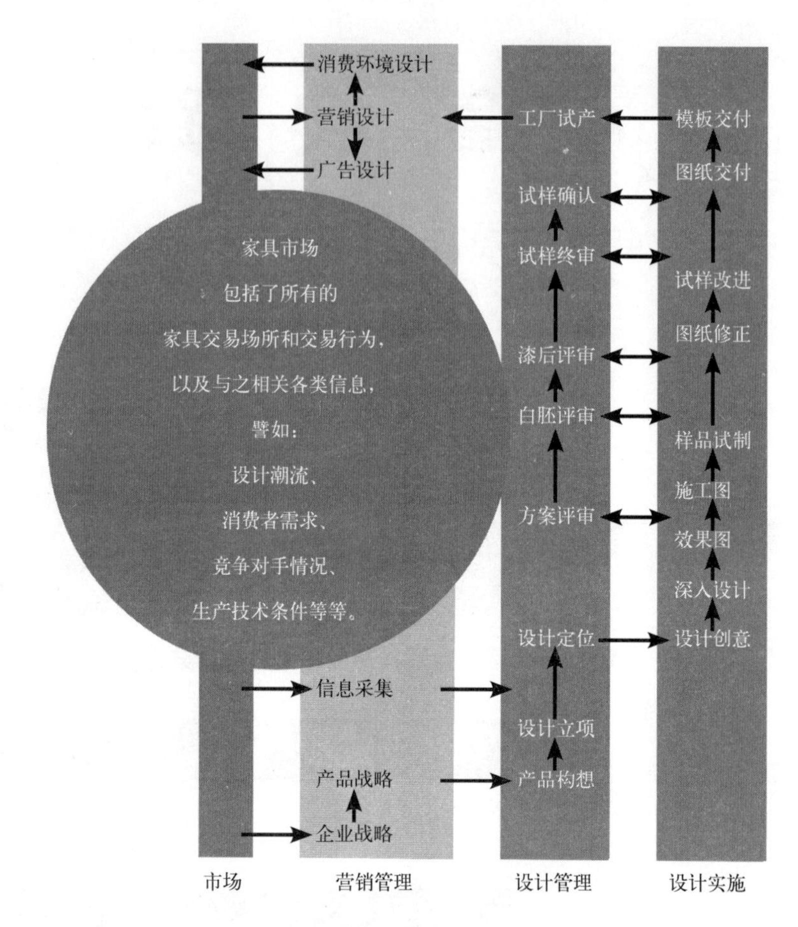

图4–1 家具企业新产品开发流程

在以上的开发流程中，每一项任务完成之后都要经过认真的审核与评价，这样才能为下一步的工作打好基础。在这个过程中，有些工作是要求家具设计师独立完成的，如制订设计计划、设计草图、效果图等，还有一些工作要求家具设计师必须与企业中的其他各部门密切配合才能很好地完成。

4.1 市场调研

任何家具产品，都经历着从方案到市场的实现过程。设计者对市场的认知与熟悉，决定了家具产品的市场价值与前景。与强调纯个性的艺术品相比，家具的商品化特性更为突出。要想家具产品符合市场需求，就必须在设计前期进行完整细致的市场调研，其主要工作内容是设计及需求调查、资料整理、资料分析，以及产品决策与需求预测等。

4.1.1　市场调研的内容与步骤

市场调研的目的是为了给经营者的决策和研发部门的设计工作提供参考依据，因此要遵循科学性与客观性的原则。调研人员应该寻找事物的本来面目，说出事物的本来面目。不能因错误的市场信息和片面的理解影响到新产品的开发工作。企业在开发新产品时如果没有市场调研作为参考依据，而是仅凭经营者或决策者的个人见解来决定新产品方向，就很容易造成新产品没有预期的市场。市场调研信息内容主要包括：市场信息调研、工厂调研、竞争对手调查，以及调研分析。其中每部分的具体内容见表4–1。

表4-1　调研的阶段及内容

阶　段	调研内容
市场信息调研	社会环境及消费市场状况 主流设计风格及流行趋势 现有市场分布及销售情况 企业主要产品及同类产品信息
工厂调研	主要合作伙伴及供应商信息 机器设备及加工能力 常用材料及现有解雇工艺状况
竞争对手调查	产品策略分析 价值策略分析 渠道策略分析 品牌策略分析
调研分析	新产品技术可行性分析 市场需求可行性分析 经济可行性分析（资金预算和经济效益评价）

通常来说市场调研可按如下步骤进行：确定市场调研的必要性→定义问题→确立调研目标→确定调研设计方案→确定信息的类型和来源→确定收集资料→问卷设计→确定抽样方案及样本容量→收集资料→分析资料→撰写调研报告。

4.1.2　市场调研的方法

市场调研方法很多，分类标准也各不相同，本书主要以定性研究方法和定量研究方法两类为基础进行探讨。

1）定性研究方法

定性研究是指通过发掘问题、理解事件现象、分析人类的行为与观点以及回答提问来获取敏锐的洞察力，是在一群小规模、精心挑选的样本个体上的市场研究，该研究不要求具有统计意义，但是凭借研究者的经验、敏感以及有关的技术，能有效地洞察日常生活中消费者的行为和动机，以及这些对产品和服务带来的影响。定性研究主要有以下几种方法。

（1）小组访谈。小组访谈一般有8～12位参加者，有主持人监控，围绕一个主题进行非结构性的讨论，时间约为1～12小时。参加访谈的人数在一定程度上取决于讨论的主题和与会者的类型。一般来讲，有意思的主题需要的人数比较少；参会者的语言表达越清晰，需要的参加者越少。小组访谈的场所要设计得令参加者感觉舒适、轻松。

主要优点：所需时间短；费用有限。

缺点：有一些人控制了座谈会的进展与主题而另一些人则较少发言，因而不会从每个人那里都得到所需信息；在1～12小时的座谈会上，分配给每一个人的发言时间很短；在特定的群体中可能会出现注重一些问题却忽略了一些重要问题的情况；具有控制能力的人很容易压制少数人的观点。

适用性：提供对某一问题的深入研究；了解客户对商标的感受和态度；帮助构建后续的定量研究；使统计研究结果更生动；产生研究课题；确定针对新思想的初步行动。

（2）深度访谈。深度访谈主要以一对一访谈方式进行，不限定时间。对访谈者的技术性要求较高，比小组访谈的费用高。

深度访谈能够产生多个可供选择的计划。因为每次访谈只有一个访谈对象，不会受其他人的评论的影响。所以进行了多个深度访谈后就会收集到更多不同的观点。

深度访谈可以用来讨论一些其他人在场难于启齿的问题，如敏感话题、涉及隐私的话题或可能使访谈对象容易感到尴尬的问题。

对于较难寻找的个体如医生、律师、商界高层人士等，只能用深度访谈。由于他们的工作相对紧张繁忙，对这些人的电话访问或邮寄问卷的成功率均很低。

如果要考察有几个人参与的决定过程，或由几个相关的决定组成的最后决策，或需要较长时间才能做出的决定，选用小组访谈会非常合适。

（3）投射技术。由于这样或那样的原因，有时人们不愿做出真实的回答；还有一些时候，人们会发现难于表达他们对某一问题的看法。这时就需要考虑利用投射技术，它可以用某些具体的方法使接受访问的人将其对于人、事、物或情境的感受、观点、动机等投射到其他人，从而间接地得到受访者的信息。

（4）联想法。这种方法会向受访者呈现一系列刺激（常用语词或图片）并请受访者说明受到这些刺激后心里想些什么。

（5）完形技术。采访者会请受访者完成一个不完整的句子、故事或假设等。例如，一个未完成的句子“我不喜欢银行是因为……”，请受访者完成。当直接提问会使被访者不愿或不能回答时，这种技术有助于揭示个体潜在的动机、态度。

（6）角色扮演法。采访者会请被访者扮演其他人并按照他认为所扮演的人应有的反应行事。

（7）个性化技术。采访者请受访者为一个非生命的物体创造它的个性。

（8）心理绘画。采访者请受访者将抽象的观念如颜色、符号等与事物相联系。

2）定量研究方法

定量研究是指确定事物某方面量的规定性的科学研究，就是将问题与现象用数量来表示，进而去分析、考验、解释，从而获得有意义的研究方法和过程。

定量研究主要有询问法、观察法和试验法。

（1）询问法。又称访问法或调查表法，就是调查人员采用访谈询问的方式向被调查者了解市场情况的一种方法，它是市场调查中最常用的、最基本的调查方法。询问法的类型。按照问卷的填写方式可以分为：面谈调查、电话调查、邮寄调查、留置问卷调查和日记调查。

（2）观察法。是指调查员凭借自己的感官和各种记录工具，深入调查现场，在被调查者未察觉的情况下，直接观察和记录被调查者行为，以收集市场信息的一种方法。观察调查法简称观察法。

（3）试验法。是指市场调研者从影响调查问题的众多因素中选出一个或几个影响因素，将它们置于一定条件下然后对试验结果作出分析判断，进行决策。

4.1.3 市场调研报告

市场调研报告是经过在市场调研实践中的调查了解，将调查了解到的全部情况和材料进行分析研究，揭示出本质，寻找出规律，总结出经验，实事求是地反映和分析客观事实，最后以书面形式陈述出来。市场调研报告主要包括两个部分：调查和研究。至于对策，调研报告中可以提出一些看法，但不是主要的。因为，对策的制定是一个深入的、复杂的、综合的研究过程，调研报告提出的对策是否被采纳，能否上升到政策，应该经过政策预评估。

通常来说市场调研报告应具备如下要素。

（1）必须掌握符合实际的丰富确凿的材料，这是调研报告的生命。丰富确凿的材料一方面来自于实地考察，一方面来自于书报、杂志和互联网。在知识爆炸的时代，获得间接资料似乎比较容易，难得的是深入实地获取第一手资料。这就需要脚踏实地地到实践中认真调查，掌握大量的符合实际的第一手资料，这是写好调研报告的前提。

（2）对于获得的大量的直接和间接资料，要做艰苦细致的辨别真伪的工作，从中找出事物的内在规律性。在第一手材料中，筛选出最典型、最能说明问题的材料，对其进行分析，从中揭示出事物的本质或找出事物的内在规律，得出正确的结论，总结出有价值的内容，切忌面面俱到。

（3）用词力求准确，文风朴实。写调研报告，应该用概念成熟的专业用语，非专业用语应力求准确易懂。特别是被调查对象反映事物的典型语言，应在调研报告中选用。

（4）逻辑严谨，条理清晰。调研报告要做到观点鲜明，立论有据。论据和观点要有严密的逻辑关系，条理清晰。论据不单是列举事例、讲故事，逻辑关系是指论据和观点之间内在的必然联系。如果没有逻辑关系，无论多少事例也很难证明观点的正确性。

（5）要有扎实的专业知识和思想素质。好的调研报告，是由调研人员的基本素质决定的。调研人员既要有深厚的理论基础，又要有丰富的专业知识。恩格斯说过：如果现象和本质是统一的，任何科学都没有存在的价值了。调研人员一定要具备透过现象洞察事物本质的能力。

（6）要对消费者有感情，对事业、对真理有追求。任何事物都是一分为二的，调研报告带有一定程度的主观性。作者所处的立场决定了报告的主题和观点，也决定了报告素材选取的倾向性。切忌带着自己的设计想法去寻找论据，这样做是本末倒置（表4–2）。

表4-2 不同阶段研究报告内容

阶 段	内 容
产品定位	市场细分及目标市场定位 消费群体定位 产品风格定位
概念设计	设计理念 基本形态设计 色彩设计描述 产品功能定位 产品的选材/结构和工艺设计

4.1.4 设计趋势

现代生活中，一方面人们能够认识到“趋势”这个词所代表的特征——新兴事物、风靡一时；同时人们也认为“趋势”给人一种难以揣测的感觉。趋势指的是“产品的推陈出新”以及“由潮流缔造者开创并融入主流文化的一个过程”。

随着社会发展，人类需求不断变化，导致家具产品设计趋势的不断更新，从整体市场需求来看，形式追随情感的设计趋势正在显现。满足人们情感与精神层面上的需求已成为家具的重要功能。

随着时间的推移，不同类别的产品都会相继进入成熟期。而同一类别的产品在不同的发展期会呈现不同的发展趋势。前卫设计师既设计成功的量产家具，也创造像艺术品一样的限量家具。在后者中，产品能够量产的一些基本特征已不存在，很难判定究竟它是产品还是一件艺术品。今天，许多类别的家具产品都已相继进入了成熟期，并且还在不断发展与细分。以往人们认为很复杂、很昂贵甚至是不可想象的材料与加工工艺，很多在现在都变得轻而易举了。这种演变也意味着设计师能够做出更大胆、更自由的尝试。此外，进入成熟期的家具，其内部构造、生产工艺及相关的人机工学标准等技术方面的条件都已经相当完善。在这样的基础上，家具产品会越来越多地呈现出时尚化、艺术化的倾向。家具与人的距离越来越近，家具设计的目标更多的是体现消费者生活风格和品位，满足人类情感上的诉求。归根到底，趋势是人创造的。在全球的范围内，总有不少潮流的先知先觉者，他们创造某一新元素或提出创新的设计风格，成为其所在行业的领军人物或品牌，并影响到社会的方方面面。我们称之为“潮流缔造者”或“趋势制造者”。趋势的影响力从点及面。一些最新的概念往往会出现于艺术、时装领域，进而影响到时尚类产品。出现在某款时装上的设计语言很可能会成为家具行业的风向标。叱咤风云的大品牌或者家喻户晓的大人物，他们所创造的潮流总能够被迅速地传播（图4-2）。

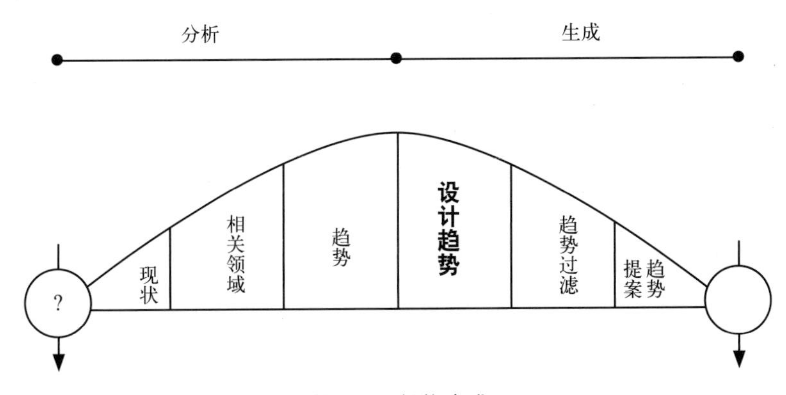

图4-2 趋势生成

运用趋势=与时俱进+不断创新。趋势社会学先驱维加尔德就曾表明，通过研究趋势制造者的偏好和中意的风格，就能在很多生活领域引领潮流。有研究者通过对这些创新者的长期观察及分析，寻找设计趋势并尝试建立一种设计方法：如何从不同的产品门类中寻找和借鉴新的设计元素。他们所提供的报告中有威力强大、影响全球大部分地区的大趋势，也有一些零星出现、正逐渐变为主流的小趋势。使得设计师和大众对于趋势和风格的认识变得明朗、易懂。作为设计师，我们需要通过研究设计趋势，清楚地了解造型、材料、色彩等设计内容将会在接下来的几年内发生怎样的变化和演绎，从而更好地为自己的设计所用（图4-3、图4-4）。

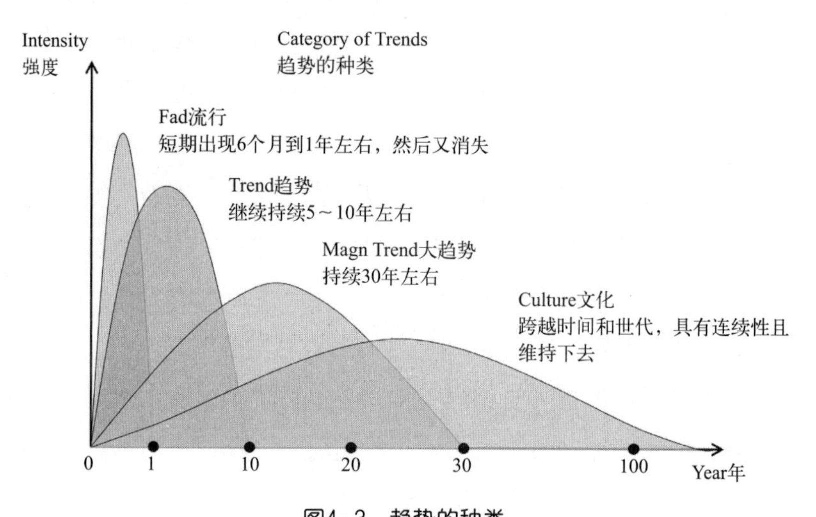

图4-3 趋势的种类

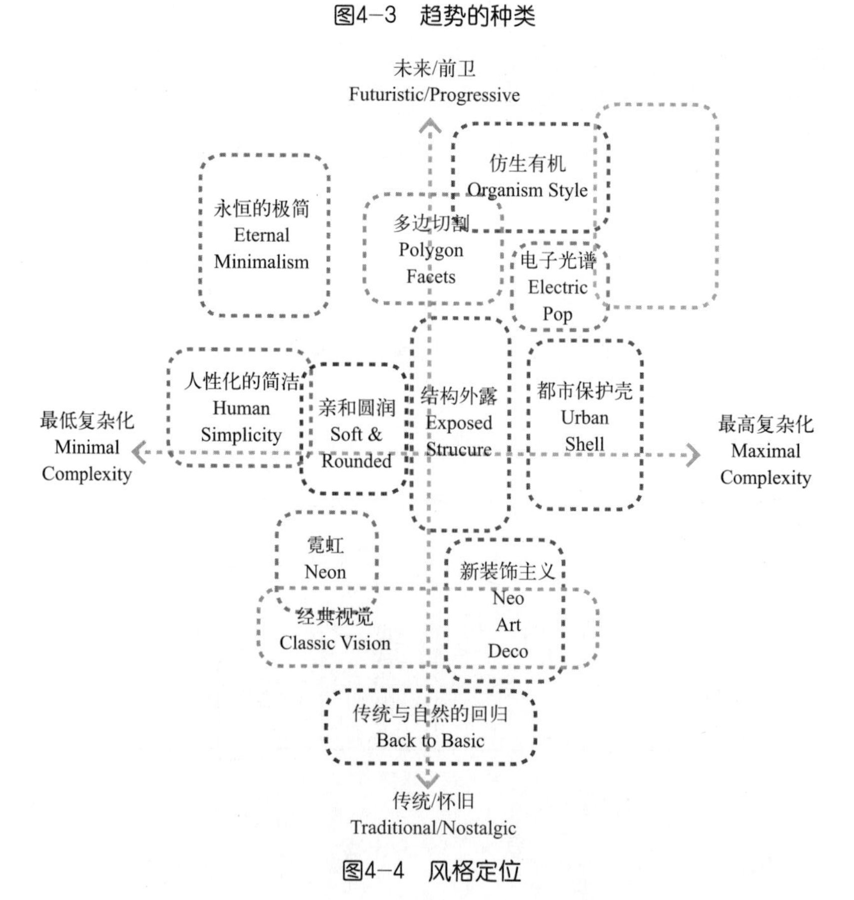

图4-4 风格定位

图4-5是马塞尔·万德斯于1996年利用新的材料与技术设计的结绳椅。这件作品将传统的结绳工艺发挥到了极致。

图4-6是约根·佩设计的Tree-truck长椅。这把椅子引人注目之处在于以天然、未经修饰的树干作为椅面。将现成的、具有古典风格的铜椅靠背与树干结合在一起，使设计游刃于自然与文化之间，令人眼前一亮。

图4-5　结绳椅

图4-6　Tree-truck 长椅

图4-7是萨蒂延德拉·帕克哈勒于1998年设计的BM马椅。这款限量版金属椅利用失蜡铸造法制造。

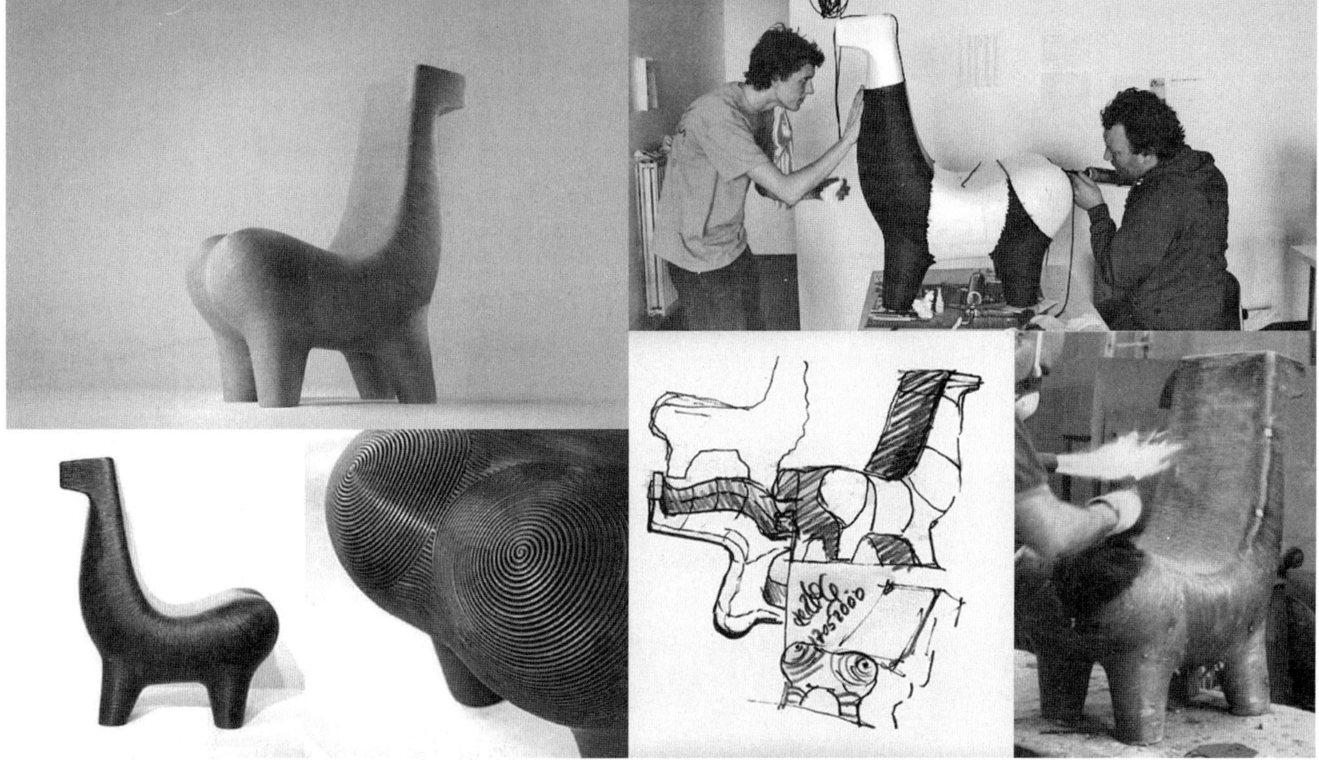
图4-7　BM马椅

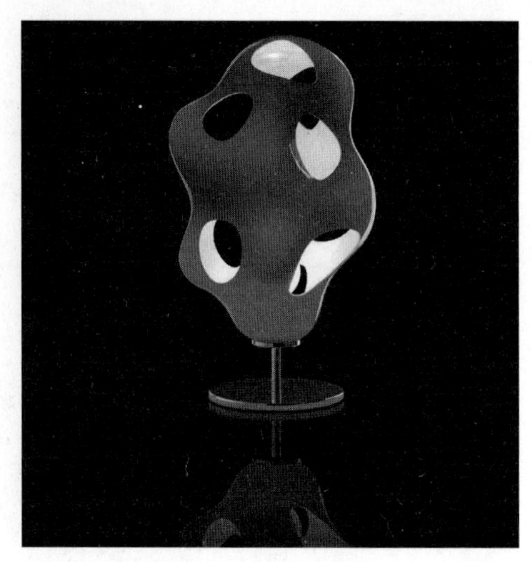
图4-8 Bokka台灯

图4-8是卡里姆·拉希德设计的Bokka台灯。这款设计具有经典的Blob主义（Blobjects）风格。Blob主义风格主要指那些色彩艳丽、批量生产、塑料材质的，以情感诉求为主的消费类产品，流动的形式和曲线是其主要特征。Blobjects是blobby和object两个单词组合而成的。

4.2 理念架构

此阶段的核心是创意。创意即创新思维。思维是人脑对客观事物本质属性和内在联系的概括和间接反映，以新颖独特的思维活动揭示客观事物本质及内在联系并指引人去获得对问题的新的解释，从而产生前所未有的思维成果称为创意思维，也称创造性思维。创意思维与创造性活动相关联，是多种思维活动的统一，但发散思维和灵感在其中起重要作用。创意思维一般经历准备期、酝酿期、豁朗期和验证期四个阶段。创意思维是人类智力活动中最有创新精神、最具奇特性和最富创造力的部分，它包括各种新思路、新谋略、新对策以及各种新发现、新思想、新设计、新筹划和新假设的“灵魂”和“核心”。创意思维的精髓是反常规、新创造、新相关和新意境。

创意思维是家具设计中涉及产品创新与概念研发的最重要的因素之一。通常意义上，人类的创意思维可以大致划分为实物的发明或革新、解决现实问题的新对策、制度的创新、纯理论的构想、主观认识的新变化五个方面。家具设计的主体过程基本上是属于第一类的。

然而家具设计中也必然会遇到功能、审美等因素的约束，这些因素在一定意义上限制了创意思维的拓展和发挥，尤其是容易受到工艺、风格、技术和成本等现实因素的制约；更重要的是，思维的僵化限制了设计师和家具设计的进一步发展。因此，创意思维的培养与拓展在此意义层面显得更为重要。

总体来讲，创意思维是在环境、动机与方法三要素的相互作用下产生的。因此培养创意思维的主体工作要紧密围绕创造环境、培养动机和讲求方法这三个要素开展，同时要鼓励设计者形成自己的思维拓展体系。

4.2.1 创造环境

自由是创意的温床。没有一个自由思维、自由表达和自由讨论的环境，创意思维就会被压抑，就会没有发展的机会。

支配则是创意思维的敌人。没有平等的气氛，创意思维就会被支配所扼杀，夭折在所谓权威的阴影之下。

容忍是创意思维的伙伴。没有对他人的容忍，尤其是对他人意见的容忍，创意就会隐藏起来，欲言又止。

现实中大多数创意都是在“试错”中产生的，没有对错误的原谅和允许，人们就会因怕犯错而失去创意的动机。家具设计也是一样，设计过程中往往会有很多不切合实际的想法，产生一些超现实甚至是荒谬的设计。在鼓励的环境中它们不断试错，很大一部分最终形成很优秀的概念产品。同时，如果创意能得到社会的鼓励与尊重，创意思维活动就会增加。

4.2.2 培养动机

人的创意动机多种多样，但主要的有如下几种。

（1）为利益、利润而创造发明。创意思维与投资活动都有明确的回报目标，其中利润和利益成为人们产生创意的驱动力之一。

（2）好奇。好奇心是人类的天性，人们因好奇而要把事情探个究竟而萌生创意。

（3）质疑。自信而不轻信他人的结论导致人们创意的产生。

（4）兴趣。创意活动本身可能是一种享受，人们为享受创意的过程而创意不断。

人们的创意动机越强烈，创意活动就越频繁。这些动机常常被良好的外部环境所刺激和激发。家具设计是一门多元化的设计艺术，涉及风格与造型、工艺与技术和经济与投资等诸多领域。充分挖掘和培养这些有关设计的良好动机是促进其创意思维形成的有效方法之一。

4.2.3 讲求方法

创意的方法带有专业性，不同领域也许有不同的创意方法。培养创意思维和创新能力的诸多方法中尤以美国奥斯本的集体智慧法（又称BS法或头脑风暴法）对诱发智慧联想、激励潜能开发而闻名世界。它强调集思广益，即把不同专业的人集合一起，从不同角度提出毫无任何限制的多种方案方法，并从中找出最佳创意来。

美国创造学家戈登的综摄法，也是已趋于成熟并有比较完整体系的创造技法。它对于形成系统的创意思维有较大的优势。

日本学者创立的系统观点开发的方法（又称ZK法），是动员集体中的每一个人在尽可能地做到发动联想、积累联想、丰富联想和融合联想的基础上，把握从集体联想的碰撞过程中已经显露出来的目标，然后借助每个人尽可能地发挥个体优势加以思考，之后再观察事物，再次进行思考。如此反复，使富于个性创造的主观性与富于活力的被观察对象的客观性逐步臻于统一，以促使创新思想的产生。最后，再将各自产生的创新思想在集体进行交流，并在实践中经过归纳整理使之进一步达到完善。该法与BS法有类似之处，但是更加充分和系统，做了精密的细分处理。

结合创新能力培养的实际，考虑个体的思维状况和培养目标，列出与培养创意思维有直接关系的带有启示性、可操作性的主题，以供参考。

（1）激发：关注灵感、直觉。它有助于诱发探索性思维，形成别致的新概念设计，特别是生活中的一闪念、超感觉，常常是创新的前提（或前兆）。

（2）问题发现：鼓励问题发现。主动、敏锐地从表面上看来无问题的家具设计中发现问题，形成可供改进、改革、更新和发展的构想。

（3）诱导：鼓励由一个设计主题“牵动”与另一个主题有联系的线索，从而引发新的结果或创造性方案。

（4）假想：鼓励展开想象和猜测，这种想象和猜测应是含有预见性、科学性的，是家具概念设计的前兆。

（5）模仿：鼓励参与包括对形态、结构、色彩、原理、性能等方面的模仿，进行仿形和仿生设计。

（6）综合：鼓励信息综合和创意综合，以引发认识的飞跃和重大发现，尤其要关注新材料、新技术以及相关领域的重大技术变革。

（7）组合：鼓励两种以上事物或产品的要素进行组合，包括功能组合、功能引用、功能渗透和工序组合等。

（8）联想：鼓励由此及他的想象。包括从对结构变化的追踪溯源中得到启迪做出的结构联想、规定了范畴和指向的强制联想和不定框框、不设前提、不受限制的自由联想等。

（9）移植：鼓励在设计实践活动中将整个领域的原理、技巧、方法、材料和结构引向另一个领域去思考，促进学科交叉共融形成新观念和新的设计构想。

（10）案例分析：鼓励参与对有典型意义的设计进行分析，以启发深层次创意的思路。

（11）感受生活：鼓励发现生活中的点滴启示，并给予充分发挥进行有针对性的设计。

（12）体会情绪：鼓励体会内心的情感和情绪信息，挖掘其中的启发性信息。

（13）关注梦境：鼓励设计期间关注并记录梦境中的思维变化与瞬间灵动，以解决现实设计问题。

著名发明家爱迪生说过："想法就像闪光；在思维的黑暗中只有瞬间的光亮。"好的设计和好的创意离不开好的灵感。灵感是最高级生命活动中的最高级精神生命现象，是瞬时独创性极强的表现。只要是创意都会有产生灵感的感觉。灵感是天然的，创意是人工的，但灵感不会凭空发生，要有创意思考的前提，灵感的发生才会有良好的温床。因此，在家具设计过程中没有灵感时应当深入思索或者动笔反复起草，以引发灵感的产生。

一些好的设想、创造性的方案，往往是灵感的突发，闪电般的昙花一现。有创新意识的人应该在手边常备记事本，随时随地记下一些闪念的想法。

美国企业咨询专家和思维过程学者霍华德·龙格说："每个人都会错过创造性的思维，普通人错过是由于他们不习惯这个模式，有创造能力的人是由于在他们的脑子里，这类事情过分拥挤了。"他为人们记住新设想提出了值得深思与仿效的9条提示：①手边经常要有笔和纸；②从来不要认为这个想法是如此的好，我是不会忘记的；③记下来并写个概要；④无论你正在做什么都要停下来，且集中思想考虑这个想法；⑤新想法往往是有风险的想法，不要因为风险而将此想法丢弃；⑥在思想的早期阶段不要去分析"为什么不"，保持"创造—肯定—实践"，不断地运转；⑦不断地面向未来，写下整个方案（市场、颜色和式样等）；详细讨论细枝末节，这样可以消除不利的环节；⑧冷静。在第二天审查你的想法，要做好笔记。这时不要努力回忆，而是审查整个方案；⑨创造性思维只是技巧、训练和实践的问题。

4.3 设计表述

设计表述，是设计师向他人阐述设计对象的具体形态、构造、材料、色彩等要素，与对方进行更深入的交流和沟通的重要方式；同时，也是设计师记录自己的构思过程、发展创意方案的主要手段。设计表述的正确认知与科学实施，对于设计其他后续工作的开展与效应的达成均具有积极的基础价值与奠基意义，它标示着设计工作实现了由"思想"到"现实"的跨越，是设计"切实"发生的开端。设计表述是个宽泛的概念，在现有科技水平和设计认知条件下，设计表述的语言包括传统意义传递信息的载体——话语与文字，基于绘画与绘图技能的手绘表现图，计算机辅助虚拟影像设计和最为直观的实物模型（原型样机）等多种形式。涵盖了高等设计教育课程体系中的设计表达、模型工艺与计算机辅助设计等课程内容，是设计人员必备的专业技能。通常设计表述具备如下特征。

（1）传真。表述最重要的意义在于传达正确的信息，没有正确的表达就无法正确地沟通和判断。设计师借助色彩、质感的表现和艺术的刻画达到产品的真实效果，忠实地表现设计的完整造型、结构、色彩、工艺精度。具有视觉感受上的真实性，能够客观地传达设计者的创意，让人们正确地了解到新产品的各种特性和在一定环境下产生的效果。

（2）快速。现代市场竞争非常激烈，有好的创意和发明，必须借助某种途径快速表达出来，缩短产品开发周期。无论是独立的设计，还是推销你的设计，面对客户推销设计创意时，必须互相提出建议，把客户的建议立刻记录下来或以图形表示出来。快速的表现技巧便会成为非常重要的沟通手段。

（3）美观。设计表述结果要干净、简洁有力，悦目、切题，是设计师的工作态度、品质与自信力的表现。虽不是纯艺术品，但必须有一定的艺术魅力。便于同行和生产部门理解其意图。优秀的设计表述结果是一种观念，是形状、色彩、质感、比例、大小、光影的综合表现，它融艺术与技术为一体，本身就是一件好的装饰品。设计师想说服各种不同意见的人，在相同的条件下，独具美感的设计表述结果往往胜算更多。

（4）说明性。心理学家告诉我们，直观的物体与影像比单纯的语言文字更富有说明性。设计者要表达设计意图，必须通过各种方式提示说明，如草图、透视图、表现图、模型等都可以达到说明的目的。尤其是实物模型，更可以充分地表达产品的形态、结构、色彩、质感、量感等。还能表现无形的韵律、形态性格、美感等抽象的内容。所以，设计表述具有高度的说明性。

4.3.1 手绘表现图

手绘表现图是设计表述中最具基础作用与实践价值的内容之一。作为一种以手绘为手段，图纸为形式的设计表述方式，手绘表现图是通过直观的视觉图形语言，搭建起设计者与同行及客户间沟通的桥梁，达成设计理念由抽象与非物质的概念转化为具象的可被感知、认知、理解和接受的表象形式，并依托“共识认知”的互为与互动效应，进而实现设计的预期目标。手绘表现图以能够全面、生动、客观和具体、有效地阐释设计理念为行为指南与行动标准，

“语不惊人死不休”既是对其价值取向的诉求，也是其工作状态的写照。

按照功能及形式的不同，表现图可分为草图、三视渲染图以及透视渲染图。

1）草图

草图（Sketch）是设计师的基本工作形式。设计师面对抽象的概念和构想时，必须经过化抽象概念为具象图形的过程，即把脑中所想到的形象、色彩、质感和感觉化为具有真实感的事物。草图是完成这个过程的最快捷、最直观的手段（图4-9）。

（1）概念草图。设计初始阶段的产品雏形，线描为主，迅速记录设计师对于形态的思维发展过程、大概意念。也称为“拇指图”（Thumbnail）（图4-10）。

（2）细节草图。细节草图（图4-11）有以下功能。

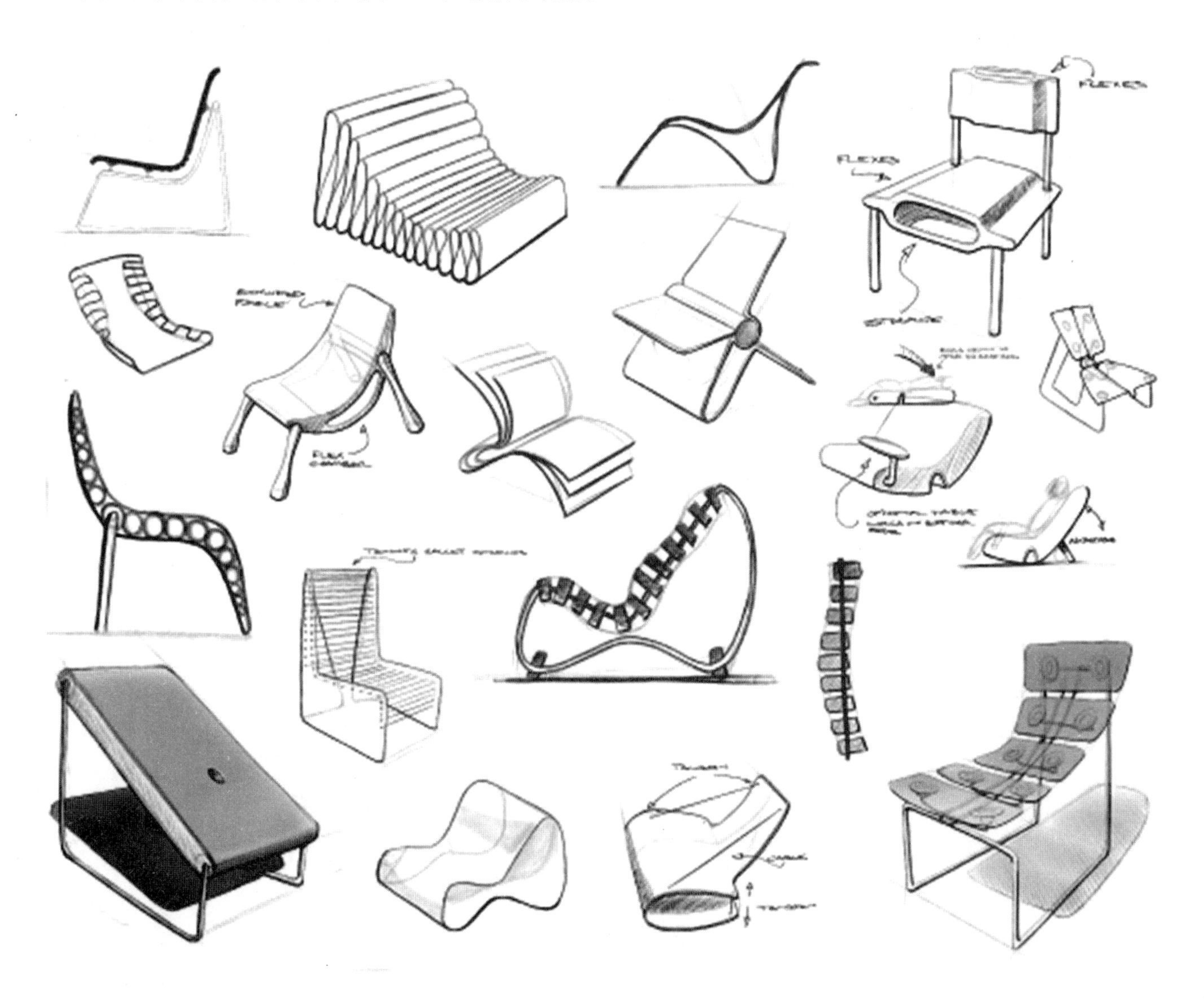

图4-9 手绘草图

①解释说明：以说明产品的结构与细部为宗旨。 可加入一些说明性的语言。 要求：清晰，大关系明确。

②详细分析：以爆炸图的形式具体分析结构，在画面上检讨设计可行性。

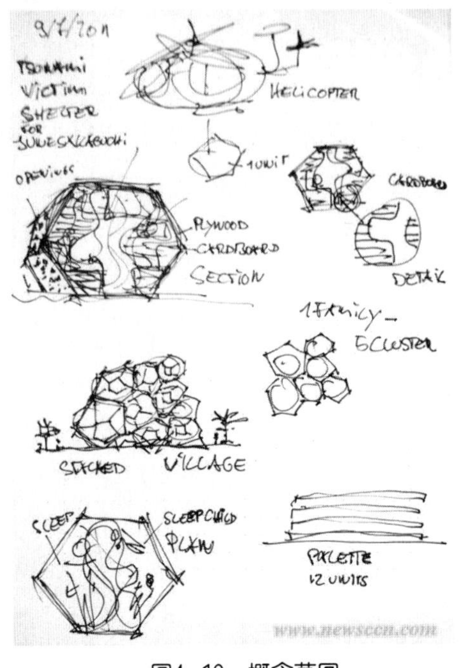

图4-10 概念草图

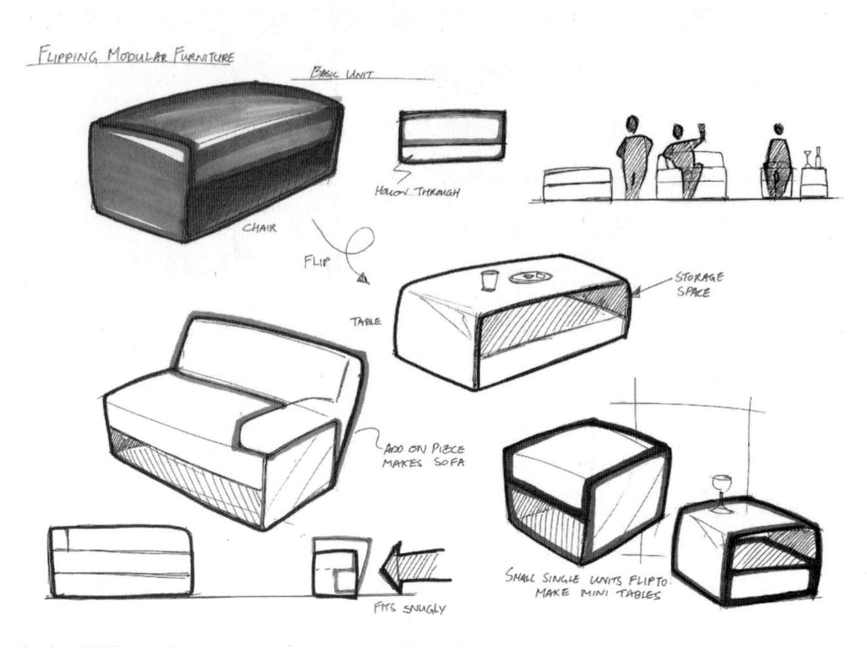

图4-11 细节草图

（3）展示草图。方案评审和比较时使用。清晰表达结构、材质、色彩、必要时为加强主题还会顾及使用环境、使用者（图4-12）。

图4-12 展示草图

2）三视渲染图

三视渲染图是指以精确体现家具各个部分体量关系为目的的一种表现形式，概括、严谨，在板式家具设计中较为多见。

3）透视渲染图

透视渲染图通过形状、材质、纹理、色彩、光影效果等的表现和艺术的刻画达到产品的真实效果（图4–13）。

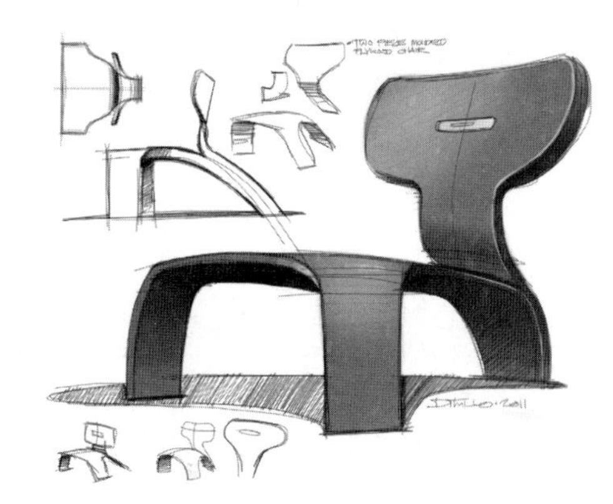

图4–13　三视渲染图与透视渲染图

室内家具效果图是带场景和环境交代的渲染图，是设计的各项内容完整、直观的表现（图4–14）。

渲染图最重要的意义在于传达正确的信息——正确地让人们了解到新产品的各种特性和在一定环境下产生的效果，便于各种人员看懂并理解。

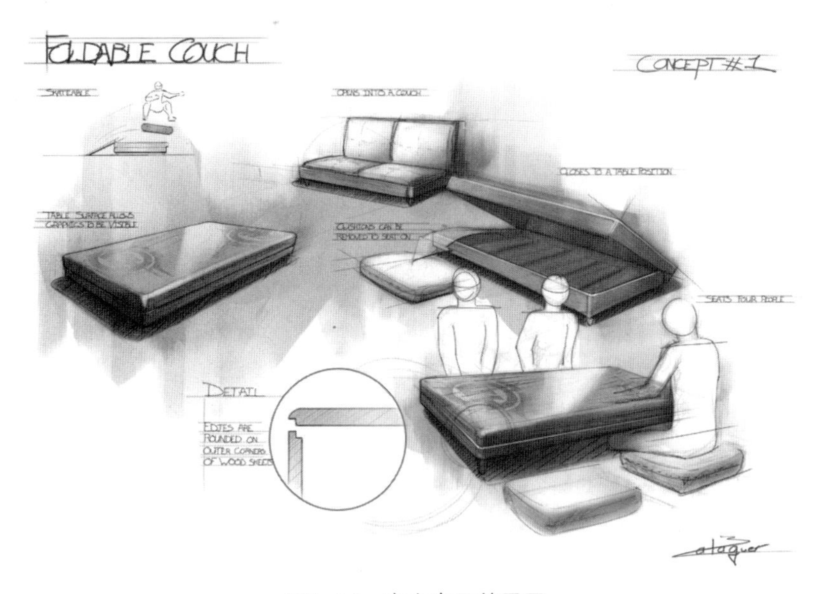

图4–14　室内家具效果图

按照手绘表现图采用的绘制技法分：铅笔素描技法、中国画技法、油画技法、水彩技法、水粉技法、丙烯技法、喷绘技法、透明水色技法、马克笔技法，色粉技法以及依托数码技术的“手绘板技法”等。

图4–15　马克笔加色粉法绘制的表现图

马克笔+色粉是最常用的表现手法（图4–15），其特点在于轻松、快捷、简便。马克笔笔触流畅、透明、易干，只要线条排列得当，便能轻松表现物体的明暗；色粉层次分明，过度柔和；两者结合使用，是目前最流行的表达方式。色铅因与铅笔的性质相近，所以在彩色媒介中是较易掌握的一种。底色高光技法在于利用底色或纸色（中明度或低明度色纸）作为中间层次，直接表达高光和投影部分，以及少量的亮部和暗部（图4–16）。

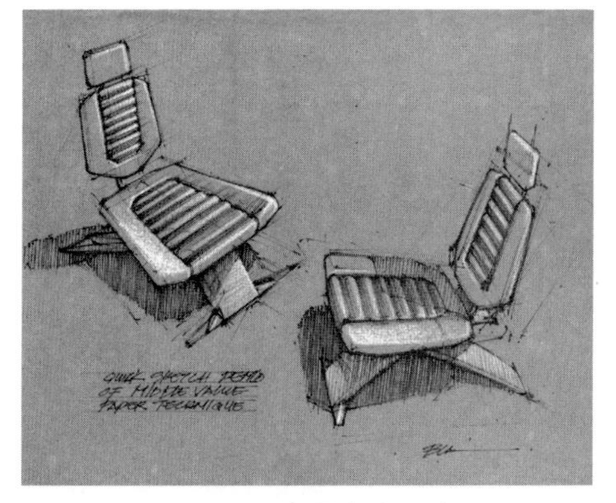

图4–16　底色高光技法

4.3.2　计算机辅助家具设计

随着科学技术的发展，人们生活水平的提高，家具的更新越来越快，人们对家具的要求越来越高。消费者在购买家具时选择的

图4-17 计算机辅助绘制的座椅草图

图4-18 计算机辅助创作的渲染效果图

空间越来越大。这些都要求设计人员要改变传统的手工设计手段，提高设计效率，以适应现阶段的家具消费现状。因此，有必要借助计算机辅助家具设计。计算机辅助家具设计是指设计师在家具设计流程中，使用计算机作为工具来完成家具设计过程中的各项必要工作，包括草图设计、产品造型设计、零件设计、结构设计、工装设计、工程分析等（图4-17、图4-18）。

利用计算机辅助设计家具，可以减少设计人员的重复劳动，快速、准确地制图，方便快捷、易于修改，保证绘图质量，缩短设计周期；能够进行材质贴图、灯光、动画设置，更形象、更直观地观察家具效果，甚至还可以让消费者参与，与设计人员共同完成设计。计算机辅助家具设计具有系统性、高效性、精确性以及交互性等特点。

系统性：计算机本身就是一套非常严密的结构体系，这个特点决定了计算机辅助家具设计的工作流程也具有严密的系统性。家具设计与计算机一样，其中的各个环节都是紧密相连、不可分割的，是一个完整的系统。在计算机的帮助下，家具设计各环节信息的交换速度大幅提高，同时获取和发布信息的渠道也更加多样化，这就使得家具产品在设计的各个环节中都能得到很好的监控，不同部门的设计师和工程师也可以借助信息共享的便利进行更加紧密的合作从而提升家具设计、生产的效率和质量。

高效性：发明计算机的最初目的就是提高数据处理的计算速度，进而减轻人们的工作量并提高工作效率。同时，借助于网络技术，多台计算机可以并行同时完成一项工作，使得计算速度成倍的提高，这样的工作效率是人力绝对无法企及的。

计算机辅助设计的高效性还表现在其制作的设计图纸有极强的可修改性，任何时候都可以快速修改或局部重新制作。另外，计算机文件可以轻易地进行复制、备份，大大减少了重复劳动，同时还可避免因工作文件丢失或毁坏所带来的对工作进度上的影响。

精确性：家具设计是一项严谨的工作，对于尺寸的精度要求十分严格。而计算机完全程序化的工作方式就决定了其在准确性上的绝对优势，只要系统设置无误，计算机就可以不出半点差错地一直工作下去。对于尺寸等具体的数值参数，在计算机软件中都可以按需要进行精确的设置，对于所有的尺寸都可以精确到小数点后四位，使用这样的工具进行绘图工作，无疑会使设计的可靠性大大提高。

交互性：计算机辅助家具设计实际上是设计师与计算机相结合，发挥各自的优势，相互配合，应用多学科的技术方法综合有效地解决设计中遇到的问题的一种新的工作方式。设计师发挥自己的创造力和想象力，先在头脑中形成新产品的构思，然后借助计算机高效的处理能力将头脑中的概念快速转变为可视化的图纸。在这一过程中设计师的判断能力、创新能力与计算机高效的数据信息处理能力完美地结合在一起，设计师向计算机下达指令，计算机将数据处理结果反馈给设计师，设计师在进行判断后根据反馈结果将自己的想法再次输入到计算机中。这种人—机交互的过程是计算机辅助产品设计区别于其他设计方法的重要特点。

计算机辅助家具设计所涉及的软件很多，这些平面设计类软件Adobe Photoshop、Adobe Illustrator、CorelDraw等是可以进行平面表现的软件工具；三维造型与动画综合软件有Autodesk AliasStudio、Autodesk Maya、Autodesk 3Dsmax等，也包括Rhino、vray、keyshot等专业建模或者渲染的软件；还有CATIA、I-DEAS、EDS Unigraphics、Pro/Engineer、Autodesk AutoCAD等辅助设计、制造、分析的工程类软件。

无论是简单的效果，还是复杂的设计，尽量试着解释设计的结构，比如经常使用的产品爆炸图。具有熟练绘制效果图的能力对于设计师至关重要，这将决定设计师是否能够快速而精确地将设计概念呈现给客户，并赢得他们的信任与支持。

4.3.3 家具模型制作

家具产品开发设计不同于其他设计，它是立体的物质实体设计，单纯依靠平面的设计效果图检验不出实际造型产品的空间体量关系和材质肌理。模型制作是家具由设计向生产转换阶段的重要一环。最终产品的形象和品质感，尤其是家具造型中的微妙曲线，材质肌理的感觉必须辅以各种立体模型制作手法来对平面设计方案进行检测和修改。

设计师经常使用四种模型：草图模型、模拟模型、外观模型和结构模型。家具模型制作通常采用木材、黏土、石膏和塑料板材或块材以及金属、皮革、布艺等材料，使用仿真的材料和精细的加工手段（图4-19），通常按照一定的比例制作出尺寸精确，材质肌理逼真的模型。模型制作也是家具设计程序的一个重要环节，是进一步深化设计、推敲造型比例、确定结构细部、材质肌理与色彩搭配的设计手段。

模型制作完成后可配以一定的仿真环境背景拍成照片和幻灯片，进一步为设计评估和设计展示所用，也利于编制设计报告书的模型章节，模型制作要通过设计评估的研讨与确定才能确定进一步转入制造工艺环节。

图4-19 家具模型

4.4 生产实践

在家具效果图和模型制作确定之后，整个设计进程便转入制造工艺环节。家具制造工艺环节（表4–3）。

表4-3　家具制造工艺环节

阶　段	内　　容
产品设计发展	产品丰富设计 功能及产品细节设计 工艺结构的完善 材料色板制作
工艺结构设计	工厂克食盐工艺研发 细节大样图的绘制 部分工艺的简化 替代工艺研发
样品试制	设计图纸的工厂制作过程中的跟踪 设计人员就样板制作过程中出现的问题及时调整 各配套的五金、材料到位 适应工厂工艺体系的调整
样品调整	对工艺结构的调整 对比例尺度的调整 对功能的调整 对整体关系协调的调整
批量生产	生产图纸的绘制 批量生产的工艺定型 其他技术文件的准备

家具制造工艺图是家具新产品设计开发的最后工作程序，是新产品投入批量生产的基本工程技术文件和重要依据。家具工艺图必须按照国家制图标准〔《家具制图》(GB/T 1338—2012)〕绘制包括总装配图、零部件图以及加工说明与要求、材料等方面的内容。

装配图：将一件家具的所有零部件之间按照一定的组合方式装配在一起的家具结构装配图，或称总装图。

部件图：家具各个部件和制造装配图，介于总装图与零件图之间的工艺图纸，简称部件图。

零件图：家具零件所需的工艺图纸或加工外购图纸，简称零件图。

大样图：在家具制造中，有些结构复杂而不规则的特殊造型和结构，不规则的曲线零部件的加工要求，需要绘制大样图。

家具制造工艺图纸也是整个设计文件的重要组成部分，尤其是需要掌握熟悉，了解具体的生产工艺、产品结构、材料以及需要外购外加工的零部件，由于家具的标准化、部件化程度越来越高，有许多零部件可采用市场通用的标准成品可进一步降低开发成本，便于批量生产。家具工艺图纸要严格按照工程技术革新文件进行档案管理，图号图纸编目要清晰，底图一定要归档留存，以便不断复制和检索。

家具所用材料不同施工工艺与设备会有较大差异，在此提供现代板式家具的生产工艺以供参考（表4-4）。

表4-4 板式家具加工工艺流程及设备

流程	使用设备	加工工艺	设备图片
开料	电子开料锯或推台锯	①幅面素版据切时应平起平落，每次开料不超过三层 ②工锯切后的板件大小头之差应小于2mm ③切后的板件应置于干燥处堆放，每个货位允许堆放50层左右，同时将工艺卡片写清	
定厚砂光	宽带砂光机	①行定厚砂光要求芯料两面削量均衡 ②求每次单面砂削量不得超过0.5mm ③磨时，要求前后芯料首尾相连接连续进料	
涂胶	手工或滚轮机	经涂胶的材料胶量应均匀地涂布在材料表面上。无漏胶，边沿无余胶溢出	
组胚	由人工在组胚工艺台上操作	薄木与单板的纤维方向一致	
胶压	冷压机或热压机	将板胚放入压机，加压，稳压，卸压，覆面板堆放	
裁边	精密裁边圆锯机和双面裁边锯机	覆面板裁边时先经刻痕锯在其背面锯出一条切槽，以切断覆面板背面的纤维，防止产生崩裂现象	
封边	直线封边机，曲线封边机，异性封边机	覆面板封边要求：结合牢固，密封，表面平整，清洁，无胶痕，确保尺寸与形状的精度	

（续表）

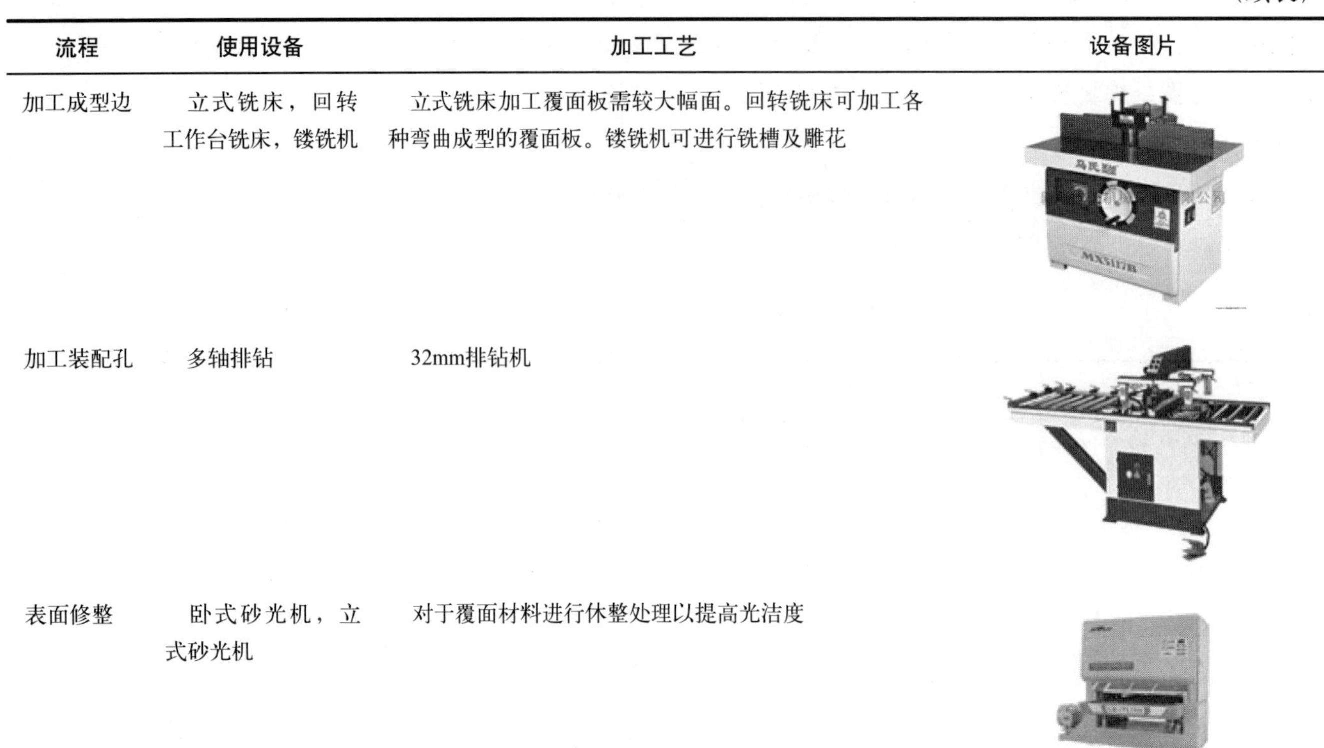

流程	使用设备	加工工艺	设备图片
加工成型边	立式铣床，回转工作台铣床，镂铣机	立式铣床加工覆面板需较大幅面。回转铣床可加工各种弯曲成型的覆面板。镂铣机可进行铣槽及雕花	
加工装配孔	多轴排钻	32mm排钻机	
表面修整	卧式砂光机，立式砂光机	对于覆面材料进行休整处理以提高光洁度	

4.5 市场营销

市场营销，是指市场营销人员综合运用并优化组合多种可控因素，以实现其营销目标的活动总称。这些可控因素归并为四类，即4Ps：产品——Product；价格——Price；地点——Place；促销——Promotion。与这些因素相对应，营销策略上也有产品策略、价格策略、渠道策略和促销策略。

4.5.1 家具产品策略

1）家具产品品牌策略

设计师应该熟悉品牌策略的问题，因为产品设计总是要涉及这方面的内容，重要的是根据产品开发的具体需求，判断应选择的品牌名称、品牌类型和品牌策略，

（1）创建品牌名称。创建的品牌名称要能够使人联想到产品的质量和利益；易读、易认和易记；名称要鲜明独特；品牌名称应该能够扩展；应该能够被译成外文。

例如，国内家具原创品牌“半木”。“半木”，既东方又易读，还带着点禅意。这个很禅意的名字，意为“取半舍满，以木为聪”。设计者把中国传统哲学融入当代设计，希望通过“立足当

代”把“我们的过去”和“今天的我们”连起来，为现在和未来创造更多价值。

（2）选择品牌类型。企业建立品牌的类型有四种：制造商自己的品牌、销售商的品牌、特许品牌和几个企业的合用品牌。在家具企业中，制造商自己的品牌占据绝大多数，也有部分具有自己品牌的销售商，通常都是较大型的销售商，有能力收入一些小型制造商的产品，标示为销售商的品牌。特许品牌，顾名思义，指一些企业申请许可，采用其他制造商已创立的品牌名称或符号标志，以及一些流行电影和书本中的著名人物或角色的名字。优点是不用耗费大量的时间和金钱来创立自己的品牌。

（3）选择品牌战略。产品的品牌战略通常有四种：产品系列扩展、品牌扩展、多种品牌和新品牌。

2）家具产品包装策略

家具产品包装设计就是利用适当的包装材料及包装技术，运用设计规律、美学原理，为家具产品提供容器、造型和包装美化而进行的创造性构思，并用图纸或模型将其表达出来的全过程。

一个优秀的家具包装必须利于消费者使用，具有以下特点：五金配件位置醒目，且配件易多不易少；组装图清晰规范，组装步骤简洁易懂；部件按组装顺序取拿，容易辨识；有详细的使用注意事项，有材料、工艺、结构、造型设计等说明；有明确的售后服务内容和消费者权益说明。

3）家具产品系列策略

产品系列是指密切相关的一组产品，因为它们以类似的方式发挥作用，售给同类顾客群，通过同一类型的渠道销售出去或者售价在一定的幅度内变动。产品系列中项目的数量，经常是企业需要仔细管理的对象，也是设计人员需要考虑的部分。通常家具企业采用两种方法来增加产品系列数量。

（1）家具产品系列延伸：可以从上、下或从上下两个方向延伸产品系列。定位高端市场的向下延伸，低端向上延伸，中端向两头延伸，这取决于哪个市场的增长率比较快。比如从实木系列的新古典系列向下延伸为松木系列，向上延伸为青柳系列（图4-20）。

（2）家具产品系列填补：在现有的产品系列范围内增加新的产品项目。采用的原因：取得超额利润；尽力满足销售商；利于过剩生产力；成为全线领导企业；堵住市场漏洞；以及排挤竞争对手。家具企业的产品系列填补，通常是在一个系列中加入新款或改进原款家具。

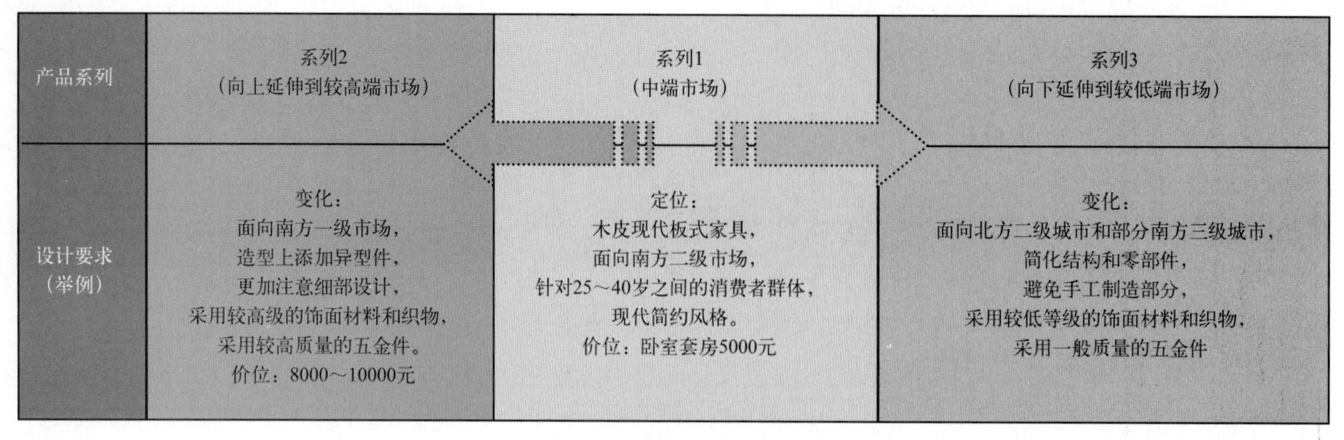

图4-20　家具产品系列延伸

4）家具产品组合策略

一个企业提供给市场的全部产品系列和产品项目组成了产品组合。按照产品生命周期理论，企业产品的市场储备量、销售量和所能获得的利润量都有从成长至衰减的发展过程。因此，现代家具企业通常不只经营一种产品，而需要同时经营生产多种产品项目。企业根据市场需求、自身的能力和特长、竞争形势等，对产品项目的结构作出决策就成为产品组合决策。依据产品组合的广度、长度、深度和相关性，产品组合决策大致分为：全面型、市场专业型、产品专业型、有限产品专业型和特殊产品专业型。企业要根据自己的实际情况进行选择。

产品组合是一个动态的过程，我们所期望的是产品组合总是处于最佳的状态，使产品适时投入或退出市场，使企业不断获取较大的利润。因此，家具产品开发设计人员应该有认真的分析和敏锐的判断，不断开发新的设计思路，为企业决策提高依据和信息。在进行新产品开发时要首先清楚各产品在生命周期中所处的位置，才能确定新产品开发的目标和时机。要注意研究新产品和老产品之间的关系问题。例如，即将被淘汰的老产品曾经获得普遍的喜爱，则新产品可以考虑延续它的成功之处加以发挥；反之，则可以考虑做较大的改变。另外对于企业的产品组合，在造型、功能和规格等方面进行适当分组，同时保持产品的统一形象，使产品组合具有系列感或家族感。

4.5.2　家具产品生命周期设计

产品生命周期有五个不同阶段：开发期、导入期、增长期、成熟期、衰退期。家具产品的生命周期当然也遵循相同的规律，但同时具有各自不同的特点。家具产品的开发过程比较短，一般3～14个月便可以完成，一年两次的家具展览会促使企业不断地推出新产品，大量的精力被放在新品开发上，而对老产品的生命周期管理相对轻视。造成的结果是，产品生命周期比较短，部分产品经过小幅度增长就直接进入衰退期，或者滞留在这个位置不前，多数产品难以跨过增长期进入成熟期。而新产品又不断地变成老产品，如此堆积，企业的利润空间被大大挤压。

4.5.3 家具产品定价策略

价格是影响产品销路的重要因素，因此，如何定价是企业的一项重要策略。价格策略一般来说有三种：以成本为中心的定价策略；以需求为中心的定价策略；以竞争为中心的定价策略。以成本或竞争为中心的定价策略，要求产品设计人员尽量降低产品成本，而以需求为中心的定价策略则要求开发出高附加值的家具产品。家具设计人员必须具备成本控制意识。以下列出几种常见的设计思想。

1）零部件标准化

如图4-21所示为板式家具产品零部件标准化。

板式家具产品的零部件标准化举例
在同一产品系列之内减少板材和五金的种类
在多个系列之间，也要注意减少材料的种类
多用饰面板，少用油漆
依据板材规格，设定零部件的标准尺寸
床头柜、梳妆台和斗柜通用抽屉
不同系列之间也通用抽屉
床身、衣柜身通用
分析功能尺寸，避免不必要的材料浪费

图4-21 板式家具产品的成本控制

2）按目标成本设计

在新产品的设计之前事先制定出目标成本，这一目标成本是产品从设计阶段到推向市场各个阶段所有成本确定的基础。成本企划人员首先从预测销售价格中扣除期望利润后“倒挤”出目标成本。接着分析构成产品成本的每一个因素，包括设计、工艺、制造、销售等环节，然后再将这些因素进一步分解以便估算每一部分的成本。由此可知，成本事先就限定好了，制造过程实际消耗乃至顾客的使用成本都不允许超越事先限定的范围。这意味着，把成本思考的立足点从传统的生产现场转移到了成本产生的源头——产品的设计阶段。

3）功能分析

通过功能分析，可以明确目标产品所需要的功能数，避免过多地附加上额外功能而导致产品成本升高，在此思想的指引下还可以继续细化和深入。

除此之外，还有其他一些新方法可以有效地降低成本。许多设计师搞设计都很保密，主要是为了保护自己的知识产权。但这种封箱作业的方式，往往无法确定设计的产品是否符合消费者的需求，可能会导致生产出来后产品生命很短暂。日本大象设计事务所（以下简称“大象设计”），先对消费者想要什么进行调研，然后再找制造商建议开发。因此他们的公司会赞助杂志去访问著名的艺术家、设计师、企业界的领导人物，问他们具体需要一些什么样的产品，通过电子邮件对具体的需求进行深化研讨，最后得出产品开发的理念。当有足够的人对同一种新产品提出类似的需求意见时，大象设计在网上提供基本的设计概念，供消费者评价，以确定最终的方案，当一款方案被选定，且它的订单量达到最低要求时便开始联系厂商生产。这种定制设计模式被称作DTO（Design to Order）。大象设计认为，在信息化时代，个性化的需求越来越大，这种迎合既定消费需求的设计开发目的性十足，必将越来越受欢迎（表4–5）。

表4-5　家具功能分析示例

产品设计方案	目标成本	基本功能数	额外功能数	预计产品成本
A	300	3	0	210
B	300	3	2	290
C	300	3	5	400

4.5.4　家具产品渠道策略

家具产品设计人员要根据市场因素、企业本身的条件、产品本身的特点和政策法令限制等情况，预先估计可能的营销渠道，然后根据这些渠道的特点和要求指导产品设计。对于不同的销售渠道，产品的规格、采用的标准、造型的风格、人体功效学参数的规定和包装的设计等许多因素都可能有所改变，这应该在设计之中加以注意。另外，设计本身对销售渠道的选择也是有影响的，产品设计人员可以利用这一手段达到疏通营销渠道的目的（表4–6）。

家具行业的产品渠道正在由单一化向多元化发展，面对逐渐出现的新渠道，家具产品设计要与渠道的发展相互促进，由渠道带动产品设计，以产品推动渠道变革。

表4-6 家具产品的渠道策略

宏观环境	变化趋势	对家具产品设计的影响
人口环境	人口数量增长（对消费品的需求量增大）	对家具产品的消费量也会增大
	年龄结构的变化（老龄化现象）	特别针对老年人的家具设计，强调便利性和安全性
	性别结构的变化（分众市场）	女性家具和男性家具，如女性家居尺度较小、装饰性强，采用软包装等
	家庭结构的变化（三口或两口之家是主流）	针对小型家庭设计的小型、多功能家具
	民族结构的变化（我国是一个多民族国家）	针对不同少数民族，设计符合民族习惯的特色家居
	人口的地理分布及区间流动（农村人口向城市流动，内地人口向沿海流动）	针对涌入大城市的打工者设计成本低、易搬动、轻便、可拆装的家具
经济环境	消费者收入水平的变化（个人可任意支配收入增多）	消费者能够接受价格稍高，但具有高附加值的家具产品；具有高质量、高技术、舒适易用等特点
	消费者支出模式和消费结构的变化（住宅消费支出增大；没有孩子的年轻家庭倾向于把更多的收入用来购买耐用消费品）	
	消费者储蓄和信贷情况的变化（消费者信贷增多）	
自然环境	原材料短缺、能源成本增加、污染增加、政府干预加强（珍贵木材稀缺、天然木材短缺、人工林资源丰富；相关限制家具产品甲醛释放量等有关环保的规定和法律出台）	使用人造木材的失眠家具、香味家具将纳米技术香料加入家具，具有特殊作用的家具，如催眠、按摩等
政治法律环境	商业立法，政府执行力、道德和社会责任的约束	有关产品质量指标的各项硬性规定
社会文化环境	教育状况、宗教信仰、价值观念、消费习俗和审美观念	不仅涉及家具，还要设计饰品和展示氛围，提供一整套生活模式，如“高品质生活”

中国家具市场规模大，销售系统复杂，市场呈多元化格局，有国际品牌专卖店，有超市，有综合性居室用品店、旧家具店、连锁店、网络销售等。不同的销售渠道所售家具的价格水平也不同。对中国家具市场的销售渠道作深入了解有利于产品销售时候的定位。可根据产品的不同性质利用不同的渠道进行销售。

家具市场营销的成功大多取决于适当的策划和进入市场的特定策略，作为设计师需要有一个简单的了解。以下提供一些行之有效的策略，如图4–22所示。同时，对于不同渠道，所适合的家具产品也是有很大差别的，见表4–7。

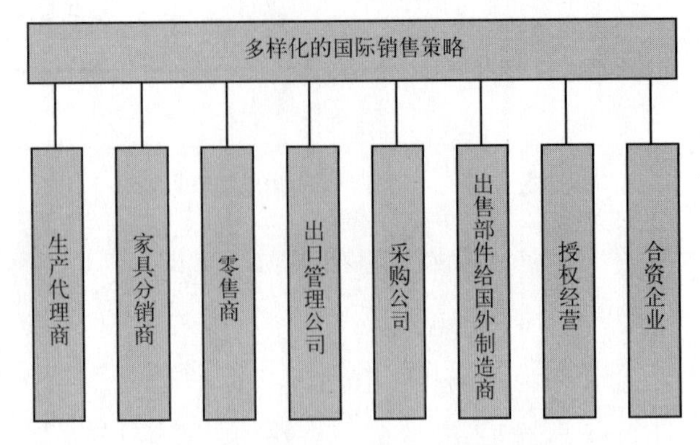

图4-22 多样化的家具产品国际销售策略

表4-7 不同渠道类型相对应的家具产品特点

家具营销渠道类型	对应的家具产品特点
大型家具批发市场，如广东乐从、厚街、河北香河、苏州蠡口等	产品越全面越好，展示设计的差异要鲜明
专业的家具商城，如吉盛伟邦、星月、红星、建配龙等	针对不同市场分置产品系列统一包装专卖店
有制造商开设的专卖店或展示厅，如曲美、美克美家等	情景化、体验式设计、生活方式设计
超市、大型商城中开设的家具店，如百安居、欧佩德、沃尔玛	一站式消费，中档、易搬运
小型商场	中低档小件家具
与房地产商和装饰公司合作	样板间、相配合的尺度和风格
与家电超市合作	与家电相配合的特征和尺度
家具联盟组织	组织内产品种类互补
网络营销和定制营销	模块化设计，个性化组合

(1) 与生产代理商或经销商联系。独立的个体在市场将成品出售给零售商或批发商。代理商与制造商的关系同市场上独立的经营者一样。他们以支付佣金为基本的付费方式将产品在指定范围内销售。

(2) 出售给家具分销商。经销商将家具转卖给零售商及其他销售商，形式包括库存货品和无库存两种。经销商的优势是他/她有权支配商品同时承担营销风险与责任。

(3) 出售给大的零售商。很多大的、业绩好的公司可直接将产品卖给零售商。譬如，一知名厂家生产高价位的产品，与颇有名气的零售商签订合同。零售商以某地区为销售核心，进而迈向全国市场。

(4) 出口管理公司。出口管理公司使产品进入国外市场。他们买进产品再出售，或以代理商的形式出现。被支付工资、佣金或将两者合而为一。总之出口管理公司负责市场营销的各个方面——从销售到运输。

(5) 出售给采购公司。商家将大部分的产品卖给采购公司、大型私有集团、进出口公司或买家。所以要不断寻求为采购公司服务的宝贵商业机会。

(6) 出口家具零部件给制造商。同许多产业一样家具商也出售零部件，如半成品的实木家具部件。制造商根据市场需要完成组装然后再销售。

(7) 授权销售。许权方与授权方达成协议向授权方提供商标的使用权，确定目标市场，从而获取费用收入或提成。

(8) 网上销售。计算机网络日益普及丰富了家具企业市场营销的内涵与外沿，为家具企业网络营销带来了良好的机遇。在网络环境下，客户处于倾向建立一种学习型关系的强势地位。因此，树立客户资产观、重组业务流程、导入并实施客户关系管理、营造“客户至上”的家具企业网络文化、有效锁定客户及增强网络形象和信誉是家具企业营销获取竞争优势的关键所在，同时也为家具企业市场营销策略的选择和营销手段的科学化提供了技术支持。当然适应网络营销环境的家具产品开发也是势在必行的。

此外，家具厂商吸引顾客购买产品的机遇还有很多。国际家具展就是另一种推广渠道。大型家具展会上的参观者，主要兴趣点就是家具，因此他们也是潜在客户。知名的家具展会主要有德国科隆家具展、意大利米兰国际家具展、巴西圣保罗家具展、上海家具展、日本东京国际家具展和加拿大多伦多家具展等，家具公司务必借助这些机会向各地的买家展示自己的产品。

4.5.5 家具产品促销策略

促销的目的是将产品的有关信息传递给消费者，激发其购买动机，以达到扩大销售和与消费者建立关系的目的。应在促销策略指导下参与广告设计和销售促进等工作，使产品的设计思想及目标进一步通过促销工作表达和宣传给消费者，同时也可以获得接近消费者的机会，了解他们的需求和产品的反馈情况。

家具行业的促销手段主要是广告（包括电视、广播、报纸、杂志、宣传单和户外广告牌）和产品折扣。在产品设计时，可以考虑专门设计几个促销款。促销产品的要求是造型尽量简单、功能单一，使用饰面板，成本最小化。

4.6 设计评价与设计反馈

4.6.1 设计评价

一般来讲，在进行新产品评价时应该由企业的设计部、销售部、技术部、生产车间等共同参与，综合考虑，全面评价，达成共识。

1）对设计过程中各阶段的评价

设计的评价是指依据一定的原则，采取一定方法和手段，对设计所涉及的过程及结果进行事实判断和价值认定的活动。它对设计者树立质量管理意识、强化质量管理、高质量完成设计任务有重要作用，同时也有助于设计中的信息交流和工作反思。评价涉及评价对象和评价者。

从评价对象来看，设计的评价可以分为两类：对设计过程的评价；对设计成果的评价。

从评价者来看，也有两类：是设计者自我评价；是他人的评价。

无论是对设计过程的评价还是对设计成果的评价，都应建立在事实判断的基础上；也就是说，评价者首先应对设计过程和设计方案的各个细节进行准确的判断、说明、阐述。只有在事实确定的前提下，评价才会有效，才不至于失真。

进行评价必须制定相应的标准。由于设计的目标和内容不同，设计评价的标准也就不同，有时可以有所侧重。评价标准的制定应当客观、明确，体现科学性和可操作性。

2）对设计过程的评价

加强对设计过程的评价是树立质量管理意识、加强质量管理、实现设计目标的关键。

对设计过程的评价要注意把握各个环节或阶段的主要任务和目标，要注意把握设计过程中各个环节或阶段之间的衔接和协调，要注意阶段性成果的质量。对设计过程的评价应服务于完善设计方案、促进个人发展的根本目标，不仅仅是设计过程终结时的回顾性、反思性评价，而且也包括设计过程之中的即时性、阶段性评价。因此，对设计过程的评价应寓于设计的全过程。

3）对最终产品的评价

最终的产品是设计过程的结晶，是设计质量、设计水平的集中体现。对最终产品的评价，有两个基本的依据：首先是参照设计的一般原则进行评价；然后是依据事先制定的设计要求进行评价。在实际评价中，这两个方面也可以结合起来进行。

由于对最终产品的评价是对设计成果的总评价，因此，应从多方面把握评价内容。对于不同的产品，评价的内容及标准可能有所不同（图4-23）。

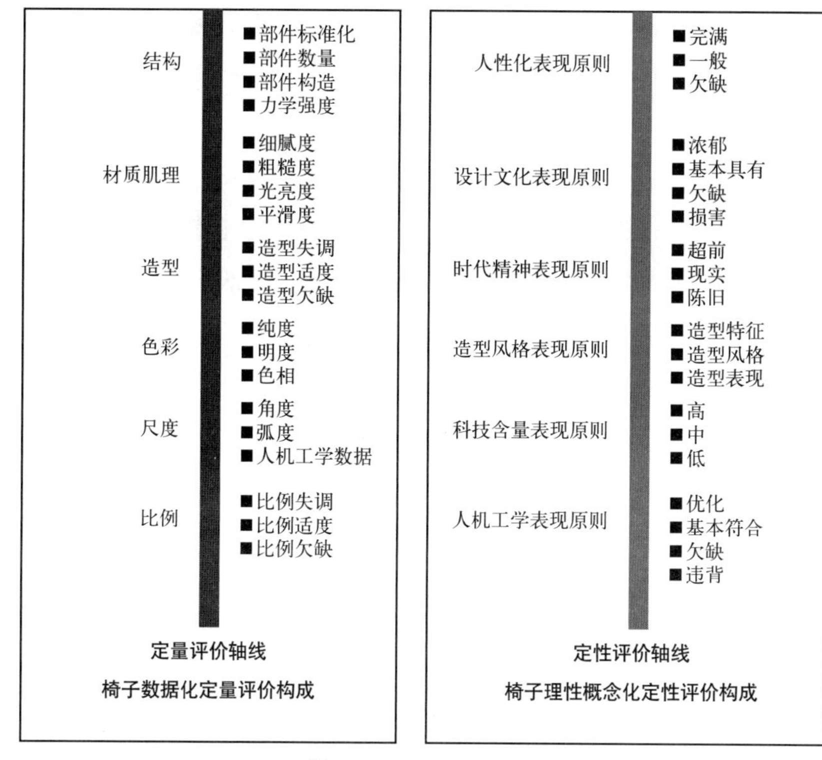

图4-23 椅子定量与定性评价的构成内容

4）设计的评价和设计的交流

设计的评价目的往往不是为了甄别，而是为了相互交流信息、征求意见、共同研讨，进而完善设计方案。即使是从参与设计成果的评价出发而进行的评价，也离不开设计的交流。因此，设计的交流贯穿于设计的全过程，是设计评价的基础。

设计的交流可以通过多种方式进行。其方式有口头语言、文本、技术图样、图表、模型、计算机演示、网页等。具体方式的选用可根据不同的场合、不同的目的、不同的要求，不同的对象等因素进行选择。

在设计的交流过程中，应当注意提炼关键的技术信息。对他人所提出的理念、信息、意见要做客观的、有意义的、实事求是的分析，要能敏锐地抓住他人的意见、建议中的创新点或对自己设计活动有启发意义的部分，用以改进自己的设计，从而使交流的过程成为改进自己设计、开阔自己视野的过程。

4.6.2 设计反馈

客户作为市场的主体和核心，其需求是企业经营的出发点和归宿。目前，在科技进步和经济发展的双重推动下，客户需求呈现出复杂多变、 且个性化消费日益显著的局面。为了更好地满足客户迅速变化的需求，最直接的办法就是让客户参与到产品开发中来，设计出自己满意的新产品。

设计反馈是指设计结果的市场信息反馈回设计过程中去。指导设计与生产，更好地为消费市场服务。在激烈的市场竞争中，只有充分地搜集、整理、归纳、分析、总结这些所掌握的信息资源，才能为企业产品设计研发提供可靠依据。反馈主要存在于四个阶段：概念设计、正式的方案设计、扩大初步设计和施工图设计。

设计的反馈评价通常有明确的研究假设。一般将设计师方案中的主要期望目标作为假设。设计反馈研究的具体目的有如下几项。

①科学验证设计成果，为设计师和业主下一步工作的决策提供参考意见。

②为使用者更好地适应设计环境提出使用上的意见。

③为同类项目积累设计经验，减少重复同类错误的发生。

设计反馈研究实质上是建设环节中的一种社会化的质量监督和优秀产品的催化机制。从西方已有的实例来看，此类研究的最基本课题是使用者的满意度，其规模很灵活。国内的使用后评价大都以这类论题为中心。另外一个中心的研究课题是环境质量评价。对建筑环境各要素及空间的质量做出优劣的评判，以供管理者和设计者参考。舒适性评价也是此类研究的重要的综合性论题之一，它着重考察目标环境的物理舒适与心理舒适因素的关系（表4–8）。

表4-8 信息化时代设计反馈新形式“虚拟客户参与平台”（VCE）的具体功能

客户和企业之间信息传递方向	VCE的各种具体功能形式
企业对客户的单项信息传递	产品介绍、常见问题解答
客户对企业的单向信息传递	留言板、网上调查
客户和企业之间的双向交互	电子邮件、定制、客户设计、虚拟实验室
客户和客户的双向交互	网上社区

4.7 案例欣赏

下面简要介绍赫尔曼 · 米勒（Herman Miller）公司及其工作椅设计。

赫尔曼 · 米勒公司成立于1923年，从一家生产传统家具的公司演变形成美国现代家具设计与生产中心。它是美国乃至世界最主要的家具与室内设计厂商之一。

赫尔曼 · 米勒公司对办公座椅的设计由来已久：1976年公司将人体工程学运用到办公椅中生产出Ergon椅子；1984年，Equa椅子将应用到办公椅中的人体工学进一步提升；1994年，米勒公司在办公椅设计上取得了新的突破——设计出具有革新意义的Aeron网椅，之后它一直被冠以“地球上最舒适安全座椅”的称号，直到Embody办公椅问世。

赫尔曼·米勒公司自成立之日起就秉承以下原则。

（1）设计是一种纵观世界以及了解世界如何运转的方式。

（2）好奇与探索，是存在于我们以研究为驱动的设计传承背后的两股强大力量。

（3）保持领先离不开卓越性能。

（4）付诸极大的努力创造和保持与客户、设计师、经销商、供应商、承包商，甚至我们彼此相互之间良好的关系。

（5）要想实现企业的成功，必须能够包容人类才智的所有表达和社会提供的所有潜力。

（6）实现透明度的最初起点，是让人们看到决策是如何作出的，以及是谁作出的。

（7）珍视和尊重我们的过去，但绝不受缚于过去。

（8）追求可持续发展和环境智慧，为创造更美好的世界努力。

赫尔曼·米勒公司的产品战略则可以归结为以下几项。

（1）成立环境质量行动小组（EQAT），并设立多个支持团队来开展具体的任务。

（2）传播团队，负责向内部和外部受众沟通和传播我们的环保需求、倡议和履行情况。

（3）环保设计（D of E）团队，负责为赫曼米勒新产品和现有产品制定环境敏感的设计标准。

（4）环保事务团队，负责法律合规，以及为其他公司范围的环保倡议计划提供协调和协助。

（5）绿色建筑团队，专注于赫曼米勒企业设施的环保建筑和维护。

（6）ISO 14001团队，专注于持续对我们的环境管理系统（EMS）做出改进，实现2020年目标。

（7）环境低影响工艺组，由一系列位于公司各个办公地的团队组成，负责降低其各自指定区域内制造工艺和办公地废弃物的影响。

（8）室内空气团队，其创立旨在监控和改善我们产品的废弃排放。

（9）能源节约团队，致力于降低生产赫曼米勒产品所需要的能源消耗量。

（10）包装运输团队，致力于寻找能够减少进料和出厂产品所需包装数量的方法。

今天，在人们（特别是办公族）的生活中，一天的相当部分时间是在办公椅上度过的。所以椅子的舒适度是非常重要的，通常可以从以下七个方面衡量：座椅的稳定度；座椅的坐深；椅脚的高度；扶手的高度；椅背的高度；椅子的斜度；椅子的柔软度。

1）Aeron工作椅

2001年荣获美国工业设计师协会与《商业周刊》杂志“办公家具”类“十年设计”金奖。设计师Don Chadwick和Bill Stumpf（图4–24）在开始设计时，脑中没有任何有关式样或材料的设想。他们先向退休中心那些长时间坐在椅子上的退休老人询问，一把椅子应当满足人的哪些需求，并得到了结论：它不仅仅是让人坐，更需要能够主动调节，让那些过长时间保持坐姿的使用者保持健康；它可以简单而自然地移动和调节，能为从事任何办公任务、习惯任何姿势的就座者提供支持；比它的前辈们更富包容性，不论何样的身材，人们都能入座，还应完全贴合他们的身体，提供舒适的感受；它应属于良性产品，节省自然资源，具备耐用、可修理、可降解回收等特点。

图4–24　Don Chadwick和Bill Stumpf

设计为了符合这些标准，满足了大众的期望，不可避免地打破了一些老式观念。例如，没有软垫，没有衬垫，几种型号都看起来极为相像，且与使用者的工作职位毫无关系；同时它的外表和其他的任何办公椅都毫无相似之处。它革新的理念容纳了很多空前的想法，超越了米勒公司以往的研发项目（图4–25）。

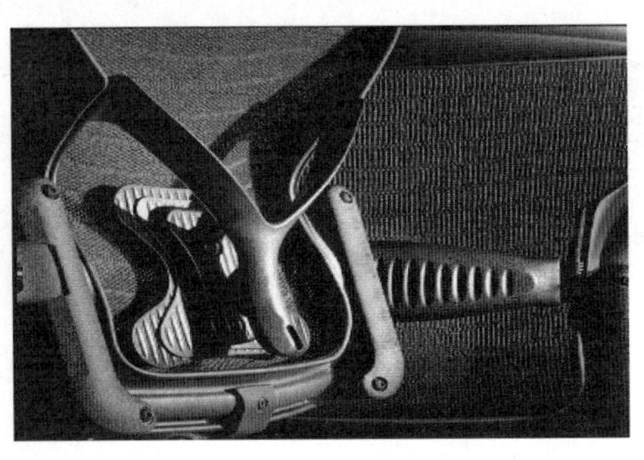

图4–25　Aeron椅细节

在美观方面，Aeron似乎继承了George Nelson的外观设计，有机形态方面延续了Charles Eames的作品风格，节俭而动感的特征又让我们不由自主地想起了其设计者的另一款作品Equa座椅（图4–26）。但最终，Aeron座椅自成一体，别具一格。其独特的造型表明了它的用途、零部件的组成和连接方法。略带透明而具有反射本质的表面赋予其轻盈动感的品质。Aeron无疑是使用者的一部分，也是四周环境的一部分。

图4–26　Aeron椅

在Aeron的设计过程中，经过了多方研究和征求意见逐步完善和验证设计。设计团队寻找了几十位用户来测试其舒适性，并将其与目前最好的工作椅作比较（图4-27）。设计团队邀请了权威的人体工学专家、整形外科专家和临床医学专家评估了这款座椅的适合度、移动性及其调节的益处和便利性。为此，设计师们进行了全美国范围的人体测量研究，他们用特制的仪器计算从腿弯部到前臂长度的所有详细数据。

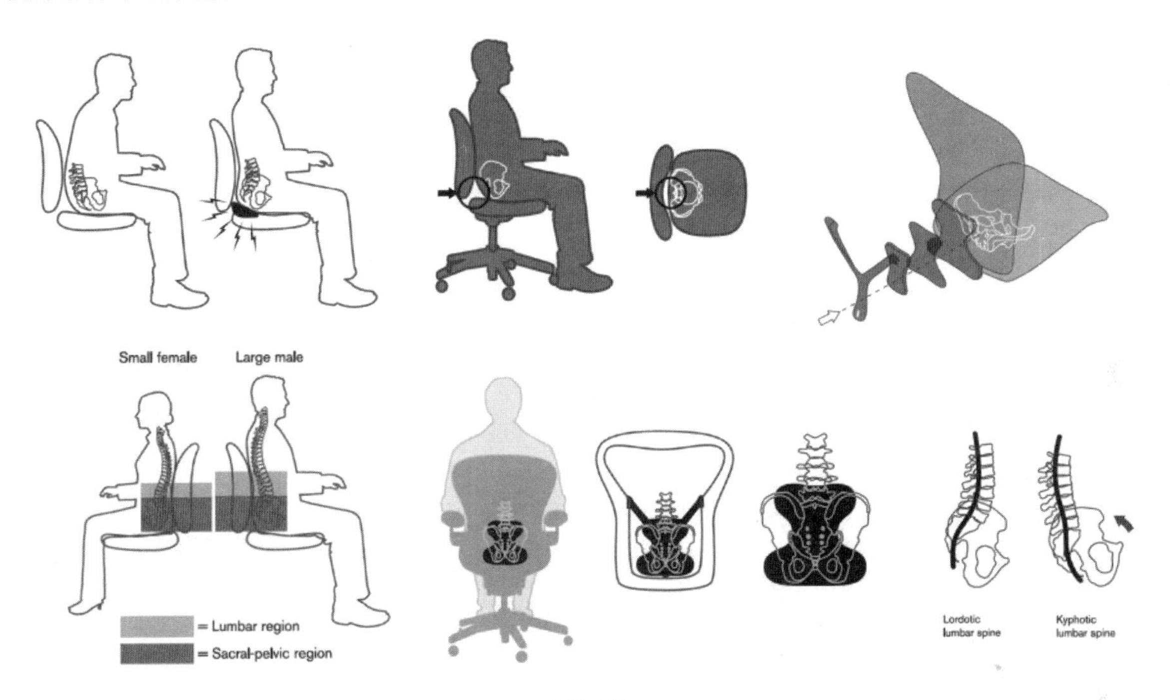

图4-27

设计团队采用压力绘图和热量测试的方法来确定椅座和椅背上的新型椅面（Pellicle）在分配重力和消散热度、湿度方面的性能（图4-28）。

设计团队使用专门设计的测量设备进行了实地调查，研究人的自身体形和其所偏爱的座椅尺寸之间的关系（Dowell 1995b）。他们在一份发放给男性和女性，并在很大范围内基本接近美国人口分布情况的抽样中对224人进行了调查。结果表明，在测量过的所有人体指标中，身高和体重是影响偏爱何种尺寸的座椅的关键因素。这种关系非常明显，因此绝对可以根据人的身高体重来判断应向其推荐三种尺寸中的哪一种。

正如设计师Bill Stumpf所说：“创作一把‘全新造型’的Aeron座椅是我们深思熟虑的设计”，“同类的人体工学椅看起来都太相似了。与众不同是Aeron的设计策略中相当重要的一部分，而且即便不是首要因素，它也是Aeron座椅获得成功的关键因素之一。”“人体没有直线，这是生物形态所决定的。我们把这款座椅

图4-28 Aeron椅的使用情况

设计成为超越生物形态或曲线的物质，就像人体视觉或触觉上的暗喻。在Aeron座椅上，您找不到任何直线。”

图4–29 改进后的Aeron椅

“同样，新型椅面（Pellicle）也是一个周密的设计策略，因为它的透明色象征着气流能自由地进入皮肤，就像丝带、窗户透光那样，或像其他具有渗透性的隔膜允许气流、光或雾气穿过一样。透明的椅身是一种视觉享受，这与透明结构和透明技术的思想是一致的，Aeron在这点上要比苹果电脑公司的iMac计算机领先了一步。透明色是设计上一项主要的进步。其目的是为了让技术更加透明，让内部事物的工作可以传递给外界，让物体不会过多地改变视觉环境。Aeron正是一款与环境相融合的座椅。”图4–29即为改进后的Aeron椅。

Aeron座椅自设计之初便融入了绿色环保设计。每把座椅几乎三分之二的材料均为回收再利用的原料，而几乎整把座椅（94%）的材料都可回收利用。Aeron座椅获得了“从摇篮到摇篮”（Cradle to CradleCM）银质等级认证，并通过GREENGUARD（美国绿色卫士）认证，具备申请LEED认证的条件。

2）Embody办公椅

这款座椅2008年获得《WIRED》杂志“2008年最佳产品”称号。2009年荣获最佳工作空间座椅类“FX国际室内设计”奖及Best of NeoCon人体工程学办公桌/工作座椅类银奖。

Jeff Weber和已故的Bill Stumpf发现了一个Aeron座椅尚未解决的问题：我们与自己使用的电脑之间缺乏物理协调性。他们产生了一个大胆的想法：如果一把椅子的功能不再仅仅局限于减少久坐的负面影响，而是还可以发挥其他功能，会怎样？能否设计一款实际可对身体造成正面影响的座椅？

Bill Stumpf与超过30名专业人员进行了合作，借鉴他们的专长。在来自生物力学、视觉、物理治疗以及人体工程学领域的医生和博士们的帮助下，一起进行了测试假设，审查了各种原型，并开展了多项有助于开发史上首款有益身体健康的座椅的研究工作。

在与专家进行的初步讨论中，设计师对三种假设进行了测试：工作椅可以是有益健康的或有治疗作用的，而不仅仅是无损于健康；相比非动态表面压力，座椅和靠背的动态表面压力可以提供更多舒适性、活力，有益于就座者健康；无论脊柱弯曲多大，工作座椅总可以使我们保持自然的坐姿平衡（眼睛与髋骨垂直对齐时的垂直平衡点）。

2006年Stumpf不幸去世。Webber赋予了这款椅子以功能与形式，制造出原型座椅，并请专家试坐，评价其优缺点。

研究人员进行了实验室实验，涉及运动学、首选体姿、压力分布、就坐任务以及新陈代谢等方面。这些试验为Embody座椅的开发工作提供了指导，并确认了其有益健康的各项优势（图4-30）。

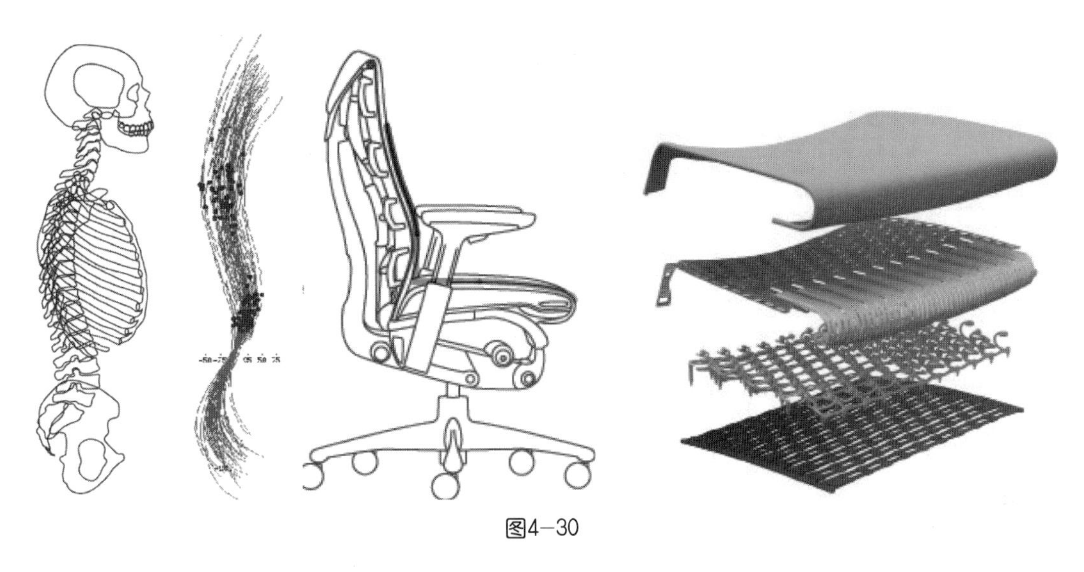

图4-30

Embody座椅技术显而易见，一目了然。Embody座椅的功能是其美学设计的一部分。座椅后面展示尖端技术，而前面则是简单自然的形状与曲线。

织物增添温馨舒适感。与其说是一层覆盖物，不如说更像是一层皮肤更加贴切；织物是为了增强效果，而不是为了掩饰瑕疵。它们的“阁楼结构（Loft）”可带来轻松舒适的感觉；让光线和气流轻松穿过，从而保持身体凉爽（图4-31）。颜色搭配方面，有两种边框色和三种基座色可供配对搭配，以简化选择，并贴合大众口味。

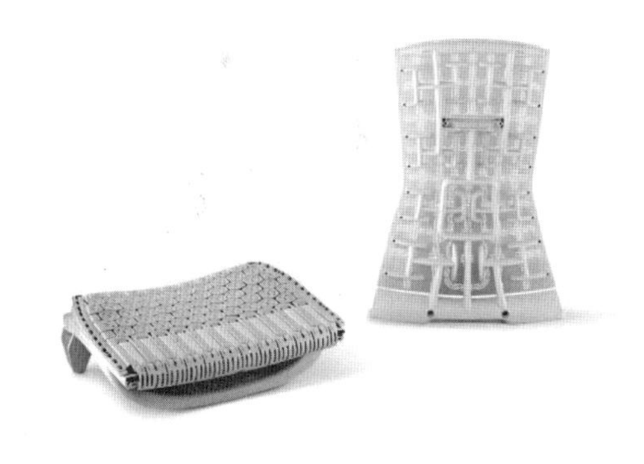

图4-31

Embody座椅的碳足迹就像一只婴儿鞋那么小。其生产工厂每月只产生一垃圾桶（约35kg）的填埋垃圾，而且这些废物都不具危险性。工厂只使用可再生能源。Embody座椅中的可回收材料比例达到42%，不含聚乙烯；当使用寿命达到极限之后，95%的材料均可回收利用。

Embody座椅坚持遵守MBDC“绿色设计提案”理念，并大力支持公司的环境承诺。Embody获得“从摇篮到摇篮”（Cradle to Cradle）银质认证和GREENGUARD认证，并可以提供LEED认证信誉。

赫尔曼·米勒产品给人们的启发主要有：少就是多；简洁的外观设计，隐藏的复杂功能，具有极佳的现代感和价值；中性、柔和、几何的外观最大众化，最具适应性；注重细节，把设计落实到解决用户所有可能出现的需求上；做到极致，好产品必有某方面是独一无二、领先同类的；针对不同的用户进行区别设计；工作椅设计须了解的知识包括仿生学、室内设计、艺术设计、力学、色彩学、心理学和材料学。

本章习题

（1）命题进行头脑风暴（或其他思维方法）训练。

（2）市场调研家具流行趋势，汇报并讨论。

（3）家具设计表达命题训练。

第5章 案例

教学目标

通过案例来熟悉设计的过程，掌握解决家具设计问题的方法。

教学重点

熟悉设计的过程。

教学难点

掌握解决家具设计问题的方法。

教学手段

多媒体辅助设计案例演示，结合问题分析与实践。

考核办法

课堂提问、讨论与设计实践。

5.1 传统家具的再设计——以明式家具为例

5.1.1 设计背景与命题

第二次世界大战之后，随着经济全球化进程的发展，现代主义设计在全球范围内传播，其内在的西方文化带来全球的设计文化的趋同。从辩证的角度来看，这是一个双向的互动过程，西方文化在迅速传播的同时，也诱发了非西方国家对自己民族文化的信心，最终导致本土文化身份意识的觉醒。20世纪末便有学者提出：全球化的进程会逐渐显现出“非西方的诸多民族国家对自己民族文化的重新发现和建构”的趋势，而当下这一趋势已十分明显。从本质上说，针对传统文化的借鉴和创新行为，是全球化背景下的必然结果。在当今我国的家具设计领域内，对以明式家具为代表的传统家具设计文化的继承与发扬已成为一个重要命题。

今天，国内业界普遍涉及如下概念或名词：仿古设计、复古设计、中国风、新中式、中式新古典主义等。我们站在当代家具设计的角度重新审视传统，“借古喻今”或“古为今用”的意义就不只是回顾与传承那么简单了，借鉴与创新才是转化与扩展设计思想的良好途径，而设计思想是设计文化得以建立和发展的源动力，它促成了设计者、物和使用者之间的文化约定。然而，对于大多数当代设计师来讲，传统设计思想始终是“犹抱琵琶半遮面”，具体表现为：家具创作未能在“中”与“新”之间找到合理的转化点，且大多徒劳地纠缠于脱离了文化功能的符号堆叠，刘文金先生称其为对“原文化结构中分离出来的孤零零的视觉样式”进行的拼贴与剪裁。

中国家具文化与世界家具文化的碰撞交流早已有之，中国家具在历史上深刻地影响着世界。西方学界对中国传统家具有着系统的研究与收藏，出版了许多相关专著。早在19世纪和20世纪的交替时期，以美国格林兄弟为代表的一批西方家具设计师就发现了中国传统硬木家具中蕴涵着可贵的先进理念，他们从中借鉴了形式、功能或者设计原理并创作出诸如布兰卡的起居室椅和盖姆博的餐厅椅等广受赞誉的作品。正是基于这些研究，产生了西方家具发展史上的“中国主义”（图5–1）（方海在其《现代家具设计中的“中国主义”》一书中首度提及这个概念）。方海博士所提出的“中国主义”，明确了中国传统家具设计中的核心思想，即形式、功能或者设计原理，见证了传统与西方现代设计之间的成功转化，是迄今该领域中较有说服力的研究。他在著作中指出：国际上许多现代设计师都从中国家具（尤其是硬木家具）中汲取灵感。国际上所谓的“日本主义”实际上是“中国主义”的误读。中国式家具是世界两大家具体系（欧洲体系与中国体系）之一，它在不同时期对欧洲家具体系的形成发展和现代家具的发展作出了巨大的贡献。

图5–1　汉斯·瓦格纳设计的中国椅

方海所提的“中国主义”是立足于西方现代家具设计，是对“中体西用”的总结，并不完全适用于中国的当代家具设计领域，但其对传统家具的研究成果依然能够给予我们莫大的启示。在此，以“传统家具的再设计”命题，进行设计创作实例研究，探索传统设计哲学与符号，在当代中国家具设计中的应用方式。

在众多传统的明式家具中，椅子的造型艺术和风格，具有典型意义和民族传统特色，案例将以明式“官帽椅”造型入手，进行创作并剖析。

5.1.2 前期分析

“官帽椅”是中国明式家具中的经典类型之一，它具有明式家具线条洗练、造型舒展、结构严谨、装饰适度的特点。同时，官帽椅的形态典雅、端庄，它蕴涵了一种儒雅的文人气质。明式“官帽椅”是扶手椅的一种，由于其形象从侧面看，扶手同古代官帽（幞头）的前部相似，椅背同帽子的后部相似，因而得名，同时这也是古代文人“乐观入世”思想的表现。在线条处理上，椅面、椅腿、横档基本上作直线处理；从功能上考虑，椅背略作弯曲，变呆板为灵动。

不同地域“官帽椅”的称呼也不尽相同，北方匠师称为“官帽椅”的，是一种“搭脑和扶手都出头”的扶手椅，这类椅子被南方匠师称为“禅椅”（图5–2）。另有一种北方匠师称为“南官帽椅”的，是“搭脑和扶手都不出头”的扶手椅，这类椅子分高、矮两种靠背，矮靠背的被南方匠师称为“玫瑰椅”（图5–3），高靠背的多称“文椅”（图5–4）。苏州地区工匠在制造“四出头”扶手椅时，对一些部件所产生的直觉感受加以形象化：如椅子的搭脑，有所谓“纱帽翅式”“桥梁式”“驼峰式”等名称。

图5–2 四出头官帽椅（禅椅）

图5–3 低靠背南官帽椅（玫瑰椅）

图5–4 高靠背南官帽椅（文椅）

官帽椅的制作有很严格的规范：比如常见的42cm高的椅脚、66cm高的椅背，这些数据在今天看来，其实蕴涵着黄金比例的审美观念。其背板多做成曲线形，后边柱上部向后弯曲，形成一定角

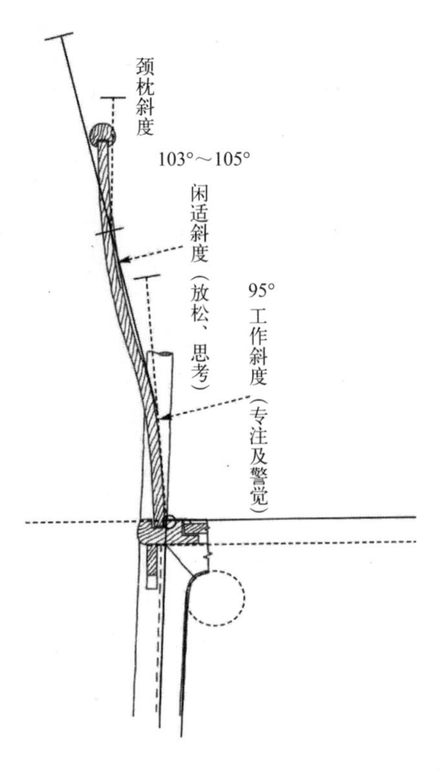

图5–5　南官帽椅靠背人机分析

度的背倾角，贴合人体脊椎的造型，不仅靠坐舒适，也符合健康养生的人体工学（图5–5）。更有部分南官帽椅椅面成扇面形，前宽75.8cm、后宽61cm、坐深60.5cm、通高108.5cm，使人坐起来更为舒适（图5–6）。

官帽椅作为一种“有意味的形式”，它在构成中所体现出的美更是意味深长的。在中国传统艺术中，无论是绘画、书法，还是建筑、百工，都以“线”的形式作为主要的构成元素。中国传统家具也是如此，从整体结构到局部装饰，都遵从了以“线”为主的构成原则；而且，这些“线”也具有丰富的表现能力并且承载着微妙而复杂的审美情感。

官帽椅中的所谓的“线”是指搭脑、椅腿、扶手、联帮棍以及鹅脖等部件。而且这些“线”有长有短、有曲有直、有方有圆、有粗有细，变化极为丰富，直线构件使官帽椅具有简洁、素雅的特征，曲线构件则成就了其柔婉、飘逸的形态。虽然，不同部件所表现的“线”的状态各不相同；但是，它们之间的关系却秩序井然、条理清晰（图5–7）。

图5–6　金丝楠南官帽椅

图5–7　不同细节的四出头官帽椅

5.1.3　设计概念

提出设计概念之前，确立的指导条件有三：其一，保持传统家具的设计与审美哲学，即“中”、“和”的审美观（图5–8）；其二，融入典型的传统符号，保留传统家具的结构形式——榫卯结构；其三，融入现代产品审美的评价体系，主要从色彩与线形入手，同时优化形态与结构，以适应现代生产。

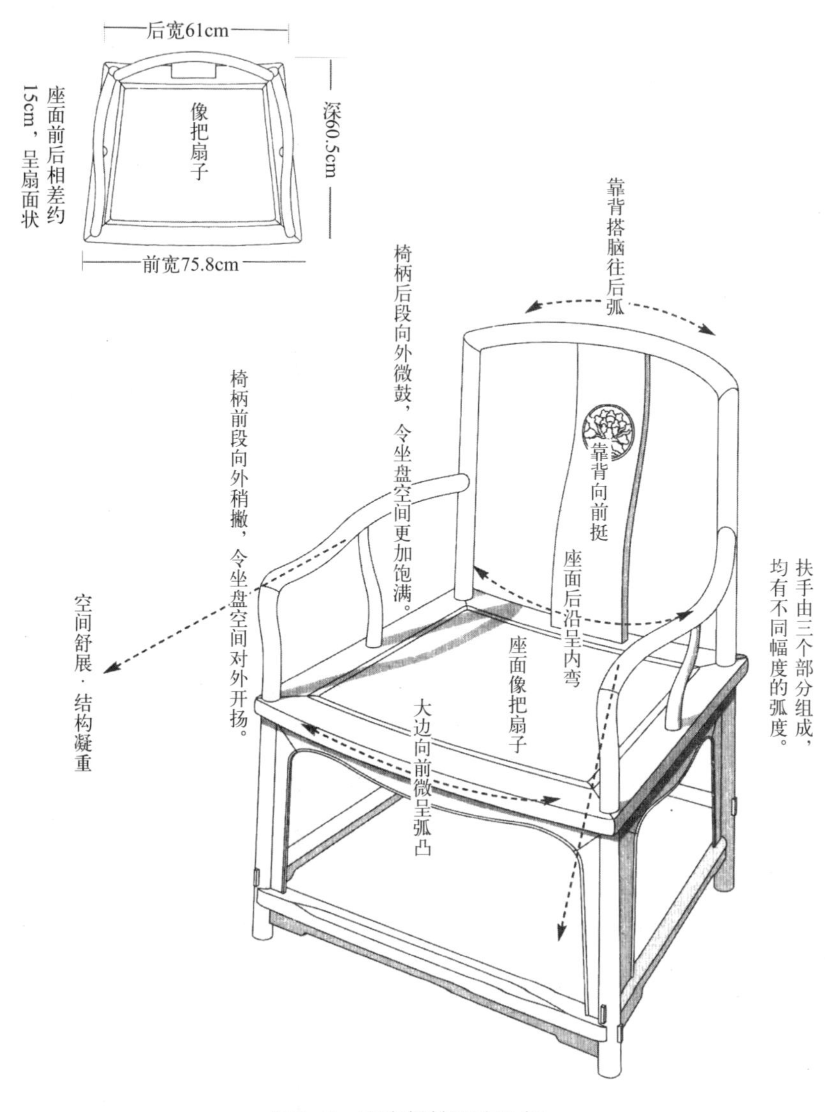

图5-8 南官帽椅形态分析

中国传统的家具与传统的建筑密不可分，家具的木作中随处可见建筑木作的影子。譬如：唐时家具中的“壸门”，便来源于建筑。家具作为建筑空间功能完善的物质保障，在传统文化中有着方方面面的暗合。

设计者结合所处地区的地域特点——徽州文化，选取典型代表——徽州建筑的马头墙作为造型符号源泉（图5-9）。将马头墙的形态简化抽象为线性符号，以贴近传统“官帽椅”线性为主的造型，然后根据形态创作概念草图。整体造型中以直线条为主，在线条相交的接合部位加以变化。保持官帽椅的“四出头”，形态上加以变化，融入抽象后的鹊尾式马头墙挑檐线形（图5-10），将出头彻底转变为装饰符号。腿脚的走势采用向上的收合，营造出强烈的透视感，并且增加座椅稳定性。靠背突破较大，放弃了原有的“S”形背板，采用线性结构，与靠背外框共同形成徽州建筑的立面空间感（图5-11）。

图5-9 徽州马头墙

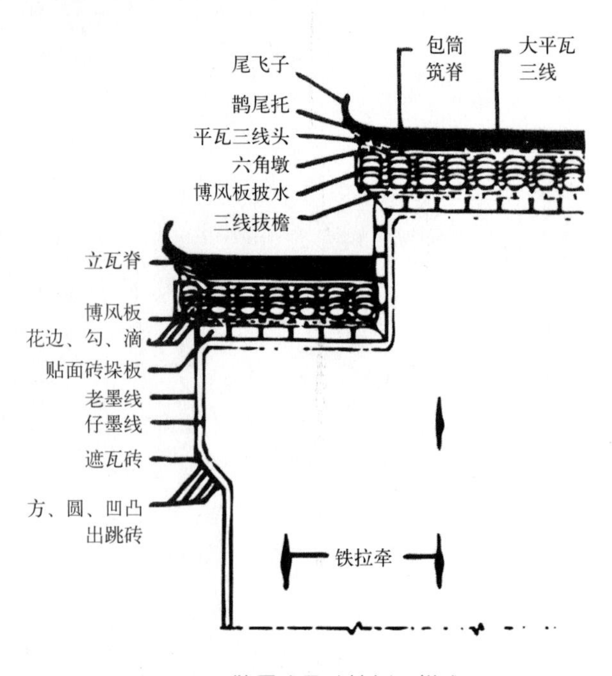

图5–10 鹊尾式马头墙侧面样式

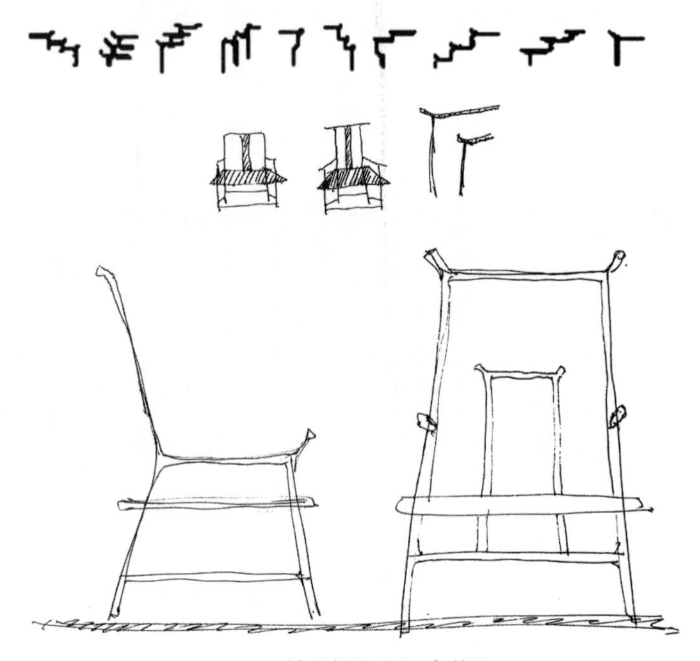

图5–11 符号提炼及概念草图

在创意有了明确指向后，对概念草图进行必要的细化。因设计者后期方案实施以计算机辅助设计为主，因而在细化时，重点放在形态的比例关系与可能的架构细节上。新的设计方案整体仍然沿用传统家具的箱框式结构，座椅下半部分凭借脚部的“步步高升”横枨、椅面下的横枨和椅腿共同构成稳定的箱框式结构。为保持形态的简洁，椅面下的横枨内嵌到椅面的外框内（图5–12）。

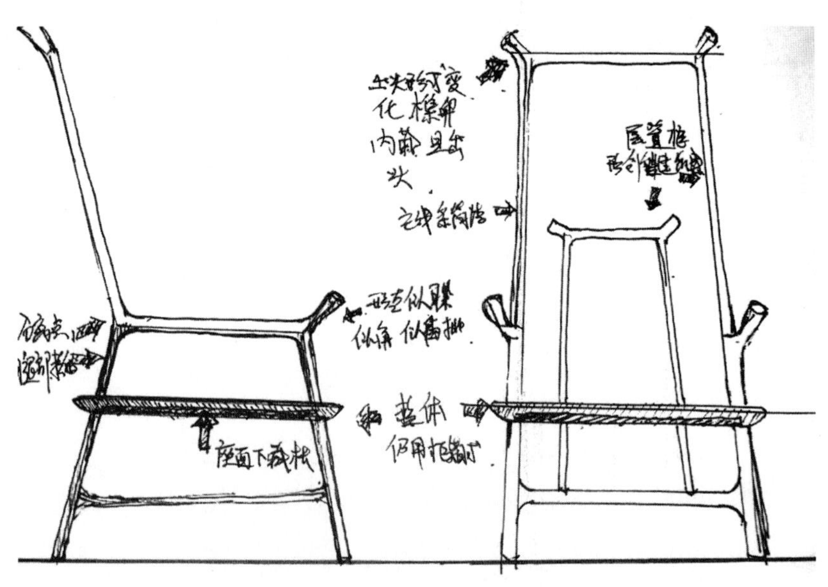

图5–12 结构分析细化草图

5.1.4 设计实施

设计实施过程主要借助计算机辅助设计手段完成，家具设计可选用的工具软件很多。本案例设计者采用的是“犀牛”软件建模，并通过Key shot渲染器完成渲染，这一对工具软件组合参数简单，上手容易。

（1）借助细化的方案草图在建模软件中完成主要线框的绘制，关键要把握个节点的位置与整体的比例关系（图5–13）。绘制的线条尽量简洁，明确。

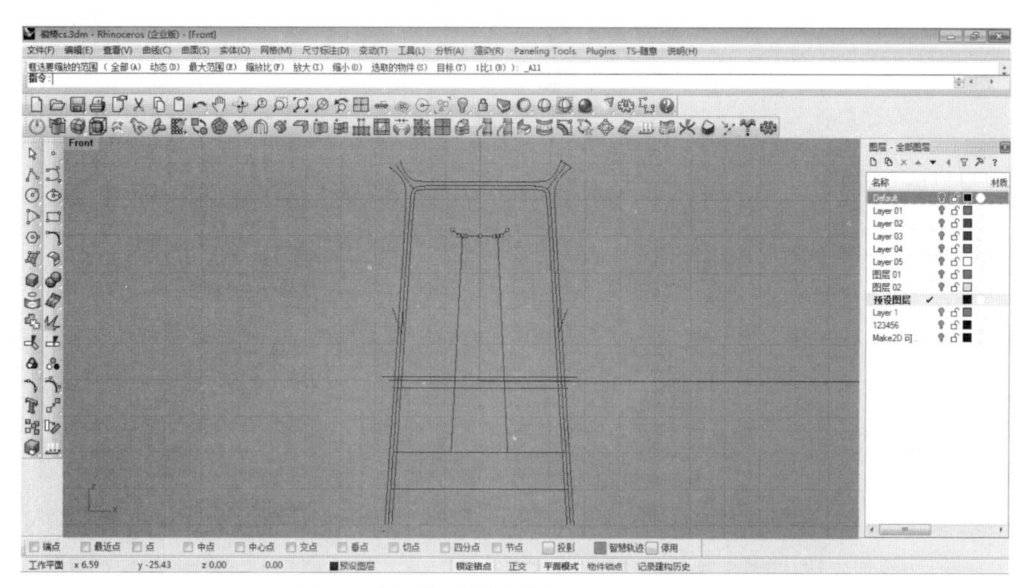

图5–13　犀牛–整体划线

（2）依据绘制的线形框架，完成实体建模（图5–14）。就本案例来说，造型形态主要是管状结构，采用“扫掠”命令便可完成，难点主要集中在多管相交时的交点处理；此外，也可借助相关插件完成。

图5–14　犀牛–实体构建

（3）将模型转到渲染软件中，赋予材质，调整环境及其他参数完成渲染（图5–15）。根据渲染的结果和细节不断修正模型，调整尺寸与节点，最终得到满意的结果（图5–16、图5–17）。

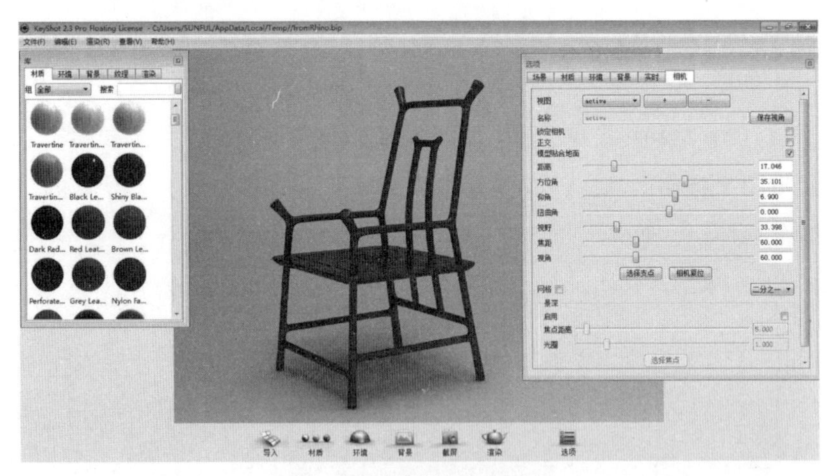

图5–15　插件渲染效果图

图5–16　设计效果图

图5–17　融入现代色彩的设计效果

（4）在“犀牛”软件中对所建模型转换为投影图，对细节修正后，标注尺寸，生成外观的三视图（图5–18）。

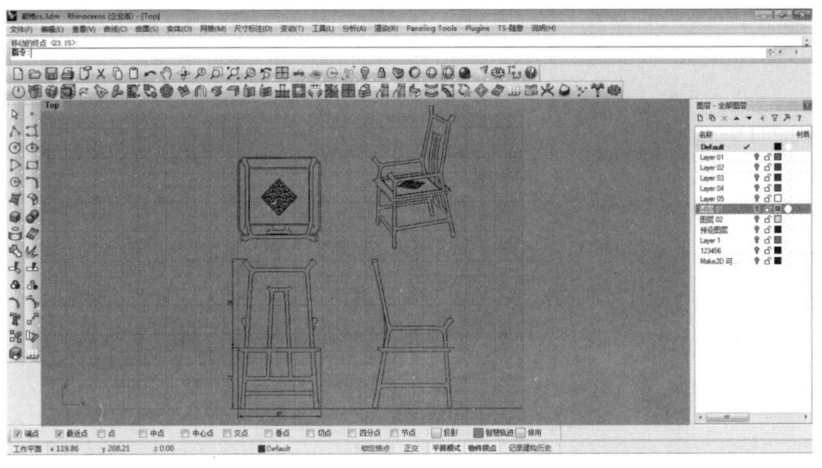

图5–18　犀牛–三视图生成及尺寸标注

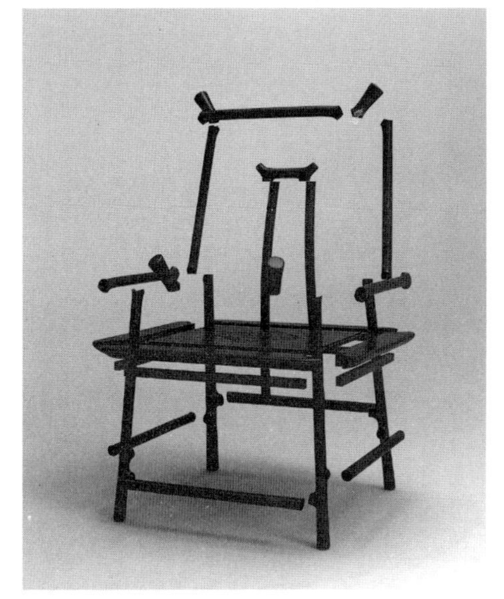

图5–19　部件分解示意图

如果需要可在“犀牛”软件中对座椅模型分解，以方便进行结构分析（图5–19）。结构分解时参考传统官帽椅的结构与部件进行，当前设计进行了很大的简化（图5–20～图5–22）。靠背与扶手出头部分结合传统四出头官帽椅与南官帽二者的长处（图5–23），既富有装饰感，同时接合部位内藏（图5–24）。

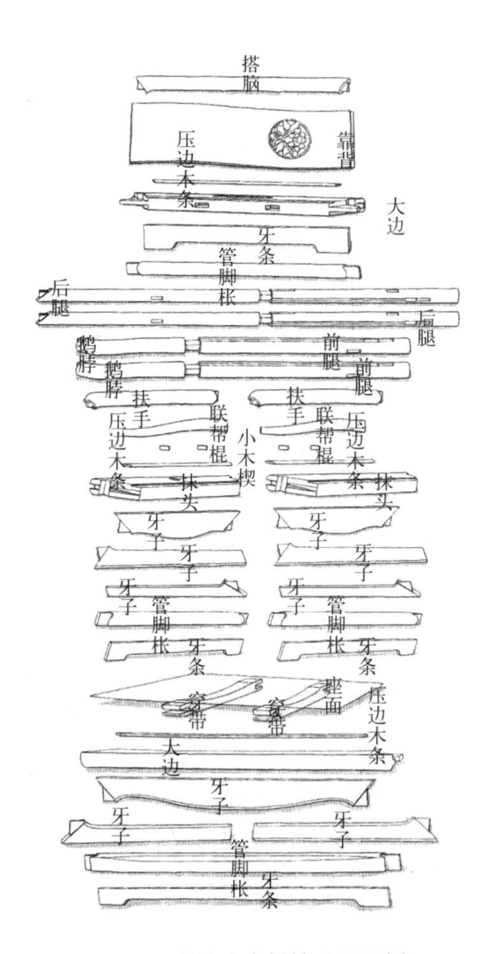

图5–20　传统南官帽椅分解示例

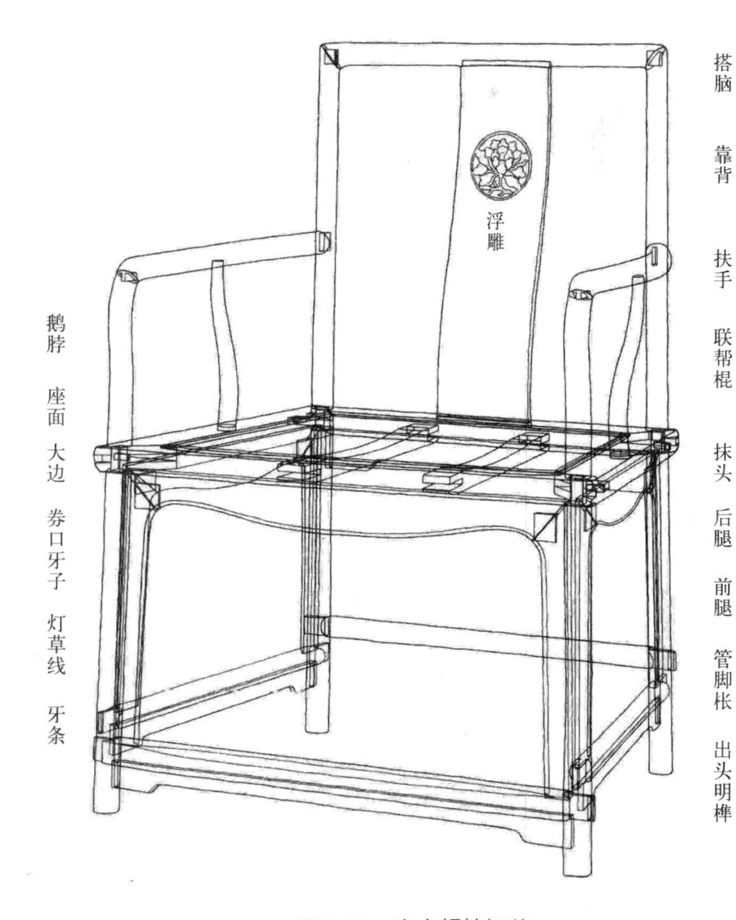

图5–21　南官帽椅组装

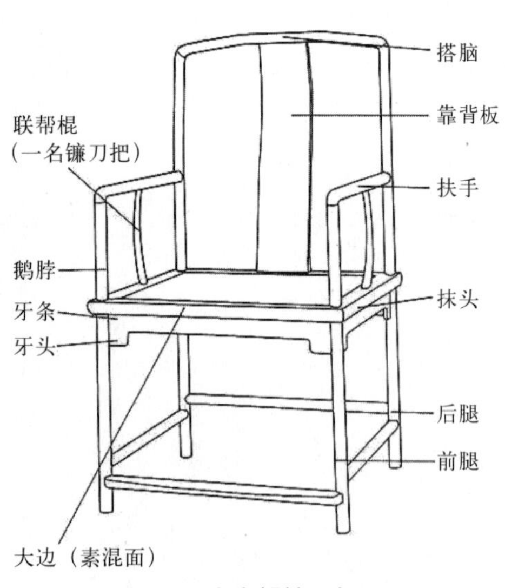

图5-22　南官帽椅各部称谓

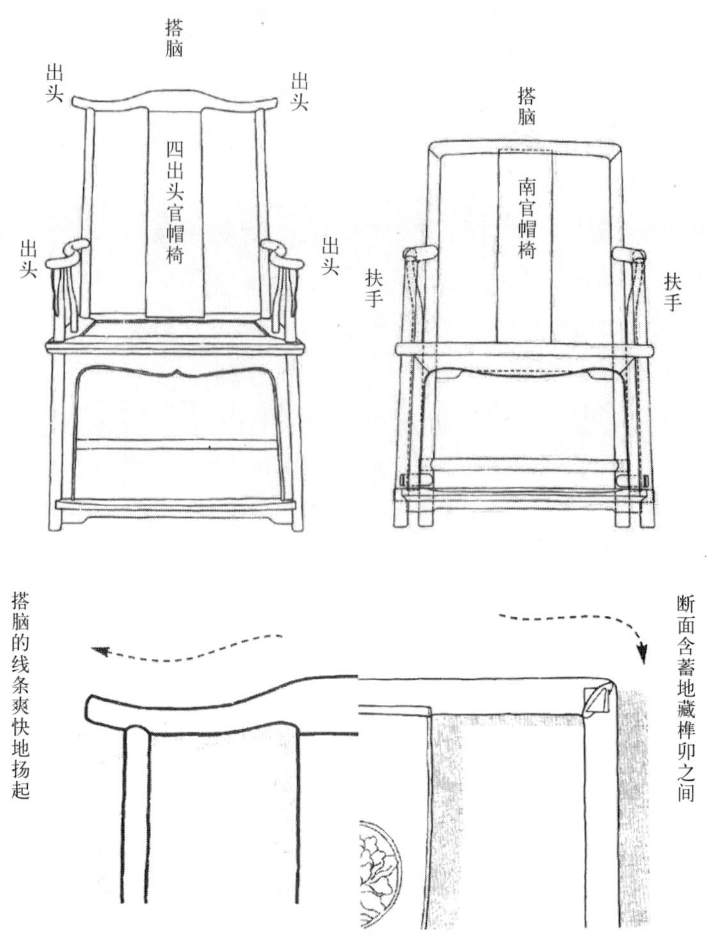

图5-23　官帽椅搭脑与椅腿相交部位分析

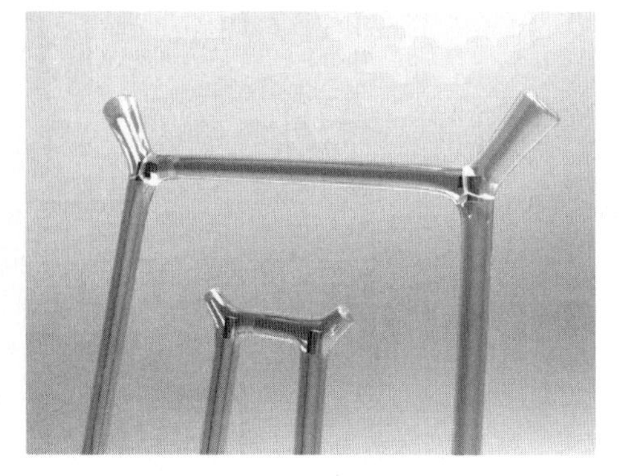

图5-24　搭脑出挑结构示意

5.1.5　设计拓展——风格群组

家具具有系统性，单一的设计作品在使用中会碰到诸多困难，尤其是相互配搭时的风格问题。同时如果只是正对单一设计进行造型符号与元素的提炼，过于浪费时间与精力。设计者在完成官帽椅的再设计时，对所提炼的设计符号进行了拓展应用，以官帽椅再设计所使用设计语言为参照，进行了一系列的家具设计（图5-25、图5-26）。

图5-25　同符号桌案拓展设计

图5-26　同符号设计拓展组合

5.2 公共家具创新——以徽州古村落户外座椅设计为例

户外座椅是指在开放或半开放性户外空间中，为方便人们健康、舒适、高效的公共性户外活动而设置的一系列相对于室内家具而言的坐具。一般来说要满足三个主要条件：稳固、舒适与环境协调。

对于徽州古村落户外座椅设计这一设计命题来说，要解决的关键是限定词“徽州古村落”，只有明确了如何表达“徽州古村落”，也就明确了户外座椅设计的造型语汇，设计问题即迎刃而解。

那么，哪些符号能代表徽州古村落呢？如图5–27所示，徽州地区的文化在当地特有的气候、地理环境等因素的影响下，经过代代相传，形成了以马头墙、门楼、天井、徽州三雕等为代表的特色符号（图5–28）。

图5–27 徽州古村落

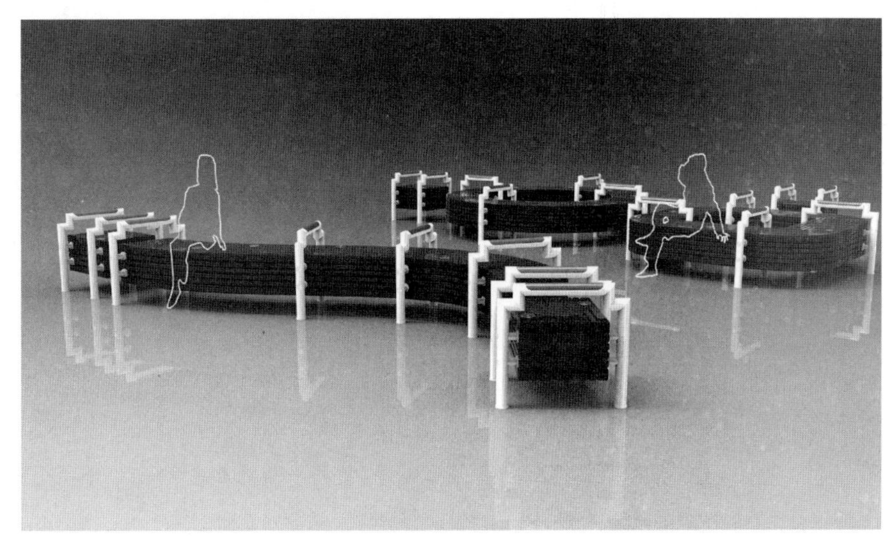

图5–28 “徽风小憩”公共座椅效果图

可以想见：青翠山峦，错落的粉墙黛瓦点缀其间，簇簇浮萍装点下，涓涓溪流穿行其中，徐徐“徽”风拂过，驻足小憩——一幅恬静、和谐、悠然、朴素的徽州古村落生活画卷呈现眼前。

因而设计选取“马头墙”、“溪流”、“浮萍”等古徽州村落的典型特质形态，以现代主义的语言方式加以诠释（图5–29），在传承文化的同时，实现“古为今用”的创新。

为更好地适应使用环境，进行方案设计时应加以细化，主要体现在提供可选择的配色方案（图5–30、图5–31），明确座椅尺寸（图5–32），提供与实景的合成效果图（图5–33）并完成设计作品排版（图5–34）。

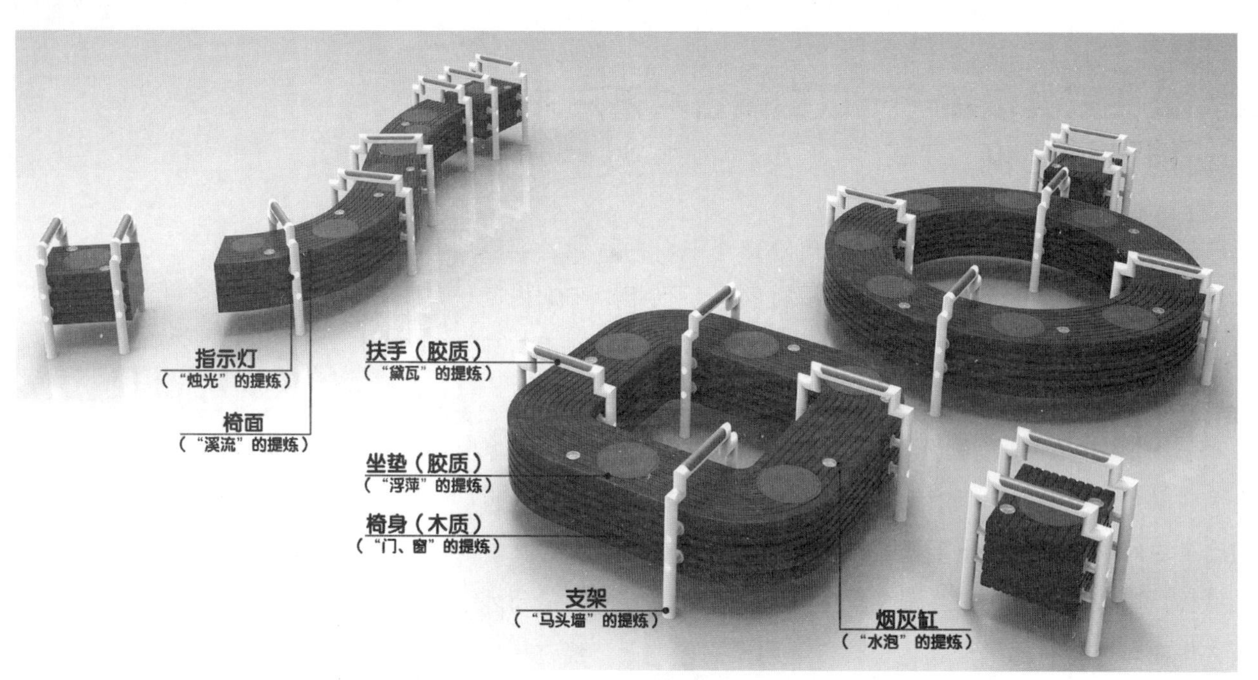

图5-29 设计符号与语义分析

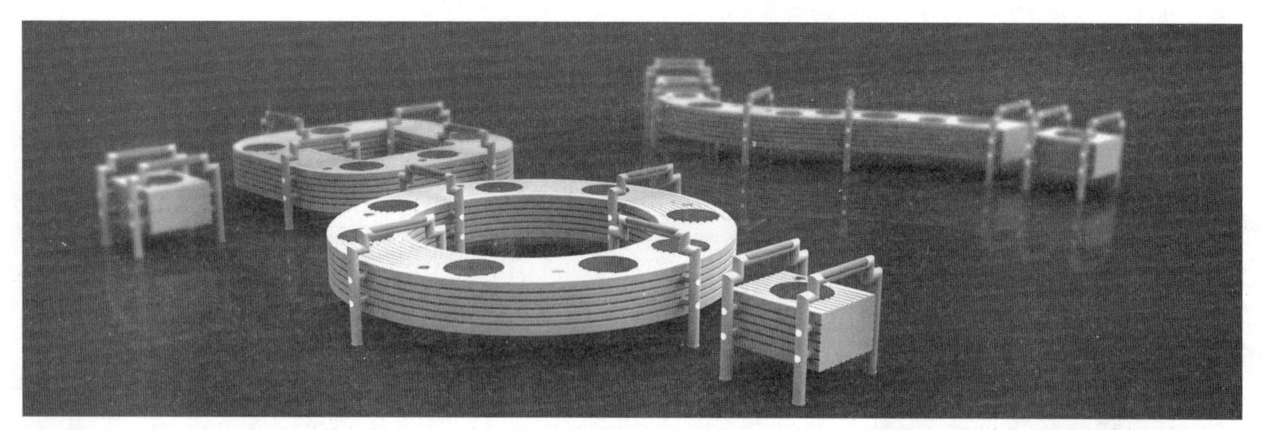

图5-30 徽（灰）色系列

图5-31 木（暖）色系列

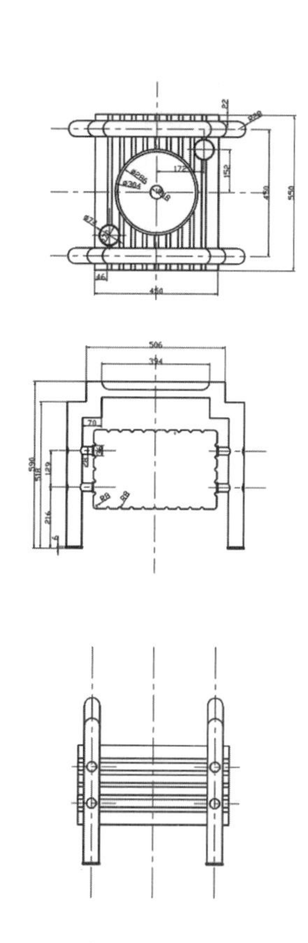

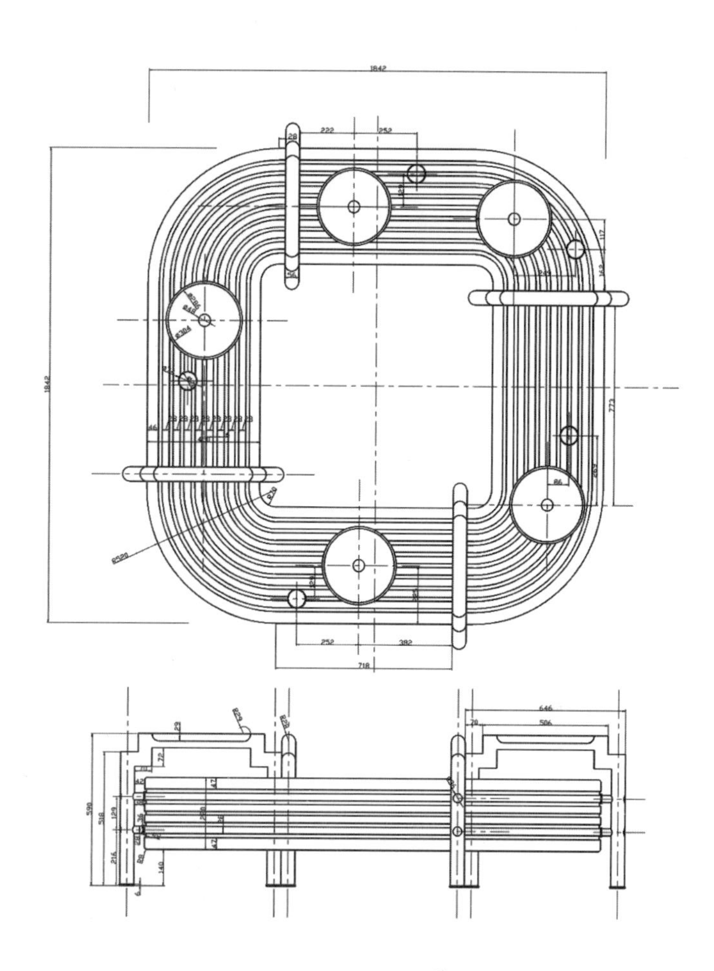

图5-32 尺寸方案

图5-33 虚拟实景

图5-34 设计版式

本章习题

（1）自选家具设计竞赛作为命题进行设计实践。

（2）结合地域特色完成家具设计创作。

（3）自主命题，进行设计实践。

第6章 赏析

教学目标

了解当代著名家具设计师及其作品。

教学重点

当代著名家具设计师及其作品。

教学难点

学习当代著名家具设计师的设计手法并学以致用。

教学手段

以讲授为主，多媒体辅助，结合必要的调研与实践。

考核办法

课堂提问、讨论与案例分析。

6.1 国外家具设计作品

6.1.1 “小鹿斑比”椅子

这是一个以迪斯尼动物角色“小鹿斑比”为灵感的设计，日本设计师Takeshi Sawada将卡通角色的特性元素完美融合到家具产品中，柔软舒适的人造斑点毛皮成为坐垫，而蹄脚和鹿角靠背则由橡木制成，整体小巧可爱（图6-1）。继“小鹿斑比”椅子后，又推出了牛椅子和羊椅子。随着“动物”种类的增加，当所有的作品放在一起的时候，宛如一个动物园。

图6–1 “小鹿斑比”椅子

6.1.2 3合1儿童青蛙椅

美国的设计师查德威克·帕克（Chadwick Parker）设计的一款3合1儿童青蛙椅（图6–2），分别可以作为儿童用的扶手小椅子、书写小桌子、靠背小椅子，设计灵感来源于可爱的小青蛙，富有创意的儿童家具， 在简单的外形下包含了多种功能。这款青蛙椅采用环保的木质材料，让孩子们有一种接近大自然的感觉。

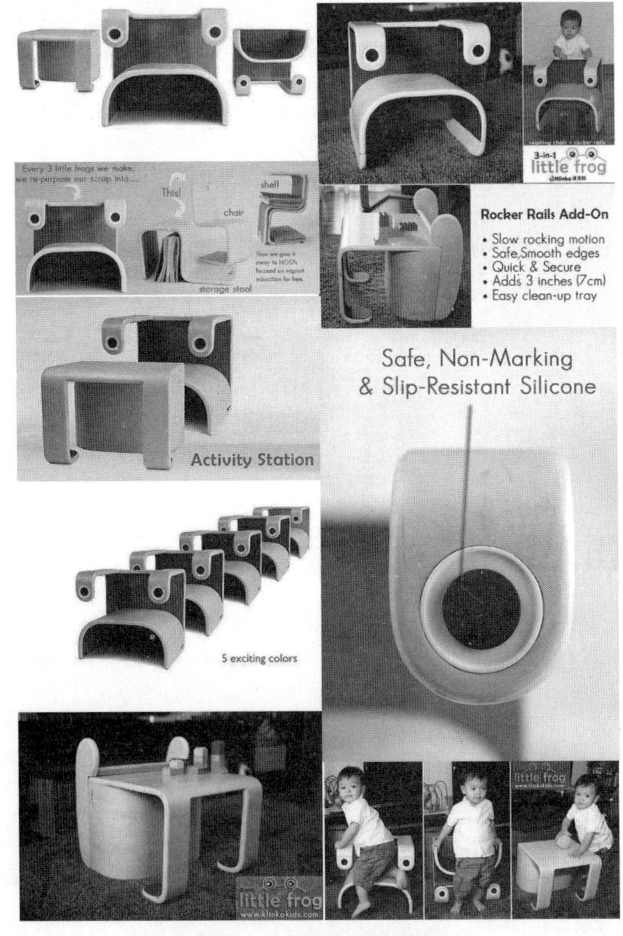

图6–2 3合1儿童青蛙椅

6.1.3 可以DIY的儿童椅

图6-3是日本设计组h220430设计的EVA儿童椅。即使在狭小的空间，只要卷起一块木板和一个字符串，就可以返回到一个平面，便于存储。它还可以节省能源和成本，具有很好的灵活性，耐久性，采用环保材料，材料本身具有各种颜色的变化。即使儿童椅的材料一不小心被儿童吞入口中，但仍然是安全的，所以它是一个适合儿童的好材料。展开时它就是一块平面，需要自己动手把它弯曲组合成椅子的形状，然后上面的凹槽、卡扣会自然扣上完成固定，让小孩既锻炼了动手能力，也多少能感受到“自己动手丰衣足食”的道理。儿童椅子的灵感源于日本的“包袱（Furoshiki）”传统，也即通过一块布把任何东西包起来，和日本的折纸传统类似。这款儿童椅由于采用扁平化设计，便于运输，拆装都很简单，不用的时候可以展开成一块平板，又很方便收纳。

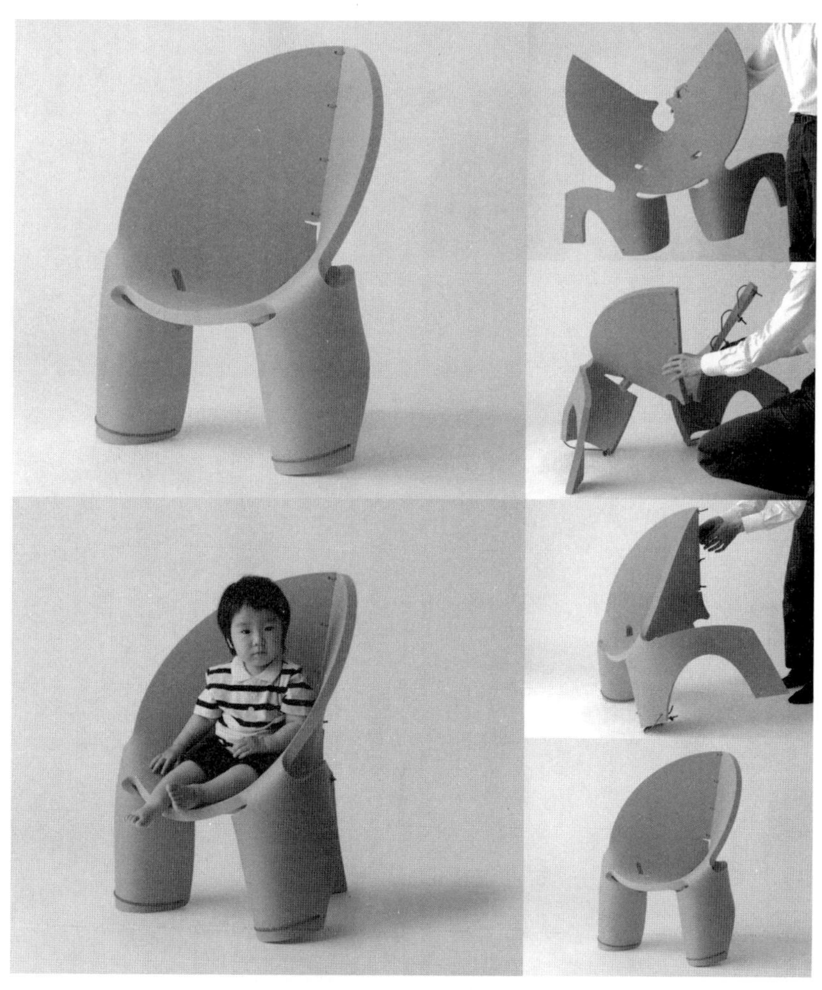

图6-3 EVA儿童椅

6.1.4 RE-TROUVÉ户外椅

图6-4是由西班牙设计师帕特里西亚·奥奇拉（Patricia Urquiola）设计的 RE-TROUVÉ户外家具系列，复古典雅的线条

灵感来自于20世纪50年代所风行的手打铁制椅。当时的工匠都是以手工的方式打造出各具风格的椅子，或歌特式或乡村风格，采用相当耐久的铁材制作出颇具艺术性的造型，让这些椅子成为了许多家庭的传家之宝。

图6-4 RE-TROUVÉ户外椅

6.1.5 “裙衬”椅（Crinoline）

图6-5中的椅子椅框和椅垫皆分别以聚酯纤维（Polyester Fibre）与聚乙烯（Polyethylene，简称PE）制成，将PE和植物纤维马尼拉麻（Abaca Fibre）混合，编织出一朵朵精致的雕花，反而像是来自中东民族的精致手工艺品。当家具披挂着不同材质、色彩与纹理的“皮膜外衣”，也的确可以使人们的生活更加多姿风采。Crinoline系列更有异国风情。

图6-5 “裙衬”椅（Crinoline）

6.1.6 Membrane扶手椅

图6-6中的Membrane扶手椅由伦敦设计师本杰明·赫伯特（Benjamin Hubert）设计，椅子仅重3kg。一张3D机织网眼织物覆盖在钢铁和铝框上。3D机织弹性织物覆盖集成坐垫，其系着拉链。椅子的设计灵感源于施工帐篷和体育用品的空间框架和拉伸织物。

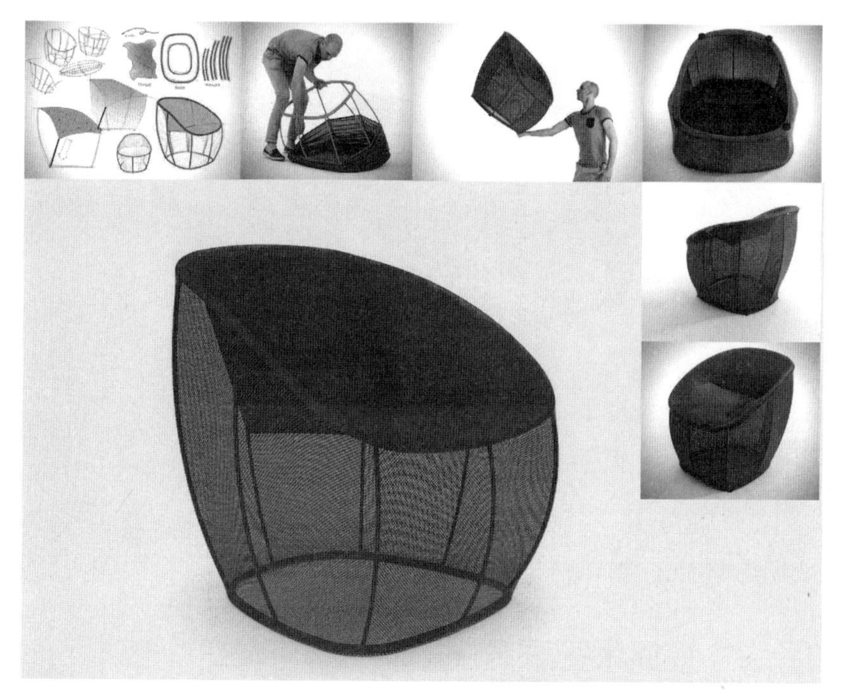

图6-6 Membrane扶手椅

6.1.7 “仙台书架（Sendai Bookshelf）”

图6-7中“书架”从外形上很容易看出它和伊东丰雄（Toyo Ito）2001年的大作仙台媒体中心（Sendai Mediatheque）有着相似之处。它们的结构体系都是由不规则的如水草般飘动的立柱支撑起水平横板，给人以柔软轻巧的感觉。

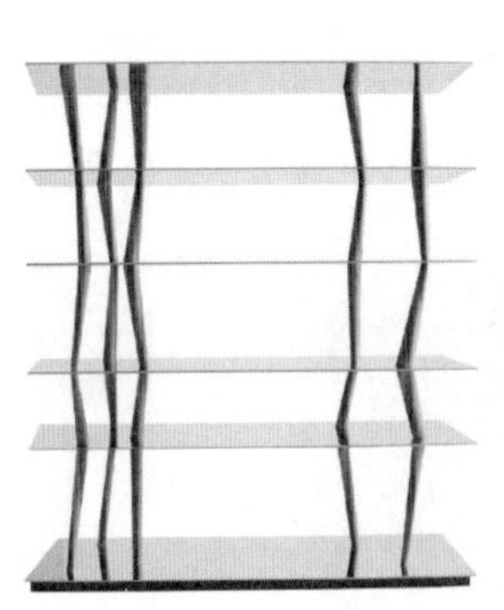

图6-7 仙台书架（Sendai Bookshelf）

6.1.8 Ripples长凳

图6-8是伊东丰雄设计的长凳——Ripples。该长凳使用了枫木、山毛榉、樱桃木、胡桃木等6种不同的实木板材胶合在一起。现代的产品加工工艺和天然材料的图案、机理在产品中很好地结合在一起，赋予产品以诗意，调动起了人们的情感。使用了胡桃木、桃花心木、樱桃木、橡木、山毛榉这五种木材的叠加表现出涟漪层层的图案不仅美丽，人坐在上面也倍感亲切。

图6-8 Ripples长凳

6.1.9 广岛系列家具 Hiroshima

图6-9是深泽直人（Naoto Fukasawa）设计的系列家具。简单的座椅具备妙不可言的构架，彰显天然木材的魅力，可以随处使用，能够无处不在。家具的材料可选山毛榉木或者是橡木。靠背处柔和的曲线非常迷人。宽敞的座位不仅可以用来当餐椅，还能用来当躺椅。在逐渐变细的扶手处，被光线照耀的表面美不胜收。广岛系列的家具反映了日本独有的美学，并将其逐步日常化。产品使用天然木材，不上油漆或者清漆，充分体现清新的气质。

图6-9　广岛系列家具

6.1.10　Grande Papilio座椅

图6-10中的Grande　Papilio座椅充分展现了设计者深泽直人对于比例和形式的充分掌握。这款座椅可以被视为是对早前2009年Papilio　Chair凤蝶椅的改进版，流畅的线条犹如从一个倒扣的锥形体变形而成。

图6-10　Grande　Papilio座椅

6.1.11　Arco灯

如图6-11所示为Arco灯。Flos　从1962年起生产这款灯具并大获成功。由阿齐利和皮埃尔（Achille & Pier Castiglioni）设计，是最受关注也最具代表性的意大利设计品之一。其优势在于：线条的严谨和对使用材料的细致挑选。可以放置在任何地方。其设计理念非常简单：一个可转向的镀铬金属散光器，一个长度可调的钢制弧形和一个Carrara大理石的底座。最重要的长处是：虽然Arco灯有65kg重，却能够很容易地移动。这要归功于Castiglioni兄弟的精妙设计——在大理石底座上打孔，插入一根棍子，这根棍子就变成了两个人使用的一对把手。

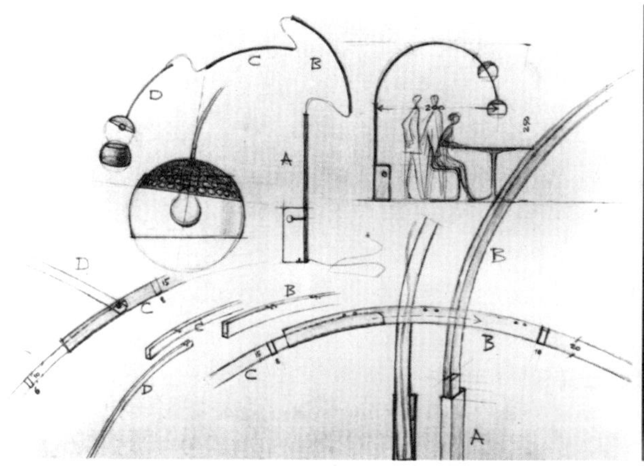

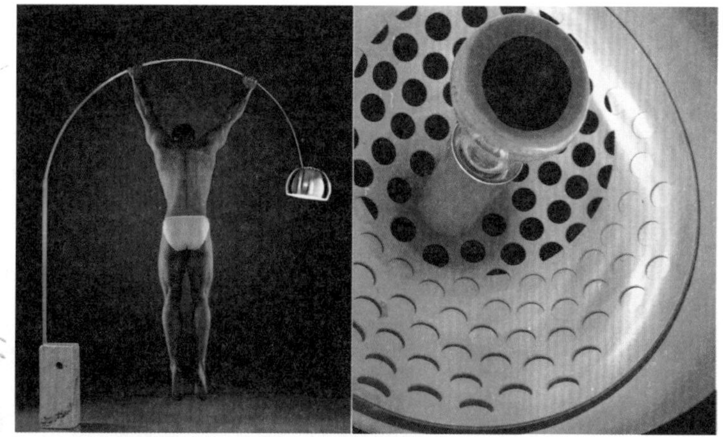

图6-11　ARCO灯

6.1.12 超自然休闲椅（Supernatural fluor）

图6–12是由洛斯·拉古路夫（Ross Lovegrove）于2005年设计的超自然休闲椅，有两个版本。这款设计传承了拉古路夫的有机性设计理念，结合了人体工程学和先进制造技术，用两层的玻璃纤维增强的PM聚胺来调和内部结构框架和外表美学要求。当阳光照射过椅背的时候，光影效果增强了环境的空间美感，凸显了曲线，苗条、具有生命力。

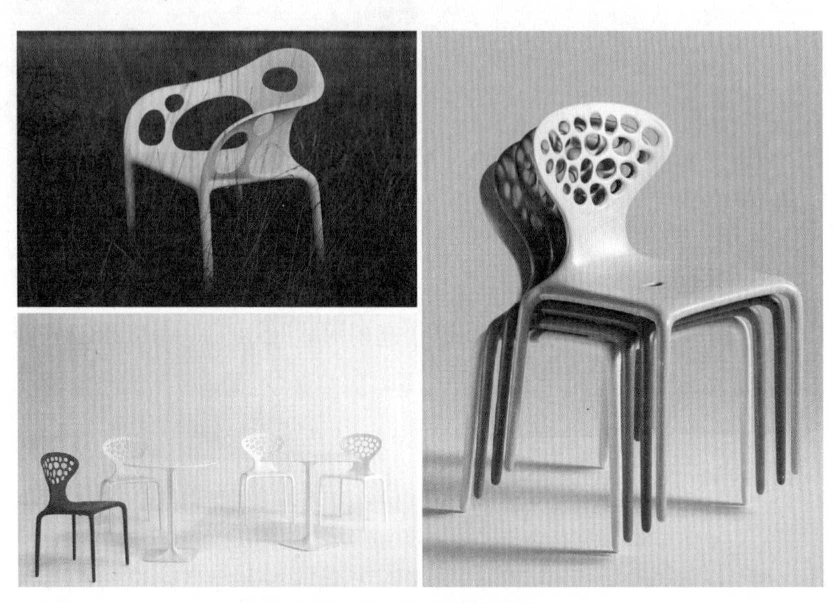

图6–12 超自然休闲椅

6.1.13 GO休闲椅CG–Go–chair

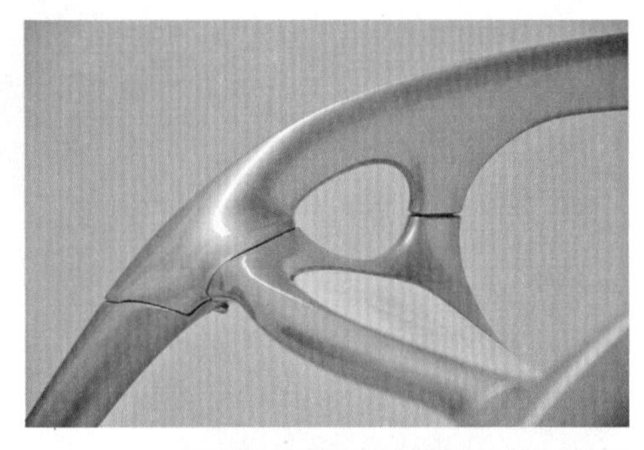

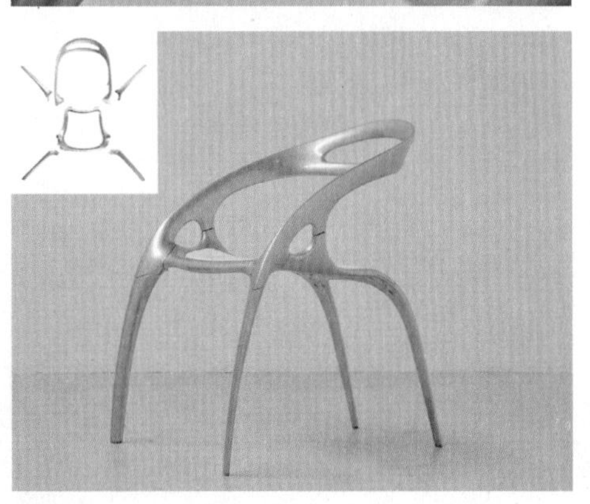

图6–13 CG–go chair

图6–13是洛斯拉古路夫受骨骼结构启发创作的椅子，也是世界第一把镁合金椅子，登上当年时代周刊。首次在家具设计中使用镁这种新材料和压铸工艺，图6–13所示为椅子的全景展示图以及分体组装图，安装简洁方便，主要是便于运输，占地空间小，节省运费！上图为不同细节的展示图片，椅子足够轻巧，重量优于铝合金，可以折叠摆放，结实，持久耐用。制造工艺主要由三个独立的专门生产步骤来完成：第一是制作零件；第二是抛光；第三是现场粉末涂覆处理。椅子的整体框架是由枫木饰面、灰色或者白色的聚碳酸酯和各种各样的博加特自身制造的织物装饰。每把椅子中的镁制元部件都是压铸和手工抛光的，并用银白色的粉末进行涂覆，后者是客户更期待的选择。这种椅子主要适用于餐厅、大型的会议室、大堂、办公室以及播放并观看电视剧和电影的场所等。

6.1.14 Cabbage椅

图6–14是Nendo设计事务所受设计师三宅一生（Lssey Miyake）的委托，以废旧的打褶纸为原料制作的家具。这些纸张是在制作打褶

的纤维套装过程中产生的。Nendo设计事务所的解决方案是将一捆打褶的纸卷转变为椅子，层层叠加，呈现了由里及外的渐进效果。

图6-14 三宅一生设计的Cabbage椅

6.1.15 VENUS椅

设计者吉冈德仁巧妙地利用了天然水晶的自然生长，将一个类似海绵的热塑性聚酯弹性体的底基框架，放入盛有矿物质水的容器里浸泡，设计了图6-15中的这款椅子。其制造过程一半由冈吉德仁人为控制，一半为天然成型。

图6-15 吉冈德仁设计的VENUS椅

6.1.16 缝起来的家具Wood Layer

来自瑞典的两位设计师弗雷德里克·法尔格（Fredrik Farg）和艾玛.M.布兰奇（Emma Marga Blanche）推出了一款名为Wood Layer的扶手椅（图6-16）。这款独特的家具物如其名，就是一款主体由木层构成的扶手椅，设计师在制作家具的过程中运用了缝纫技术，得到了这款极具视觉效果的座椅。“Wood Tailoring”（木材裁剪）是一种极端的剪裁缝纫技术，采取了极为独特的木材手工艺深入研究。设计师们尝试着只用一块贝壳状的木材，将其层层缝合，构成椅子的主要结构元素。设计师们将缝纫技术直接引入到家具设计当中，就是为了将不同的木材部分组合在一起，同时还创建一种全新的模式，通过这样的设计手法得到了一种专属的美感。厚厚的胶合板一层又一层地叠加在一起，构成了这样的一款时尚耐用的Wood Layer扶手椅，上面的缝纫图案就如同木材天然的有机生长地图。这款独特的Wood Layer扶手椅就仿佛一首新鲜原始的诗歌，融合了手工工艺和工业技术的精华。

图6-16 缝起来的家具

6.1.17 Volna桌子

来自土耳其设计工作室的Nuvist设计了Volna桌子（图6–17）。这款桌子的造型非常别致，流畅、优美的流线型设计使其具有很强的雕塑感，使人能够从不同的角度可以看到不同的视觉效果，每个角度都堪称完美。

图6–17 Volna桌子

6.1.18 速写家具设计 Sketch Furniture

速写家具（Sketch Furniture）创作团队Front Design借助多摄像头动作捕捉系统和快速成型技术，四位团队成员发明了一种令徒手草图变为实物的方法。成员们手握摄像头笔在空中绘制看不见的设计图，设计图被记录为3D文件并控制成型过程，家具便慢慢地从液体材料中浮现出来（图6–18）。

图6–18 速写家具设计示例（Sketch Furniture）

6.1.19 扶手椅 Knot-chair

日本设计师黑田达雄（Tatsuo Kuroda）设计了这把 “Knot” 椅（图6-19）。这款椅子的造型简单，纯净。由榉木和胶合板制作，椅背和扶手之间通过纸绳编织的方法固定在一起。

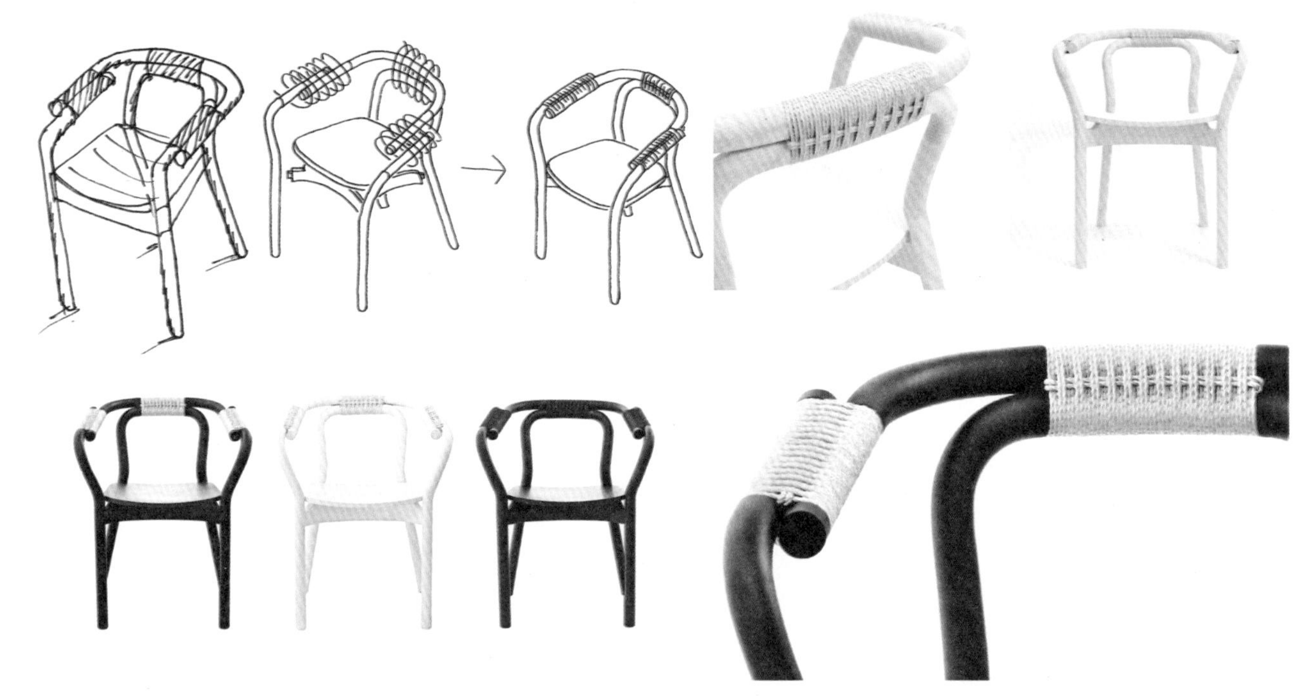

图6-19 Knot扶手椅

6.1.20 Rising Chair

Rising Chair（图6-20）是一款创新折叠椅，有别于传统折叠椅，设计师罗伯特·范布里克斯（Robert van Embricqs）引入了一个全新的折叠理念。这款椅子在两端拉伸后，就能轻松折叠成一块紧密的扁平木板，极大地方便了椅子的运输与收纳，甚至可以在它折叠后把它当作床。

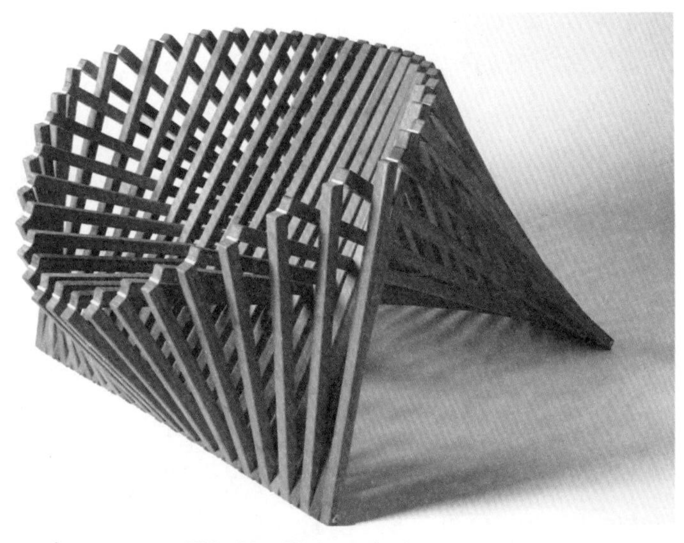

图6-20 Rising chair

6.1.21 Pelt椅子

如图6-21所示为英国设计师本杰明·赫伯特（Benjamin Hubert）为家具品牌De La Espada设计的“Pelt”椅子。一体式的椅面和靠背为的8mm胶合板材质，流畅的曲线一直延伸到前后椅腿，使外形浑然一体。椅子的底座呈十字交叉固定，使其更坚实稳固，多把椅子可以整齐叠放。

图6-21 Rising Chair

6.1.22 E-turn、@椅子、Remix躺椅、Reverb椅子

澳大利亚设计师布鲁迪·尼尔（Brodie Neill）设计的这一系列的椅子摒弃了设计中通常惯用的点、线、面相结合的手法，利用单一的线条来表现设计师的想法（图6-22）。流畅的线条在扭曲翻转中完成了自身的功能，坐垫或者椅背——它们浑然天成，完全不会觉得存在得唐突或是尴尬。系列中的每一款椅子都采用了不同的材料，无论是高分子聚合材料还是混合金属，都通过一体成型的工艺加工而成，完全无接缝。这种工艺方式使得制成的每一件作品都是独一无二的——扭曲的角度、成型的大小厚度都会有所不同，而你面前的这一件就是全世界唯一的超级珍藏版。

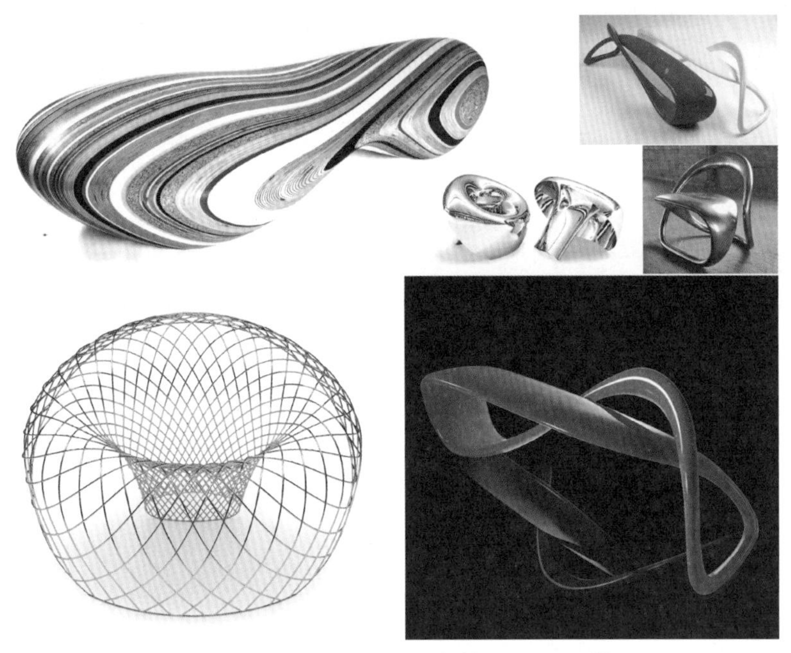

图6-22　E-turn、@、Remix躺椅、Reverb椅子

6.1.23　Truss Me系列竹艺设计

图6-23是印度设计师桑迪普·桑伽如（Sandeep Sangaru）带来的一系列竹艺设计。设计师利用竹子极具韧性和弹性的特点，制成轻巧又不容易用坏的手杖、座椅、书架等装备。

图6-23　Truss Me系列

图6-24 WAVE竹椅

6.1.24 WAVE

全球知名的巴西兄弟档设计师赫勃托和费尔南多·坎帕纳（Humberto and Fernando Campana）将总长超过4m的完整桂竹管，进行多次烤弯，形成连续而多变化的曲线，不但构成了椅子本身的造型，也同时形成它的结构（图6-24）。这个与众不同的设计，不但为弯竹技法建立新标准，也为设计师本身树立了专业里程碑。

6.1.25 Master椅

图6-25中的Master椅是鬼才设计师费利佩·斯塔克（Philippe Starck）于 2009 年米兰设计展上展出的作品。斯塔克此次融合了当代的三幅知名作品，包括阿纳·雅克布森（Arne Jacobsen）的Seven chair、埃罗·沙里宁（Eero Saarinen）的 Tulip Chair以及 查尔斯·伊姆斯（Charles Eames） 的 DS 系列椅款，斯塔克将三件作品的神韵精髓融合之后，再除掉多余的元素，呈现如今 Master 极具现代感的前卫模样。作品仿佛保留着大师们的设计精髓，继续维系着家具带来的优美和实用精神。看似镂空样貌，却有着完整的包覆性，舒适的人体工学乘坐椅面，两侧有着扶手支撑，背后的椅背架构，除了提供支撑性外，更让使用者在移动时，可以轻易抓取，带来贴心的实用便利。

图6-25 Masters 椅子

6.2 中国家具设计作品

6.2.1 “清风”禅榻

图6–26中的椅子由胡桃木整体框架与纯天然麻质面料组成。设计者借鉴风衣的裁剪手法，可以脱卸的纯麻垂挂固定在胡桃木框架上，左右两边显露的圆形胡桃木扶手，处理成衣袖的布艺结合，有两袖清风的寓意。简单却别出心裁，打造出一方属于使用者内心修行的纯净天地。

图6–26 半木“清风”禅榻（吕永中）

6.2.2 Liz单椅——牡丹亭

椅子上的故事有一份闲散，也有一份诗意，仿佛看到古代中国与现代西方的柔美在此交汇。如图6–27所示，作品之所以取名为“牡丹亭”，是设计师对这款具有浓郁女性气息单椅的独到理解和致敬——以一个中国家喻户晓的爱情故事为载体，与意大利的文化进行交流和对比。在设计师的眼中，Liz优雅的曲线和半圆形造型与中国明式家具中的圈椅有着异曲同工之妙，蕴含些许东方式的柔美。设计师采用白蜡木拉丝的工艺，在沙发的扶手及背部勾勒出了明式圈椅的轮廓。作品中采用了中国水墨画“留白”之美，充分体现了余意不尽的中国传统艺术，可谓是“无墨之韵”，天人合一。扶手椅正面右下方被巧妙地钉上了一颗红色丝绒扣，恰似中国画中的一枚朱印，起到画龙点睛的作用。远观好似一幅“以形写神”、充满意境的水墨画。

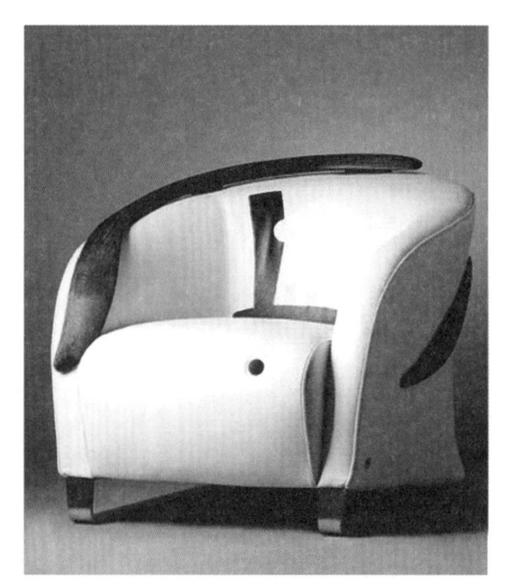

图6–27 Liz单椅——牡丹亭（吕永中）

6.2.3 Liz单椅——虚心

Natuzzi Liz单椅的半圆造型富于弹性，设计师加上的竹筒则进一步加强了弹性的感觉（图6–28）。该作品全部以手工制成，竹席从扶手内侧插入坐垫与扶手的缝隙中，在竹席所包裹的扶手外侧连接竹筒，平缓的连接处用竹篾编织，看上去竹筒犹如从竹席中长出，这也给人一种整个沙发中空、竹子穿透的奇异感觉。竹子的两头散开，向无限的虚空过渡，正如今天的文化与现实，丰富多样，开放包容。

图6–28 Liz单椅——虚心（邱志杰）

6.2.4 玫瑰椅

玫瑰椅是中式家具的经典造型，在明朝就极为流行，即便在现代的中国文人生活圈内也深受喜爱。由于其常与书案搭配，因此也称文椅。设计师保留了玫瑰椅的原创意境与外形，但却采用了混凝土的原理，让钢筋串在极细的原木圆柱中，而不是水泥（图6–29）。该作品以建筑金属结构的方式让其稳定扎实。牛皮坐垫用手工的方式被明线固定在深色的原木框中。浓郁的古典传统风格中，让金属的脚圈与钢丝穿插，透出极和谐的现代感。

图6–29 玫瑰椅（朱小杰）

6.2.5 翼—Wing椅

“翼”来自于中国传统建筑中形如飞檐翘脊，这是人们对于天的渴望和向上的进取心。传统条凳一直都被视为最简单实用的坐具，甚至是一种辅助工具。它的实用与不加雕琢使这种家具游离于充满设计感的中式传统家具。新条凳的棱角和与人接触部分都采用圆角造型，面板两端翘起如同建筑中的飞檐翘脊，它在保留原有干练的基础上更有着亲和的外表（图6–30）。

图6–30 翼椅（朱为泼）

6.2.6 飘椅

把皮宣纸糊上天然胶水，一层层糊在伞骨上，这是余杭纸伞的传统工艺，这种技艺如今用在制作椅子中（图6–31）。飘椅利用了宣纸细腻的质感和韧性，使其既具备温暖的触摸感，同时提供非常好的支持力；结合杭州西兴灯笼的传统手工艺，在纸与竹的共同作用下，飘椅大幅度减轻了重量，并具有更高的强度。

图6–31 飘椅（张雷）

6.2.7 云龙椅

这款“云龙椅”设计的灵感源自中国传统家具“圈椅”，曾获2011年中国上海国际家具展览会中国家具设计奖金奖（图6-32）。它运用“非传统”的材料与工艺，比如相当古老的青铜，形成一种新的中国当代家具设计语言。这件作品是现代技术、手工工艺、传统材质的典范之作，具有清晰的中国当代家具的特征和精神。

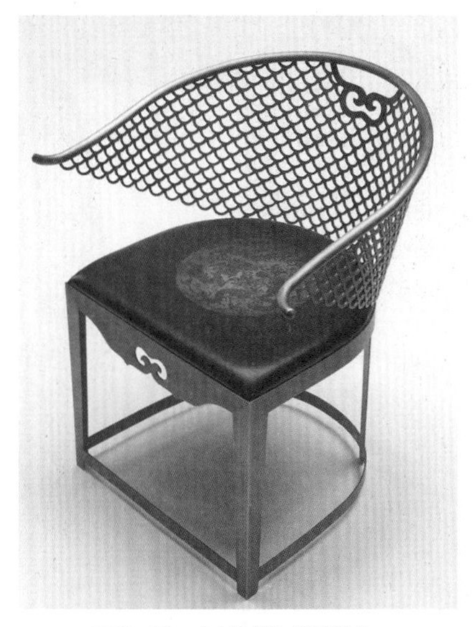

图6-32 云龙椅（温浩）

6.2.8 达摩安坐

达摩安坐的设计灵感来自达摩的禅宗意境，又与意大利DUCATI 900遥相呼应，体现的是韧性和速度感（图6-33）。设计师选择这样的语汇，试图让每个人都能从自己的角度产生思索与共鸣，把“属于中国的智慧”这一价值观视为终极目标。作品采用金属框架结构，鞍部设计了一个小角度倾斜，使人坐在其上呈现了一个直线上升的良好态势，鞍顶部覆盖着舒适的聚氨酯发泡层，力求带给使用者舒适的坐感。

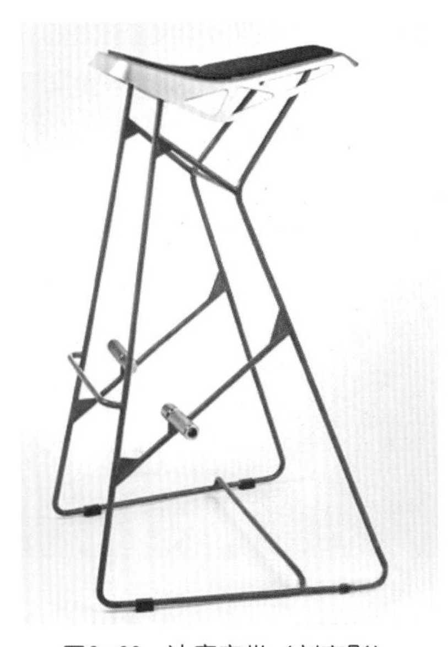

图6-33 达摩安坐（刘奕彤）

6.2.9 明式绕脚椅

明式家具以高雅而流畅见称，其用材考究、工艺精奇、气度非凡，俨然古代的文人君子。“明式绕脚椅”以两椅互相绕合象征文人思想上的交流（图6-34）。君子之交，贵乎精神上的接触、思想上的契合，纵无闲话家常，亦没任何肢体接触，却能透过诗文曲词与同道中人，甚至古代圣贤神交。

图6-34 明式绕脚椅（刘小康）

图6–35 概念椅（朱放）

图6–36 椅刚柔（石大宇）

图6–37 蝴蝶椅（任鸿飞）

6.2.10 概念椅

这款概念椅与中国龙结合，呈现出了民族的底蕴和中国文化的图腾（图6–35），具有浓郁而丰富的传统精髓，洋溢出具有深厚民族特色的中国情结，高度概括了龙的传人生生不息的历史。把传统、当代、现实、神话演变成对时尚坚定不移的追求和创新。实木概念椅设计运用两条龙举着洁白如玉的椅面，将传统、当代、神话、现实，紧紧相连。

6.2.11 椅刚柔

图6–36是一款改良"明式圈椅"——"椅刚柔"。该作品以当代设计的精髓"可持续性"、"环保"、"减碳"及符合当代实用性和审美为准则，对应材料、结构、工法、生产方式、运输等环节，改进功能及舒适度，同时又精简设计、运用榫卯结构，使之符合现代生活，造就史上第一张可堆叠的全竹制圈椅，重新拾回属于我国明清家具以"简、厚、精、雅"的设计风格。靠背自中央向两侧不间断地延伸，在扶手处向内收拢而后开展成利于抓握的扇叶型。如此大曲率的弧线涉及三度空间的扭转（正、反、侧弯），通过独特的技术应用，使竹条达至金属般不对称的延展性。椅座之上强调竹条弹性及韧性，四条竹条构成弹性靠背，两侧各有三条竹条以品字形聚合弯曲而下，延伸至椅面下构成椅脚主体，竹制人字形加固套件扣紧椅脚两端，由此达致竹条刚性；在单一部件上对应不同功能，同时展现竹条弹性、韧性及刚性。座位由长度及厚度各异的竹条构成，灵感源于车辆减震器的弧形钢板结构，运用竹的弹性与韧性调节各位置的软硬度，竹条间隙透气，显著提升传统圈椅的舒适度，以坚实的材料达到柔软填充坐垫的效果。座位微微向后倾斜，以设计提示健康的坐姿，可作单椅、办公椅、餐椅、茶椅。作品采用可堆叠的精简设计节省空间及运输费用，呼应竹材本身减碳环保的特质。

6.2.12 蝴蝶椅

图6–37中的蝴蝶椅的设计灵感来源于蝴蝶翅膀的脉络，轻盈柔美。这款作品以实木为原料，简约流畅的曲线造型，体现座椅的轻盈和灵动。椅背高度刚好顶住肩部，腰部镂空，让人自然而然地保持良好的坐姿。

6.2.13 宽椅

宽椅取宽心之意，心宽，则眼前世界随之明亮（图6–38）。椅子的造型下大上小，四根柱脚逐渐向上收拢，虽然受到传统官帽椅形式的启发，但较之官帽椅曲线的抑扬，设计者在对明式风格领悟甚深的背景下以智慧的提炼彻底放弃曲线，所有线条纤细笔挺，让整个器形显得更加饱满、张力十足，拥有了一种从容淡定、豁然大度的闲雅气质。明式家具的“简单”只是一种假象，在简单之处感觉到其中的复杂和工艺难度，是明式家具审美趣味的最高境界。该作品在工艺制作方面，核心元素并未被剥夺，只是以一种与现代更为融合的方式呈现出来。

图6-38 宽椅（沈宝宏）

6.2.14 U+衣帽架

在图6-39的设计中，设计师注重将中国文化与家具设计进行有机结合，并注入前瞻性的设计理念，主题结构有唐代以来衣帽架的影子，又增加了六斗柜、衣龛等元素和内容，很有中国家具的古典气质。

图6-39 U+衣帽架（沈宝宏）

6.2.15 神马木马

设计师石川从2010年开始进行“饮料瓶回收改造计划”， “摇摇木马”是饮料瓶环保计划中最吸引眼球的作品（图6-40）。它们由收集回来的废弃饮料瓶改造而成，利用密集平均受力的原理，巧妙地将塑料瓶组装成木马，赋予它们新的生命。木马的主要部分是细细打磨的实木，底部配有23个孔，可以通配市面上大部分的饮用水瓶。结构非常结实，可供2～10岁的孩子使用。“摇摇木马”鼓励家长和孩子一起收集用过的塑料瓶，并且一起安装和美化木马，通过在瓶子里放入不同颜色的装饰品或颜料，制作出属于自己的“木马”，用最自然有趣的方式来实践绿色生活方式。“木马”以充满童趣和幻想的方式让人们知道，原来花点心思，环保也可以很时尚，很有创意。

图6-40 【神马】木马（石川）

6.2.16 悟（杌）凳

借用中国民间传统家具——杌凳（与悟同音），这一在过去几乎家家都有的日用品形式。凳子用回收来的老榆木制作，腿等其他部位样式与传统家具没有不同；但是凳面板以整块木材削切、雕刻扭曲180°的形状制成，来表达某种顿悟后的明了（图6–41）。

图6–41 悟（杌）凳（王善祥）

6.2.17 翼椅

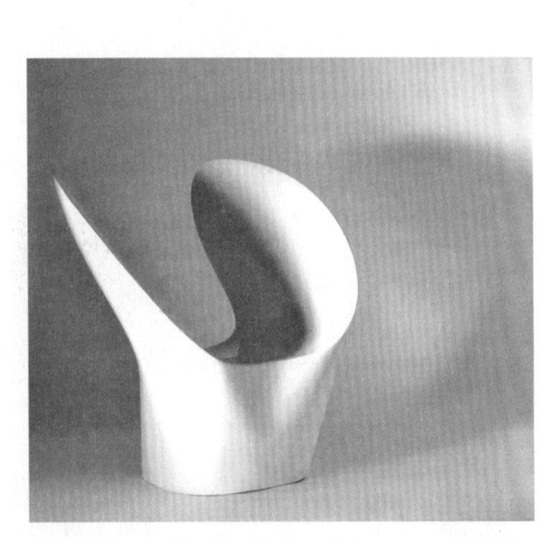

图6–42 翼椅［吴其华（吴为）& 刘轶楠］

图6–42是吴其华与刘轶楠设计的翼椅。这款作品犹如展开的翅膀形态，赋予了座椅不平常的造型，消失的靠背设计，带来了全新的落座感受。当坐在椅上时身体是自然而放松的自由状态，可以随意依靠于其中一侧的羽翼之上，与身体曲线完美贴合。

6.2.18 玫瑰椅

图6–43是徐泽鹏设计的玫瑰椅。设计师希望通过抽象的玫瑰形态来表达花的柔美，刺的坚挺，以及玫瑰所蕴涵的多情、诗意的情感。

图6–43 玫瑰椅（徐泽鹏）

6.2.19　C07–y–town之纠结的沙发

将原本应该出现在地板上的材料，用来包裹躺椅，会是怎样？生活中总是会有这样或那样的纠结，换个角度去思考问题，或许不再纠结。y–town的纠结材料再次出现在了意想不到的地方，但毫无疑问，这是一张很舒服的躺椅（图6–44）。沙发侧面犹如被切割的截面，展现细密、纠缠的材料质感美，同时也延伸出一张方便随时阅读、品茶和储物的茶几。

图6–44　纠结的沙发（杨明洁）

6.2.20　天作椅

天作自动座椅——顾名思义就是为天天要坐办公椅工作的上班族设计的，思考去颠覆办公椅的制式无趣和功能，取而代之的是一把能让人边工作边晃动身体边按摩的座椅，双沟槽六个按摩球可随使用者的意愿移动调整到位，206根原木按摩点依托使用者的下肢配合其自身的晃动产生按摩功效环保又节能，达到工作与享受天人合一的境界（图6–45）。

图6–45　天作椅（叶宇轩）

6.2.21　小小搬运工椅

每个孩子都想拥有更多自己的专属物品，但却不只是像一把能坐的椅子那么简单。爱玩是孩子们的天性，根据儿童心理设计出的此款坐具，具有圆润可爱的造型，俏皮的颜色，特别是将普通的椅子赋予收纳及移动的功能，孩子们可随意地把椅子和玩具“伙伴”们带到任何地方，这个过程正是孩子们想要的（图6–46）。

图6–46　小小搬运工椅（杨万里&黄露莎）

6.2.22　简圈椅

图6–47中这款沙发的造型明显来自明式圈椅，但造型却比较独特，坐椅靠背是用干净透明的亚克力制作，但是沙发座却是沙发软包，像一个发酵的馒头，舒适且柔软。中国的明式家具讲究正襟危坐，人的坐姿端庄、周正，有种威严的气魄，而西式的沙发则讲究慵懒舒适，可以舒适地坐在沙发上，将其两者结合更是乐趣无穷。

这种中西合璧的设计，能让使用者感受到不同的“坐”的感受。

图6-47 简圈椅（肖天宇）

6.2.23 无中生有椅

人类未来的生活是什么？是越来越狭小的生活空间？是五光十色的欲望与诱惑？神奇的“折叠”让家具在二维与三维之间交互切换，让随时增加或减少家具成为可能，让家具与空间平面融为一体（图6-48）。通过简单有趣的折叠和展平，或许可以“清空”居室中的一切物件，让人们可以轻装上阵，在“无”的空间里享受生活的开阔与静谧。

图6-48 无中生有椅（袁媛）

6.2.24 咏竹长榻 交杌

咏竹是对中国文人生活的一种景仰。竹的气节，成就了中国文人清雅的生活趣味与坚韧的精神内涵。“春在”选取陈年竹材，运用为硬木家具的表面饰材，保留了竹的温润质感，将视觉与触觉和谐统一（图6-49）。

图6-49 咏竹长榻 交杌（春在）

6.2.25 躺椅

图6–50是曾芷君设计的一款躺椅。硬朗的骨架揉进了坐靠卧躺中的随性；透着一种有意味的对比，亦收获了一份闲适的心情。

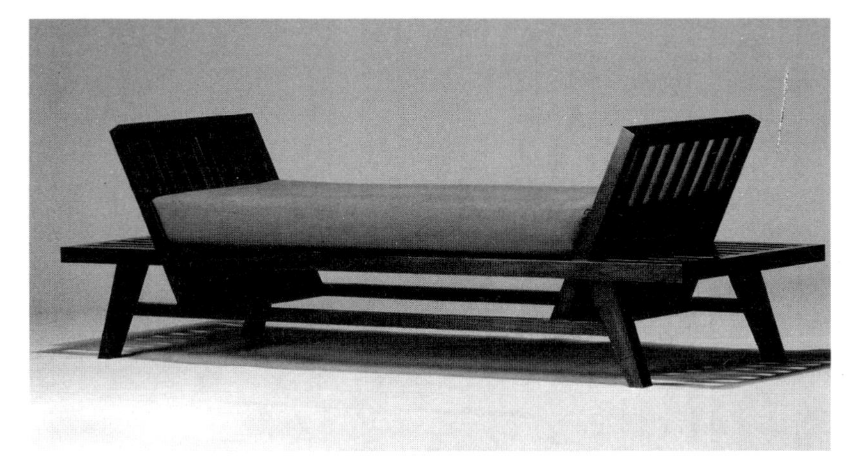

图6–50 躺椅（曾芷君）

6.2.26 豌豆公主 乐山居

“豌豆公主”休闲椅的设计灵感源于豌豆公主的童话，活泼的豌豆造型弧线简洁明快，便于摇动，使用时不仅充满了趣味，而且坐感极其舒适（图6–51）。

“乐山居”沙发体现着写意的中国文化传奇。“乐山居”沙发将中国山水画意境融入当代的生活意趣之中，通过细致的人体工程学设计，可随意移动的山型靠垫的 三维曲线优美舒适，靠垫和柔软的坐垫温柔地包围着使用者，让坐卧和交谈都轻松自由，充分地彰显了中国古典美学与现代生活方式融合创新的无限魅力。

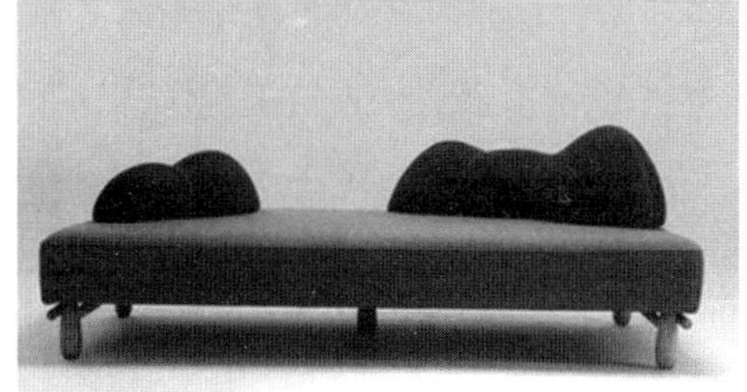

图6–51 豌豆公主与乐山居（曲家家具）

6.2.27 杭州凳

图6–52中的这款设计，凳面由多层9mm厚的竹片组成，当人坐下时竹片自然变形进而支撑起体重，其效果近似海绵软垫，赋予了硬质家具柔软的可能。弯曲之后叠在一起的若干张薄薄的竹片，就像是西湖水千年的涟漪，一圈、一圈、又一圈。它们软软的，同时又能提供足够的支撑力，拱形结构带来的魔力，尽管表面足够温柔，但内力却仍然是竹的风骨。这就是杭州，这就是杭州凳。

图6–52 杭州凳（陈旻）

本章习题

选择自己喜好的设计师或作品进行深入研究并交流。

参考文献

[1] 王世襄．明式家具研究[M]．北京：三联书店，2008.

[2] 赵广超．一章木椅[M]．香港：三联书店，2007.

[3] 钱芳兵，刘媛．家具设计[M]．北京：中国水利水电出版社，2012.

[4] 唐立华，刘文金，邹伟华．家具设计[M]．长沙：湖南大学出版社，2012.

[5] 张克非．现代家具设计流程[M]．沈阳：辽宁美术出版社，2013.

[6] 徐望霓．家具设计基础[M]．上海：上海人民美术出版社，2008.

[7] 逯海勇．家具设计[M]．北京：中国电力出版社，2012.

[8] 陈力，许雁翎．家具设计[M]．武汉：武汉出版社，2011.

[9]（英）保罗·罗杰斯，（英）亚历克斯·米尔顿．国际产品设计经典教程[M]．长沙：中国青年出版社，2012.

[10]（美）Jonathan Cagan，Craig M.Vogel．创造突破性产品——从产品策略到项目定案的创新[M]．北京：机械工业出版社，2003.

[11] 杨明洁，黄晓靖．设计趋势报告[M]．北京:北京理工大学出版社,2012.

[12] 周蓓．二十世纪中国家具发展历程研究[D]．长沙:中南林学院,2004.

[13] 丁玉兰．人机工程学(第4版)[M]．北京:北京理工大学出版社,2011.

[14] 思驰．复兴中国文化家具[EB/OL]．http://blog.sina.com.cn/sichifurniture.